职业技术学院教学用书

机械安装与维护

主　编　张树海
副主编　赵金玉
审　稿　施东成　葛志祺

北　京
冶金工业出版社
2019

内 容 提 要

本书为职业技术学院教学用书。全书共分 5 章,内容包括机械的装配与安装、润滑机械维修制度、机械维护及修复备件管理与零件检测等。

本书可作为职业技术学院金属压力加工专业教材,也可作为在职人员的培训教材或自学用书。

图书在版编目(CIP)数据

机械安装与维护/张树海主编. —北京:冶金工业出版社,2004.4(2019.1 重印)

职业技术学院教学用书

ISBN 978-7-5024-3429-8

Ⅰ. 机… Ⅱ. 张… Ⅲ. ①机械设备—设备安装—专业学校—教材 ②机械维修—专业学校—教材 Ⅳ. TH182

中国版本图书馆 CIP 数据核字(2004)第 009293 号

出 版 人 谭学余
地　　址 北京市东城区嵩祝院北巷 39 号 邮编 100009 电话 (010)64027926
网　　址 www. cnmip. com. cn 电子信箱 yjcbs@ cnmip. com. cn
责任编辑 俞跃春 美术编辑 李 新 版式设计 张 青
责任校对 刘 倩 李文彦 责任印制 李玉山
ISBN 978-7-5024-3429-8
冶金工业出版社出版发行；各地新华书店经销；北京捷迅佳彩印刷有限公司印刷
2004 年 4 月第 1 版，2019 年 1 月第 7 次印刷
787mm×1092mm 1/16；12. 5 印张；300 千字；190 页
22. 00 元

冶金工业出版社 投稿电话 (010)64027932 投稿信箱 tougao@cnmip. com. cn
冶金工业出版社营销中心 电话 (010)64044283 传真 (010)64027893
冶金工业出版社天猫旗舰店 yjgycbs. tmall. com

前　　言

目前金属压力加工正朝着连续、高速、大型和自动化方向发展,设备安装与维护工作面临新的挑战。怎样才能在最短的时间,以最少的人力物力,有效地利用先进的科学技术来完成装配和维修工作,已成为工作现场急切解决的问题,也是设备安装与维护专业人才培养的需要。为实现这样的目标,我们编写了这本教材。在编写中,广泛听取了金属压力加工现场专家的建议,按照教育部相关文件要求,遵循了理论教学以应用为主,必须、够用为度的原则,加强了实用性内容,突出了理论与实践的结合。为使本教材适应不同学制、不同地区、不同专业方向的需求,教材采用了模块结构,基础模块为黑色金属压力加工、有色金属压力加工、金属制品等专业方向共性的内容,选用模块可结合各专业方向的特点灵活选取。本教材增大了实践教学的比重,减少了繁琐的理论推导,其实践教学模块也分为基本实训和选做实训,既能满足不同专业方向的需求,又为学有余力的同学提供了方便。书中轧钢机四列圆锥滚子轴承的装配,轧钢机底座与机架的安装,轧辊、导卫的安装,液压机及其附属设备的安装,轧钢机主联轴节的润滑,油膜轴承的润滑,固体润滑,金属压力加工工艺润滑,拉丝机的维护,轧辊的修复为选用模块,其余为基础模块;相关章节分别列出了基本实训和选做实训。教材内容尽量体现"宽基础、活模块、重应用、浅而新"的特点,遵循循序渐进的认识规律。

本书由张树海任主编,赵金玉任副主编。参加该书编写工作的有河北工业职业技术学院马保振(编写第1章)、张树海(编写第2章、第5章)、赵金玉(编写第2章),山东工业职业学院刘清海(编写第3章),邯郸钢铁集团有限责任公司中板厂杨振东(编写第4章),参加编写的还有天津工业学校董琪高级讲师,全书由张树海统稿。在编写过程中参考了多种相关书籍、资料,在此,对以上各书的编者一并表示由衷的感谢。在编写过程中得到了石家庄钢铁集团有限责任公司孙彦辉高级工程师的大力协助,在此也表示谢意。

由于我们水平所限,书中不妥之处,恳请读者和专家们给予批评指正。

编　者

2004年1月

目　录

绪　论

一、本课程的性质和任务

本课程是职业教育金属压力加工专业的一门主干专业课程。其任务是:使学生具备中高级专门人才和高素质劳动者所必须的机械安装与维护的基本知识和基本技能,培养学生解决金属压力加工生产中出现的机械安装与维护的具体问题的能力,为今后从事本专业工作打下基础。

二、本课程的教学目标

本课程的教学目标是:使学生掌握机械安装与维护的基本知识、基本方法和基本技能;掌握金属压力加工车间主要设备和主要辅助设备的安装与维护的常用方法和技术;培养学生分析、解决实际问题的能力,并注意渗透职业道德教育,逐步培养学生的辩证思维能力,并为终身学习打下基础。

1. 知识教学目标

(1)了解机械安装装配的基本概念、基本知识和基本方法。

(2)了解润滑机理、润滑材料与润滑方法。

(3)熟悉机械维护、常见机械故障分析的基本理论和基本方法。

(4)掌握机械维护制度与常用的零件修复方法。

(5)掌握备件管理与零件检测。

2. 能力培养目标

(1)能阅读机械设备的装配图、组装图、零件图。

(2)能正确选用各种安装、装配、维修器具。

(3)具有依靠装配图样使用相关工器具拆卸、装配金属压力加工机械设备的能力。

(4)具备对常用金属压力加工机械设备进行点检、润滑的能力。

(5)具有诊断常见机械故障、更换零部件及维护常用机械设备的能力。

(6)具有备件管理的能力。

3. 思想教育目标

(1)具有热爱科学、实事求是的学风和勇于实践、勇于创新的意识和精神。

(2)具有良好的职业道德。

(3)逐步培养认真细致、敢于负责的作风。

三、本课程的教学、学习方法

本课程是一门实践性、应用性很强的课程,在教学、学习过程中要注意理论联系实际,有条件的学校要到专业教室授课,边学理论边进行实训,在实践中学习理论,通过理论学习指导实践。条件不具备的学校,要拿出足够的时间到相关金属压力加工厂进行集中实习。

1　机械的装配与安装

1.1　机械装配的常用知识及机械装配的工艺过程

1.1.1　机械装配的概念

将机械零件或零部件按规定的技术要求组装成机器部件或机器,实现机械零件或部件的连接通常称为机械装配。

机械装配是机器制造和修理的重要环节。机械装配工作的质量对于机械的正常运转、设计性能指标的实现以及机械设备的使用寿命等都有很大影响。装配质量差会使载荷不均匀分布、产生附加载荷、加速机械磨损甚至发生事故损坏等。对机械修理而言,装配工作的质量对机械的效能,修理工期,使用的劳力和成本等都有非常大的影响。因此,机械装配是一项非常重要而又十分细致的工作。

组成机器的零件可以分为两大类。一类是标准零部件,如轴承、齿轮、联轴节、键销、螺栓等,它们是机器的主要组成部分,并且数量很多。另一类是非标准件,在机器中数量不多。我们在研究零部件的装配时,主要讨论标准零部件的装配问题。

零部件的连接分为固定连接和活动连接。固定连接是指连接在一起的零部件之间不存在任何相对运动。固定连接分为可拆的固定连接如螺纹连接、键销连接及过盈连接等;不可拆的固定连接如铆接、焊接、胶合等。活动连接是指连接起来的零部件能实现一定性质的相对运动,如轴与轴承的连接、齿轮与齿轮的连接、柱塞与套筒的连接等。无论哪一种连接都必须按照技术要求和一定的装配工艺进行,这样才能保证装配质量,满足机械的使用要求。

1.1.2　机械装配的共性知识

机器的性能和精度是在机械零件加工合格的基础上,通过良好的装配工艺实现的。机器装配的质量和效率在很大程度上取决于零件加工的质量。机械装配又对机器的性能有直接的影响,如果装配不正确,即使零件加工的质量很高,机器也达不到设计的使用要求。不同的机器其机械装配的要求与注意事项各有特色,但机械装配需注意的共性问题通常有以下几个方面。

1.1.2.1　保证装配精度

保证装配精度是机械装配工作的根本任务。装配精度包括配合精度和尺寸链精度。

A　配合精度

在机械装配过程中大部分工作是保证零部件之间的正常配合。为了保证配合精度,装配时要严格按公差要求。目前常采用的保证配合精度的装配方法有以下几种:

(1)完全互换法。相互配合零件公差之和小于或等于装配允许偏差,零件完全互换。对零件不需挑选、调整或修配就能达到装配精度要求。该方法操作方便,易于掌握,生产率高,便于组织流水作业。但对零件的加工精度要求较高。适用于配合零件数较少,批量较大的场合。

(2)分组选配法。这种方法零件的加工公差按装配精度要求的允许偏差放大若干倍,对加工后的零件测量分组,对应的组进行装配,同组可以互换。零件能按经济加工精度制造,配合精度高,但增加了测量分组工作。适用于成批或大量生产,配合零件数少,装配精度较高的场合。

(3)调整法。选定配合副中一个零件制造成多种尺寸作为调整件,装配时利用它来调整到装配允许的偏差;或采用可调装置如斜面、螺纹等改变有关零件的相互位置来达到装配允许偏差。零件可按经济加工精度制造,能获得较高的装配精度。但装配质量在一定程度上依赖操作者的技术水平。调整法可用于多种装配场合。

(4)修配法。在某零件上预留修配量,在装配时通过修去其多余部分达到要求的配合精度。这种方法零件可按经济加工精度加工,并能获得较高装配精度。但增加了装配过程中的手工修配和机械加工工作量,延长了装配时间且装配质量在很大程度上依赖工人的技术水平。适用于单件小批生产,或装配精度要求高的场合。

上述四种装配方法,分组选配法、调整法、修配法过去采用的比较多,完全互换法采用的较少。但随着科学技术的进步,生产的机械化、自动化程度不断提高,零件较高的加工精度已不难实现,以及为适应现代化生产的大型、连续、高速等特点,完全互换法已在机械装配中日益广泛地被采用,而且是发展的方向。

B 尺寸链精度

机械装配过程中,有时虽然各配合件的配合精度满足了要求,但是累积误差所造成的尺寸链误差可能超出设计范围,影响机器的使用性能。因此,装配后必须进行检验,当不符合设计要求时,应重新进行选配或更换某些零部件。

如图 1-1 为某装配尺寸链,4 个尺寸 A_1、A_2、A_3、A_0 构成了装配尺寸链。其中 A_0 是装配过程中最后形成的环,是尺寸链的封闭环,当 A_1 为最大,A_2、A_3 为最小时,A_0 最大;反之,当 A_1 为最小,A_2、A_3 为最大时,A_0 最小。A_0 值可能超出设计要求范围,因此,必须在装配后进行检验,使 A_0 符合规定。

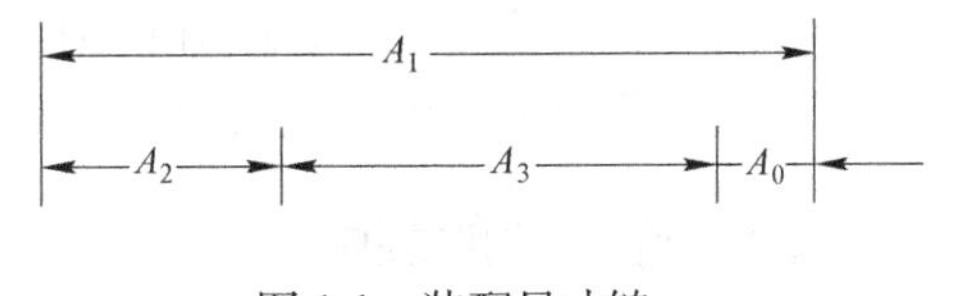

图 1-1 装配尺寸链

1.1.2.2 重视装配工作的密封性

在机械装配过程中,如密封装置位置不当、选用密封材料和预紧程度不合适、或密封装置的装配工艺不符合要求,都可能造成机械设备漏油、漏水、漏气等现象。这种现象轻则造成能量损失,降低或丧失工作能力,造成环境污染;重则可能造成严重事故。因此在装配工作中,对密封性必须给予足够重视。要恰当地选用密封材料,要严格按照正确的工艺过程合理装配,要有合理的装配紧度,并且压紧要均匀。

1.1.3 机械装配的工艺过程

机械装配的工艺过程一般是:机械装配前的准备工作、装配、检验和调整。

1.1.3.1 机械装配前的准备工作

熟悉装配图样及有关技术文件,了解所装机械的用途、构造、工作原理、各零部件的作用、相互关系、连接方法及有关技术要求;掌握装配工作的各项技术规范;制定装配工艺规程、选择装配方法、确定装配顺序;准备装配时所用的材料、工具、夹具和量具;对零件进行检验、清洗、润滑,重要的旋转体零件还需做静动平衡实验,特别是对于转速高、运转平稳性要求高的机器,其零部件的平衡要求更为严格。

1.1.3.2　装配

按照装配工艺过程,认真、细致地进行。装配的一般步骤是:先将零件装成组件,再将零件、组件装成部件,最后将零件、组件和部件总装成机器。装配应从里到外,从上到下,以不影响下道工序的原则进行。

1.1.3.3　检验和调整

机械设备装配后需对设备进行检验和调整。检验的目的在于检查零部件的装配工艺是否正确,检查设备的装配是否符合设计图样的规定。凡检查出不符合规定的部位,都需进行调整。以保证设备达到规定的技术要求和生产能力。

1.1.4　机械装配工艺的技术要求

机械装配工艺的技术要求如下:

(1)在装配前,应对所有的零件按要求进行检查。在装配过程中,要随时对装配零件进行检查,避免全部装好后再返工。

(2)零件在装配前,不论是新件或已经清洗过的旧件都应进一步清洗。

(3)对所有的配合件和不能互换的零件,要按照拆卸、修理或制造时所做的记号,成对或成套地进行装配,不许混乱。

(4)凡是相互配合的表面,在安装前均应涂上润滑油脂。

(5)保证密封部位严密,不漏水、不漏油、不漏气。

(6)所有锁紧止动元件,如:开口销、弹簧、垫圈等必须按要求配齐,不得遗漏。

(7)保证螺纹连接的拧紧质量。

1.2　固定连接件的装配

1.2.1　过盈配合的装配

过盈配合的装配是将较大尺寸的被包容件(轴件)装入较小尺寸的包容件(孔件)中。过盈配合能承受较大的轴向力、扭矩及动载荷,应用十分广泛,例如齿轮、联轴节、飞轮、皮带轮、链轮与轴的连接,轴承与轴承套的连接等。由于它是一种固定连接,因此装配时要求有正确的相互位置和紧固性,还要求装配时不损伤机件的强度和精度,装入简便迅速。过盈配合要求零件的材料应能承受最大过盈所引起的应力,配合的连接强度应在最小过盈时得到保证。常用的装配方法有:压装配合、热装配合、冷装配合、液压无键连接装配等。

1.2.1.1　常温下的压装配合

常温下的压装配合适用于过盈量较小的几种静配合,其操作方法简单,动作迅速,是最常用的一种方法。根据施力方式不同,压装配合分为锤击法和压入法两种。锤击法主要用于配合面要求较低、长度较短,采用过渡配合的连接件。压入法加力均匀,方向易于控制,生产效率高,主要用于过盈配合,过盈量较小时可用螺旋或杠杆式压入工具压入,过盈量较大时用压力机压入。

压装的装配工艺为:验收装配机件、计算压入力、装入。

A　验收装配机件

机件的验收主要应注意机件的尺寸和几何形状偏差、表面粗糙度、倒角和圆角是否符合图样要求，是否光掉了毛刺等。机件的尺寸和几何形状偏差超出允许范围，可能造成装不进、机件胀裂、配合松动等后果；表面粗糙度不符合要求会影响配合质量；倒角不符合要求或不光掉毛刺，在装配过程中不易导正和可能损伤配合表面；圆角不符合要求，可能使机件装不到预定的位置。

机件尺寸和几何形状的检查，一般用千分尺或0.02mm的游标卡尺，在轴颈和轴孔长度上2个或3个截面的几个方向进行测量，而其他内容靠样板和目视进行检查。

机件验收的同时，也就得到了相配合机件实际过盈的数据，它是计算压入力、选择装配方法等的主要依据。

B　计算压入力

压装时压入力必须克服轴压入孔时的摩擦力，该摩擦力的大小与轴的直径、有效压入长度和零件表面粗糙度等因素有关。由于各种因素很难精确计算，所以在实际装配工作中，常采用经验公式进行压入力的估算。

当孔、轴件的材质均为钢时：

$$P=\frac{28\left[\left(\frac{D}{d}\right)^2-1\right]il}{\left(\frac{D}{d}\right)^2} \tag{1-1}$$

当轴件的材质为钢、孔件的材质为铸铁时：

$$P=\frac{42\left(\frac{D}{d}+0.3\right)il}{\frac{D}{d}+6.35} \tag{1-2}$$

式中　P——压入力，kN；

D——孔件内径，mm；

l——配合面的长度，mm；

i——实测过盈量，mm；

d——轴件外径，mm。

一般应根据上式计算出的压入力再增加20%～30%选用压入机械为宜。

C　装入

首先应使装配表面保持清洁，并涂上润滑油，以减少装入时的阻力和防止装配过程中损伤配合表面；其次应注意均匀加力，并注意导正，压入速度不可过急过猛，否则不但不能顺利装入，而且还可能损伤配合表面，压入速度一般为2～4mm/s，不宜超过10mm/s；另外，应使机件装到预定位置方可结束装配工作。用锤击法压入时，还要注意不要打坏机件，为此常采用软垫加以保护。装配时如果出现装入力急剧上升或超过预定数值时，应停止装配，必须在找出原因并进行处理之后方可继续装配，其原因常常是检查机件尺寸和几何形状偏差时不仔细，键槽有偏移、歪斜或键尺寸较大，以及装入时没有导正等。

1.2.1.2　热装与冷装配合

A　热装配合

热装的基本原理是：通过加热包容件（孔件），使其直径膨胀增大到一定数值，再将与之配合的被包容件(轴件)自由地送入包容件中,孔件冷却后,轴件就被紧紧地抱住,其间产生很大的连接强度,达到压装配合的要求。其工艺过程为:

(1)验收装配机件。热装时装配件的验收和测量过盈量与压入法相同。

(2)确定加热温度。热装配合孔件的加热温度常用下式计算:

$$t = \frac{(2 \sim 3)i}{k_a d} + t_0 \tag{1-3}$$

式中 t——加热温度,℃;

t_0——室温,℃;

i——实测过盈量,mm;

k_a——孔件材料的线膨胀系数,1/℃;

d——未加热时孔的公称直径,mm。

(3)选择加热方法。常用的加热方法有以下几种,在具体操作中可根据实际工况选择。

1)热浸加热法。常用于尺寸及过盈量较小的连接件。这种方法加热均匀、方便,常用于加热轴承。其方法是将机油放在铁盒内加热,再将需加热的零件放入油内即可。对于忌油连接件,则可采用沸水或蒸汽加热。

2)氧-乙炔焰加热法。多用于较小零件的加热,这种加热方法简单,但易于过烧,故要求具有熟练的操作技术。

3)固体燃料加热法。适用于结构比较简单,要求较低的连接件。其方法可根据零件尺寸大小临时用砖砌一加热炉或将零件用砖垫上用木柴或焦炭加热。为了防止热量散失,可在零件表面盖一与零件外形相似的焊接罩子。此法简单,但加热温度不易掌握,零件加热不均匀,而且炉灰飞扬,易生火灾,故此法最好慎用。

4)煤气加热法。此法操作甚为简单,加热时无煤灰,且温度易于掌握。对大型零件只要将煤气烧嘴布置合理,亦可做到加热均匀。在有煤气的地方推荐采用。

5)电阻加热法。用镍-铬电阻丝绕在耐热瓷管上,放入被加热零件的孔里,对镍-铬电阻丝通电便可加热。为了防止散热,可用石棉板做一外罩盖在零件上,这种方法只用于精密设备或有易爆易燃的场所。

6)电感应加热法。利用交变电流通过铁心(被加热零件可视为铁心)外的线圈,使铁心产生交变磁场,在铁心内与磁力线垂直方向产生感应电动势,此感应电动势以铁心为导体产生电流。这种电流在铁心内形成涡流现象称之为涡电流,在铁心内电能转化为热能,使铁心变热。此外,当铁心磁场不断变动时,铁心被磁化的方向也随着磁场的变化而变化,这种变化将消耗能量而变为热能使铁心热上加热。此法操作简单,加热均匀,无炉灰不会引起火灾,最适合于装有精密设备或有易爆易燃的场所,还适合于特大零件的加热(如大型转炉倾动机构的大齿轮与转炉耳轴就可用此法加热进行热装)。

(4)测定加热温度。在加热过程中,可采用半导体点接触测温计测温。在现场常用油类或有色金属作为测温材料。如机油的闪点是200~220℃,锡的熔点是232℃,纯铅的熔点是327℃。也可以用测温蜡笔及测温纸片测温。由于测温材料的局限性,一般很难测准所需加热温度,故现场常用样杆进行检测,如图1-2所示。样杆尺寸按实际过盈量3倍制作,当样杆刚能放入孔

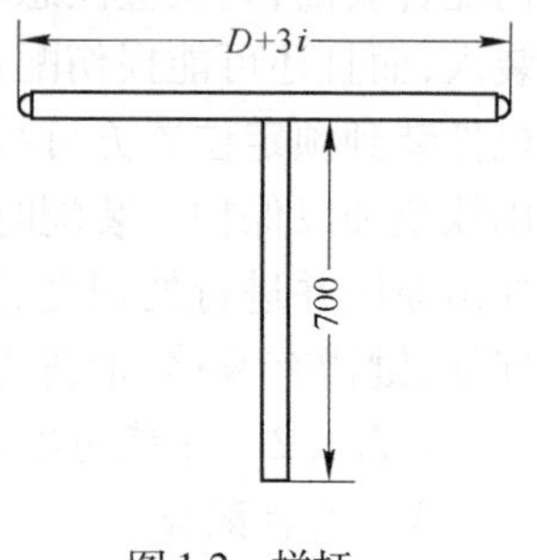

图1-2 样杆

时，则加热温度正合适。

（5）装入。装入时应去掉孔表面上的灰尘、污物；必须将零件装到预定位置，并将装入件压装在轴肩上，直到机件完全冷却为止；不允许用水冷却机件，避免造成内应力，降低机件的强度。

B　冷装配合

当孔件机体尺寸较大而压入的零件机体尺寸较小时，采用加热孔件既不方便又不经济，甚至无法加热；或有些孔件不允许加热时，可采用冷装配合，即用低温冷却的方法使被压入的零件尺寸缩小，然后迅速将其装入到带孔的零件中去。

冷装配合的冷却温度可按下式计算：

$$t = \frac{(2 \sim 3)i}{k_a d} - t_0 \tag{1-4}$$

式中　t——冷却温度，℃；

i——实测过盈量，mm；

k_a——被冷却材料的线膨胀系数，1/℃；

d——被冷却件的公称尺寸，mm；

t_0——室温，℃。

常用冷却剂及冷却温度：

固体二氧化碳加酒精或丙酮	－75℃
液氨	－120℃
液氧	－180℃
液氮	－190℃

冷却前应将被冷却件的尺寸进行精确测量，并按冷却的工序及要求在常温下进行试装演习，其目的是为了准备好操作和检查的必要工具量具及冷藏运输容器，检查操作工艺是否合适。有制氧设备的冶金工厂，此法应予推广。

冷却装配要特别注意操作安全，预防冻伤操作者。

1.2.1.3　液压无键连接装配

液压无键连接装配是一种先进技术，它对高速重载、拆装频繁的连接件具有操作方便，使用安全可靠等特点。国外普遍应用于重型机械的装配，国内随着加工技术的提高和高压技术的进步，亦将得到推广。

A　液压无键连接的原理

液压无键连接的原理是：利用高压油的压力使相互装配的孔件和轴件分别产生弹性膨胀与收缩，然后将孔件与轴件进行装配，装配到预定位置后，卸去油压力，孔件和轴件恢复原形，即获得过盈配合。下面以轧钢机万向联轴节的装配为例，简述液压无键装配过程，如图1-3所示。

万向联轴节13与轴4之间有一个过渡锥套3。锥套3的内孔与轴4的配合是圆柱面滑动配合，膨胀油泵1的高压油进入锥套3与联轴节13的配合面之间，使联轴节13的内孔弹性膨胀，同时锥套3产生弹性压缩，紧箍在轴4上，这时开动压入油泵11，使联轴节13受轴向推力，产生轴向移动，直至联轴节装到预定位置。当膨胀油泵卸荷时，联轴节失去油压，产生弹性收缩，紧紧箍在锥套上，并使锥套弹性收缩，紧紧箍在轴上。同样道理，拆卸也十分方便。

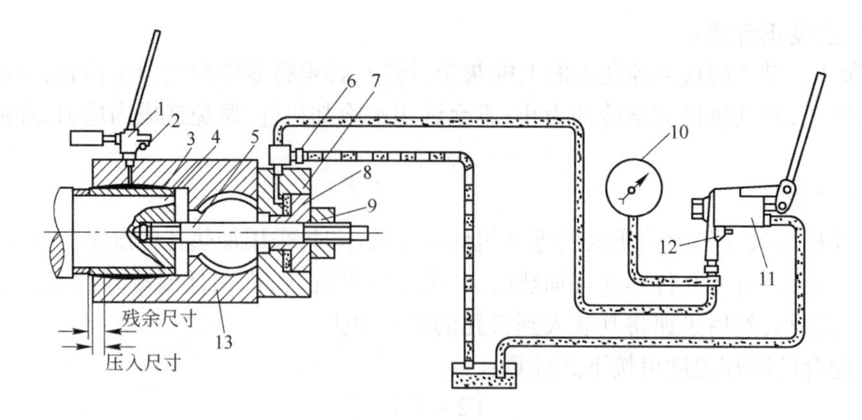

图 1-3 轧钢机万向联轴节液压无键连接示意图

1—膨胀油泵;2—放气孔;3—锥套;4—轴;5—螺丝杆;6—放气孔;7—缸体;8—活塞;9—螺母;10—压力表;11—压入油泵;12—放气阀;13—联轴节

B 液压无键连接的装配与拆卸工艺过程

a 装配前的准备工作

(1)检查室温,最好在16℃以上。

(2)检查连接件的尺寸和几何形状偏差,锥表面一定要光滑清洁,油眼、油沟不能有毛刺。

(3)锥套、轴颈和联轴节内孔必须用非常干净的油清洗,用干净布擦净,不得用破布或毛织物擦洗。

(4)用砂布去掉锐棱。

(5)用红丹粉检查配合锥面的接触程度,接触面应达60%~70%,大头可略差些,但小头一定要保证接触点良好。装配完后,接触面应从70%提高到80%。

(6)采用过渡中间锥套时,要按图样公差要求检查锥套孔和轴之间的间隙。

b 压入

(1)在锥套外锥面、联轴节或轴承的内锥面涂以极少许的油,以减少摩擦阻力。

(2)用人力将联轴节锥面轻轻推到锥套的外锥面上,并用游标卡尺检查残余尺寸是否与图样相符。

(3)接通膨胀油泵出油管,启动压入油泵,从放气孔压出空气,开始压入时,压入长度很小,此时从配合面有极少量的油(或油泡沫)渗出,可继续升压,如油压已达到规定值而行程尚未到达时,应稍停压入,待包容件逐渐扩大后,继续压入,直到规定行程。

(4)达到规定行程后,卸荷膨胀油泵,等待一段时间,再取下压入工具,以防止被包容件弹出而造成事故。等待时间与室温有关,室温越低,等待时间越长,一般室温在0~15℃,等待10min以上;天气寒冷时,等待30min以上。

(5)最后拆出各种油管接头,用塞头把油孔堵塞。

c 拆卸

(1)拆卸时的油压比压入时低,每拆卸一次再压入时,压入行程一般稍增加,增加量与配合面锥度及加工精度有关。

(2)拆卸时使用同样的膨胀工具,应在拆卸工具端面与联轴节端面间垫一块厚度约

20mm 的橡皮,以防止联轴节自动飞出。

1.2.2 螺纹连接的装配

螺纹连接因其具有结构简单、连接可靠、拆卸方便迅速等优点,广泛应用在各种不同的机器上。螺纹连接还可以传递运动和动力,简单地将旋转运动转化为直线运动。

螺纹传动的装配质量,主要通过连接零件的加工质量来保证,这就要求螺纹传动零件的各项加工偏差在公差范围内,具有良好的互换性,另外还要特别注意装配时的正确预紧和防松。

1.2.2.1 螺纹连接的预紧与防松

A 螺纹连接的预紧

正确地拧紧螺栓或螺帽,使螺纹连接有一定的预紧力和在预紧力作用下连接件的弹性变形,是保证螺纹连接可靠性和紧密性的主要因素。预紧力太小,在工作载荷的作用下会使螺纹连接失去紧固性和严密性;预紧力过大,则会使螺纹连接零件所受的力超过其强度所允许的数值,将使螺纹连接损坏。

受轴向载荷螺纹连接的预紧力 P_0 可按下式确定:

$$P_0 = K_0 P \tag{1-5}$$

式中 P——工作载荷;

K_0——预紧系数。

预紧系数 K_0 根据连接情况和重要程度由表 1-1 选取。

表 1-1 预紧力 K_0 值

连接情况		K_0 值	连接情况		K_0 值
紧固	静载荷	1.2~2.0	紧密	软垫	1.5~2.5
	变载荷	2.0~4.0		金属成型垫	2.5~3.5
				金属平垫	3.0~4.5

为了达到正确的预紧目的,可采用以下几种方法控制预紧力:

(1)用专门的装配工具,如测力扳手、定力矩扳手等。

(2)测量螺栓伸长量。螺栓伸长量可按下式计算:

$$\lambda_0 = \frac{P_0 L}{E_1 A_1} \tag{1-6}$$

式中 λ_0——螺栓伸长量,mm;

P_0——预紧力,kN;

L——螺栓有效长度,mm;

E_1——螺栓材料的弹性模量,kN/mm²;

A_1——螺栓的截面积,mm²。

(3)测量螺母的旋转角度。从螺母开始与零件表面贴合时起,一边旋紧螺母,一边测量旋转的角度。其值按下式计算:

$$\alpha = P_0 \frac{360}{t}\left(\frac{L}{E_1 A_1} + \frac{L_2}{E_2 A_2}\right) \tag{1-7}$$

式中 α——旋紧的角度,(°);

P_0——预紧力,kN;

t——螺距,mm;

L——螺栓的有效长度,mm;

L_2——被连接零件的高度,mm;

E_1、E_2——螺栓材料和被连接零件材料的弹性模量,kN/mm^2;

A_1、A_2——螺栓和被连接零件的截面面积,mm^2。

B 螺纹连接的防松

螺纹连接一般都具有自锁性,在工作温度变化不大、承受静载荷时,不会自行松动;但在冲击、振动或交变载荷作用下以及工作温度变化很大时,自锁性就会受到破坏,为保证可靠的连接,必须采取有效的防松措施。

防松装置按其工作原理可分为机械防松装置和摩擦防松装置。常见的防松方法如表1-2所示。

1.2.2.2 螺纹装配工艺

A 双头螺栓的装配要点

(1)将双头螺栓涂上润滑油,其目的是防止螺栓拧入时卡死,便于拆卸和重复安装。

(2)双头螺栓轴心线必须与机体表面垂直。装配时用角尺检查,若轴心线与机体表面有少量倾斜时,可用丝锥校正螺孔,或用装配的双头螺栓校正;若倾斜较大,不得强力校正,以防止螺栓连接的可靠性受到破坏。

(3)为保证螺栓和机体连接的配合足够紧固,螺栓紧固端采用过渡配合,具体可采用台肩形式或利用最后几圈较浅螺纹使配合紧固。

B 螺母与螺钉的装配要点

(1)螺母或螺钉与被紧固件贴合表面要光洁、平整。

(2)严格控制拧紧力矩,过大的拧紧力矩会使螺栓或螺钉拉长甚至折断,或引起被连接件严重变形。拧紧力矩不足时,使连接容易松动,影响可靠性。

(3)螺母拧紧后,弹簧垫圈要在整个圆周上同螺母和被连接件表面接触。螺纹露在螺母外边的长度不得少于两扣。

(4)拧紧成组螺母时,需按一定顺序进行,逐步分次拧紧,否则会使螺栓或机体受力不均产生变形。拧紧长方形布置的成组螺母时,应从中间开始,逐步向两侧扩展;拧紧圆形或方形布置的成组螺母时,必须对称拧紧,如图1-4所示。

1.2.3 销、键连接的装配

1.2.3.1 销连接的装配

A 圆柱销的装配

圆柱销主要用于定位,也可用于连接,它依靠过盈量固定在被连接零件的孔中,因此对销孔尺寸、形状、表面粗糙度要求都较高,所以在装配之前销孔必须进行铰制。通常是将两个被连接件进行配钻、铰,并使孔壁表面粗糙度 R_a 值不大于 1.6μm;装配时应在销的表面涂以全损耗系统用油,然后用铜棒将销子轻轻打入孔中。拆卸时,可用一个直径小于销孔的金

表 1-2　螺纹连接的防松办法

分类	锁紧方法及应用	装配注意事项
增大摩擦力	靠弹簧垫圈压紧后产生的弹力增大螺纹间的摩擦力。结构简单，但由于弹力不够不十分可靠，多用于不太重要的连接	1. 左旋与右旋螺纹不能用斜口方向相同的弹簧垫圈，斜口方向为防止松动的方向 2. 拆卸后，使用过的弹簧垫圈应当更换 3. 弹簧垫圈不允许用普通垫圈代替
	利用双螺母拧紧后的对顶作用产生附加摩擦力。用于低速重载或较平稳的场合，振动大的机器中不够可靠	在高速、振动大的机器中必须经常进行检查和紧固
机械方法	花螺帽配以开口销。防松可靠，但螺栓上销孔不易与螺母最佳位置的槽口吻合，装配较难。用于变载、振动易松动处	开口销必须与孔径选配，不能用铁丝代替，在拆卸修理时，应更换开口销
	普通螺母配开口销，为便于装配，销孔待螺母拧紧后配钻。适用于单件生产的重要连接	开口销必须与孔径选配，不能用铁丝代替，在拆卸修理时，应更换开口销
	用带有两个或几个凸耳的垫圈装在螺母下边。装配时，一个凸耳放入螺栓的缺口中，另一个凸耳则紧贴螺帽的切口	凸耳不可反复折曲
	用钢丝锁紧一组螺母	钢丝的缠绕方向应是使螺母拉紧的方向
	利用斜楔楔入螺栓横孔压紧螺母。防松良好。一般用于大直径螺栓连接	斜楔楔入深度根据计算的螺栓伸长量
	用焊接的方法防松。只用于受较大冲击载荷的螺栓连接。一般情况下避免采用	焊接要使螺栓与螺母不能发生相对运动，且不损伤连接零件

属棒将销用锤子击出。圆柱销装入后尽量不要拆，以防影响定位精度和连接的可靠性。

B　圆锥销的装配

圆锥销的定位精度高，并且可以多次装拆，可用于定位、固定零件和传递动力。它与被

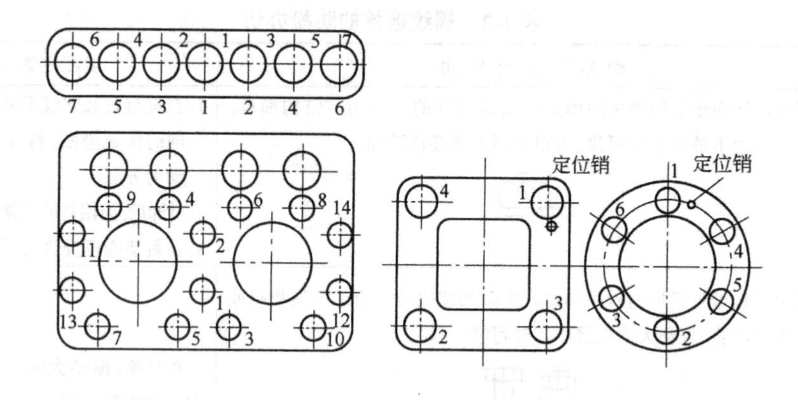

图 1-4 拧紧螺母的顺序

连接件的配合处有 1:50 的锥度，在装配时，两个被连接件的销孔应进行配钻、铰，钻孔时按圆锥销小头直径选择钻头，钻孔后用 1:50 锥度的铰刀铰孔。为了保证销与销孔有足够的配合过盈量，可在铰孔时用试装法控制孔径，以销能自由地插入其全长的 80%～90% 为宜。用锤子敲入后，销的大小端可稍露出被连接件的表面。

拆卸圆锥销时，可从小头向外敲出；有螺尾的或有内螺纹的圆锥销可以旋出，或是用拔销器拔出。

1.2.3.2 键连接的装配

根据结构特点和用途，键连接可分为松键连接、紧键连接和花键连接三大类。

A 松键连接的装配

a 松键连接

松键连接所用的键有普通平键、半圆键、导向平键和滑键等。它们的共同特点是靠键的侧面来传递转矩，其对中性好，能保证轴与轴上零件有较高的同轴度，但只能对轴上零件做周向固定，而不能承受轴向力。

b 松键连接的装配技术要求及装配要点

(1)应保证键与键槽的配合要求。普通平键的两侧面与键槽必须有较高的配合精度，键与轴槽采用 P9/h9、H9/h9 或 N9/h9 配合，键与毂槽采用 Js9/h9、D10/h9 或 P9/h9 配合。

导向平键与轴槽采用 H9/h9 配合，并用螺钉将键固定在轴上，键与轮毂的键槽两侧面则应形成间隙配合 D10/h9，以使轴上零件能在轴上灵活移动。

滑键连接的键固定在轮毂槽中(过渡配合)，而键与轴槽两侧面须达到精确的间隙配合，使轴上零件能带键在轴上移动。

(2)键与键槽应具有较小的表面粗糙度值，装配时还应注意清理键及键槽上的毛刺。

(3)键装入轴槽中应与槽底贴紧，键在长度方向与轴槽之间应有 0.1mm 的间隙，同时键的顶面和轮毂槽之间有 0.3～0.5mm 的间隙。

(4)对于普通平键和导向平键，可以用键的头部与轴槽试配，键的头应能较紧地嵌在轴槽中，装配时在配合面上应涂上全损耗系统用油，然后用铜棒或台虎钳将键压装在轴槽中，使它与槽底接触良好。

B 紧键连接的装配

紧键连接又称斜键连接，键的侧面与键槽间有一定间隙，而键的上表面与轮毂槽上表面有 1∶100 的斜度。装配时，须用力将键打入，传递转矩和承受单侧轴向力，装配精度不高，对中性差。装配时用涂色法检查键的斜面与轮毂槽的斜面是否有相同的斜度，斜度不同将导致孔件歪斜。键的上下工作表面应与轴槽和轮毂槽底部贴紧，两侧面应留有间隙。

装配钩头斜键时，为便于拆卸，应使钩头不贴紧孔件端面，必须留出一定间隙。

对于切向键，两斜面应吻合，打入孔件时方向应正确，紧度适当，工作面应采用涂色法检验，使之紧密贴合，不得松动，键与键槽两侧面间均不得接触。

C　花键连接的装配

花键连接具有传递转矩大、对中性导向性好、强度高等优点，但成本高。按花键齿廓的特点，可将花键分为矩形、渐开线形和三角形三种。花键的配合方式可分为外径定心、内径定心、齿侧定心三种。花键的装配分固定连接和滑动连接两种。

a　固定连接的花键装配

由于被连接件应在花键轴上固定，所以有少量的过盈。在装配时可用铜棒轻轻敲入，但不得过紧，以免拉伤配合表面。若过盈量较大，可将被连接件加热到 80～120℃ 后进行装配。

b　滑动连接的花键装配

装配前应进行试装，装配后要求被连接件在花键轴上能灵活移动，没有卡涩、阻滞现象，但也不应过松，用手扳动被连接件，不应感觉有明显的周向间隙。

c　花键的修整

拉削后进行热处理的内花键，内孔因热处理会产生微量的缩小变形，此时可用花键推刀修整，或用涂色法显示阻滞位置，用锉刀或刮刀修整，以达到技术要求。

1.3　齿轮、联轴节的装配

1.3.1　齿轮的装配

齿轮传动的装配是机器检修时比较重要、要求较高的工作。装配良好的齿轮传动，噪声小、振动小、使用寿命长。要达到这样的要求，必须控制齿轮的制造精度和装配精度。

齿轮传动装置的形式不同，装配工作的要求是不同的。

封闭齿轮箱且采用滚动轴承的齿轮传动，两轴的中心距和相对位置完全由箱体轴承孔的加工来决定。齿轮传动的装配工作只是通过修整齿轮传动的制造偏差，没有两轴装配的内容。封闭齿轮箱采用滑动轴承时，在轴瓦的刮研过程中，使两轴的中心距和相对位置在较小范围内得到适当的调整。对具有单独轴承座的开式齿轮传动，在装配时除了修整齿轮传动的制造偏差，还要正确装配齿轮轴，这样才能保证齿轮传动的正确连接。

1.3.1.1　齿轮传动的精度等级与公差

这里主要介绍最常见的圆柱齿轮传动的精度等级及其公差。

A　圆柱齿轮的精度

圆柱齿轮的精度包括以下 4 个方面：

(1)传递运动准确性精度。指齿轮在一转范围内，齿轮的最大转角误差在允许的偏差内，从而保证从动件与主动件的运动协调一致。

(2)传动的平稳性精度。指齿轮传动瞬时传动比的变化。由于齿形加工误差等因素的影响,使齿轮在传动过程中出现转动不平稳,引起振动和噪声。

(3)接触精度。指齿轮传动时,齿与齿表面接触是否良好。接触精度不好,会造成齿面局部磨损加剧,影响齿轮的使用寿命。

(4)齿侧间隙。它是指齿轮传动时非工作齿面间应留有一定的间隙,这个间隙对储存润滑油、补偿齿轮传动受力后的弹性变形、热膨胀以及齿轮传动装置制造误差和装配误差等都是必须的。否则,齿轮在传动过程中可能造成卡死或烧伤。

目前我国使用的圆柱齿轮公差标准是GB10095—88,该标准对齿轮及齿轮副规定了12个精度等级,精度由高到低依次为1,2,3,…,12级。齿轮的传递运动准确性精度、传动的平稳性精度、接触精度,一般情况下,选用相同的精度等级。根据齿轮使用要求和工作条件的不同,允许选用不同的精度等级。选用不同的精度等级时以不超过一级为宜。

确定齿轮精度等级的方法有计算法和类比法。多数场合采用类比法,类比法是根据以往产品设计、性能实验、使用过程中所积累的经验以及较可靠的技术资料进行对比,从而确定齿轮的精度等级。

表1-3列出了各种机械采用齿轮的精度等级。

表1-3 各种机械采用齿轮的精度等级

应用范围	精度等级	应用范围	精度等级
测量齿轮	3～5	拖拉机	6～10
汽轮机减速器	3～6	一般用途的减速器	6～9
金属切削机床	3～8	轧钢设备的小齿轮	6～10
内燃机车与电气机车	6～7	矿用绞车	8～10
轻型汽车	5～8	起重机机构	7～10
重型汽车	6～9	农用机械	8～11
航空发动机	4～7		

B 圆柱齿轮公差

按齿轮各项误差对传动的主要影响,将齿轮的各项公差分为Ⅰ、Ⅱ、Ⅲ3个公差组。在生产中,不必对所有公差项目同时进行检验,而是将同一公差级组内的各项指标分为若干个检验组,根据齿轮副的功能要求和生产规模,在各公差组中,选定一个检验组来检验齿轮的精度(参见GB10095—88规定的检验组)。

选择检验组时,应根据齿轮的规格、用途、生产规模、精度等级、齿轮的加工方式、计量仪器、检验目的等因素综合分析合理选择。

圆柱齿轮传动的公差参见GB10095—88《渐开线圆柱齿轮精度》。

1.3.1.2 齿轮传动的装配

A 圆柱齿轮的装配

对于金属压力加工、冶金和矿山机械的齿轮传动,由于传动力大,圆周速度不高,因此齿面接触精度和齿侧间隙要求较高,而对运动精度和工作平稳性精度要求不高。齿面接触精度和适当的齿侧间隙与齿轮与轴、齿轮轴组件与箱体的正确装配有直接关系。

圆柱齿轮传动的装配过程,一般是先把齿轮装在轴上,再把齿轮轴组件装入齿轮箱。

a 齿轮与轴的装配

齿轮与轴的连接形式有空套连接、滑移连接和固定连接三种。

空套连接的齿轮与轴的配合性质为间隙配合,其装配精度主要取决于零件本身的加工精度,因此在装配前应仔细检查轴、孔的尺寸是否符合要求,以保证装配后的间隙适当;装配中还可将齿轮内孔与轴进行配研,通过对齿轮内孔的修刮使空套表面的研点均匀,从而保证齿轮与轴接触的均匀度。

滑移齿轮与轴之间仍为间隙配合,一般多采用花键连接,其装配精度也取决于零件本身的加工精度。装配前应检查轴和齿轮相关表面和尺寸是否合乎要求;对于内孔有花键的齿轮,其花键孔会因热处理而使直径缩小,可在装配前用花键推刀修整花键孔,也可用涂色法修整其配合面,以达到技术要求;装配完成后应注意检查滑移齿轮的移动灵活程度,不允许有阻滞,同时用手扳动齿轮时,应无歪斜、晃动等现象发生。

固定连接的齿轮与轴的配合多为过渡配合(有少量的过盈)。对于过盈量不大的齿轮和轴在装配时,可用锤子敲击装入;当过盈量较大时可用热装或专用工具进行压装;过盈量很大的齿轮,则可采用液压无键连接等装配方法将齿轮装在轴上。在进行装配时,要尽量避免齿轮出现齿轮偏心、齿轮歪斜和齿轮端面未贴紧轴肩等情况。

对于精度要求较高的齿轮传动机构,齿轮装到轴上后,应进行径向圆跳动和端面圆跳动的检查。其检查方法如图 1-5 所示,将齿轮轴架在两顶尖上(或 V 形铁上),测量齿轮径向跳动量时,在齿轮齿间放一圆柱检验棒,将千分表测头触及圆柱检验棒上母线得出一个读数,然后转动齿轮,每隔 3～4 个轮齿测出一个读数,在齿轮旋转一周范围内,千分表读数的最大代数差即为齿轮的径向圆跳动误差;检查端面圆跳动量时,将千分表的测头触及齿轮端面上,在齿轮旋转一周范围内,千分表读数的最大代数差即为齿轮的端面圆跳动误差(测量时注意保证轴不发生轴向窜动)。

圆柱齿轮传动装配的注意事项:

(1)齿轮孔与轴配合要适当,不得产生偏心和歪斜现象。

(2)齿轮副应有准确的装配中心距和适当的齿侧间隙。

(3)保证齿轮啮合时,齿面有足够的接触面积和正确的接触部位。

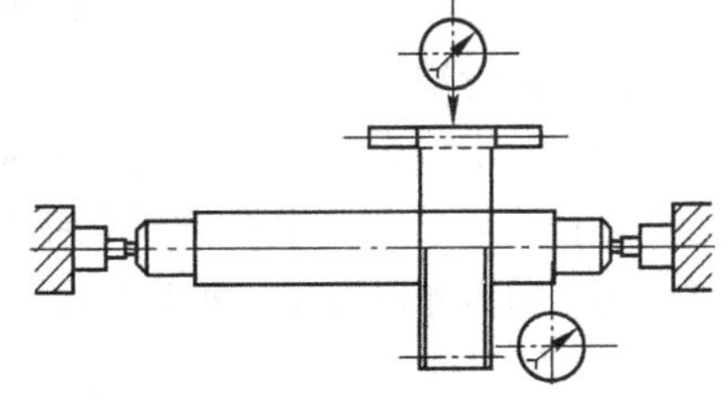

图 1-5　齿轮跳动量检查

(4)如果是滑移齿轮,则当其在轴上滑移时,不得发生卡住和阻滞现象,且变换机构能保证齿轮的准确定位,使两啮合齿轮的错位量不超过规定值。

(5)对于转速高的大齿轮,装配在轴上后应作平衡试验,以保证工作时转动平稳。

b　齿轮轴组件装入箱体

齿轮轴组件装入箱体是保证齿轮啮合质量的关键工序。因此在装配前,除对齿轮、轴及其他零件的精度进行认真检查外,对箱体的相关表面和尺寸也必须进行检查,检查的内容一般包括孔中心距、各孔轴线的平行度、轴线与基面的平行度、孔轴线与端面的垂直度以及孔轴线间的同轴度等。检查无误后,再将齿轮轴组件按图样要求装入齿轮箱内。

c　装配质量检查

齿轮组件装入箱体后其啮合质量主要通过齿轮副中心距偏差、齿侧间隙、接触精度等进行检查。

(1)测量中心距偏差值。中心距偏差可用内径千分尺测量。图 1-6 为内径千分尺及方水平测量中心距示意图。

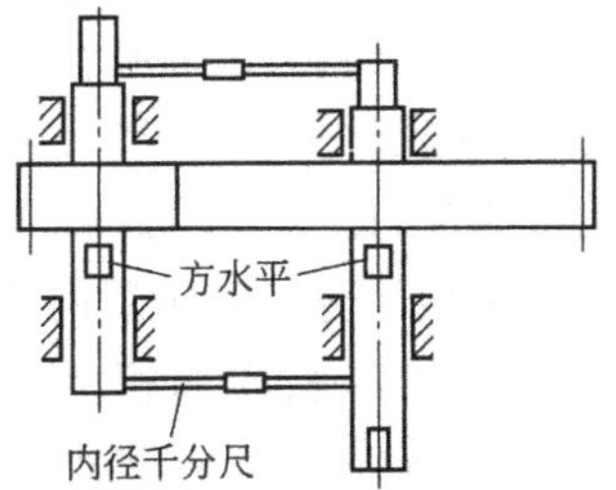

图 1-6　齿轮中心距测量

(2)齿侧间隙检查。齿侧间隙的大小与齿轮模数、精度等级和中心距有关。齿侧间隙大小在齿轮圆周上应当均匀,以保证传动平稳,没有冲击和噪声;在齿的长度上应相等,以保证齿轮间接触良好。

齿侧间隙的检查方法有压铅法和千分表法两种。

1)压铅法。此法简单,测量结果比较准确,应用较多。具体测量方法是:在小齿轮齿宽方向上如图 1-7 所示,放置两根以上的铅丝,铅丝的直径根据间隙的大小选定,铅丝的长度以压上 3 个齿为好,并用干油沾在齿上。转动齿轮将铅丝压好后,用千分尺或精度为 0.02mm 的游标卡尺测量压扁的铅丝的厚度。在每条铅丝的压痕中,厚度小的是工作侧隙,厚度较大的是非工作侧隙,最厚的是齿顶间隙。轮齿的工作侧隙和非工作侧隙之和即为齿侧间隙。

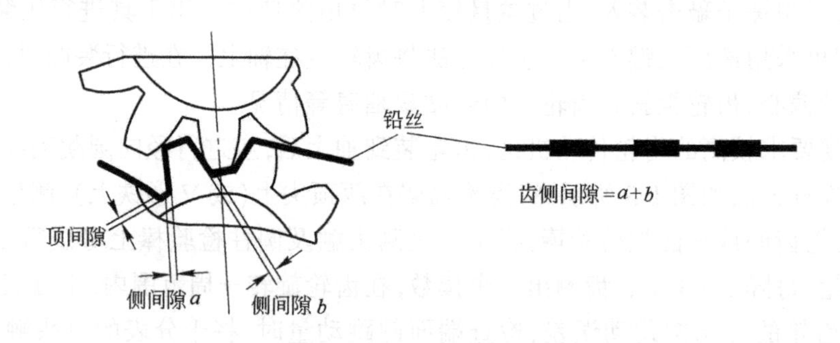

图 1-7 压铅法测量齿侧间隙

2)千分表法。此法用于较精确的啮合。如图 1-8 所示,在上齿轮轴上固定一个摇杆 1,摇杆尖端支在千分表 2 的测头上,千分表安装在平板上或齿轮箱中。将下齿轮固定,在上下两个方向上微微转动摇杆,记录千分表指针的变化值,则齿侧间隙 C_n 可用下式计算:

$$C_n = C \times \frac{R}{L} \tag{1-8}$$

式中 C——千分表上读数值;

R——上部齿轮节圆半径,mm;

L——两齿轮中心线至千分表测头之距离,mm。

当测得的齿侧间隙超出规定值时,可通过改变齿轮轴位置和修配齿面来调整。

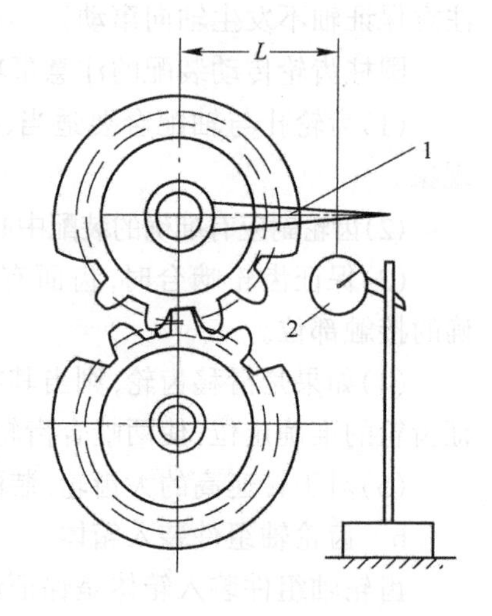

图 1-8 千分表法测量齿侧间隙

1—摇杆;2—千分表

(3)齿轮接触精度的检验。评定齿轮接触精度的综合指标是接触斑点,即装配好的齿轮副在轻微制动下运转后齿侧面上分布的接触痕迹。可用涂色法检查,方法是:将齿轮副的一个齿轮侧面涂上一层红铅粉,并在轻微制动下,按工作方向转动齿轮 2~3 转,检查在另一齿轮侧面上留下的痕迹斑点。正常啮合的齿轮,接触斑点应在节圆处上下对称分布,并有一定面积,具体数值可查有关手册。

影响齿轮接触精度的主要因素是齿形误差和装配精度。若齿形误差太大,会导致接触斑点位置正确,但面积小,此时可在齿面上加研磨剂并转动两齿轮进行研磨以增加接触面积;若齿形正确但装配误差大,在齿面上易出现各种不正常的接触斑点,可在分析原因后采取相应措施进行处理。

如图 1-9 所示，可根据接触斑点的分布判断啮合情况。

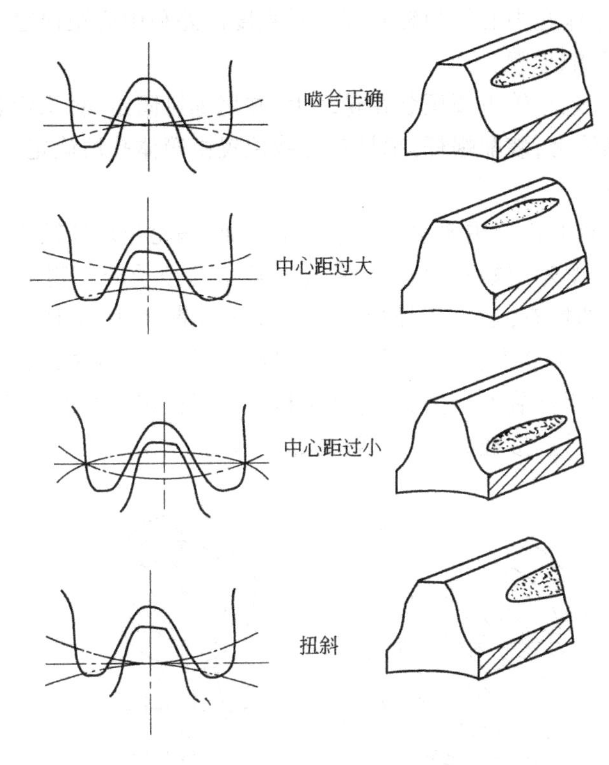

图 1-9 根据接触斑点的分布判断啮合情况

(4)测量轴心线平行度误差值。轴心线平行度误差包括水平方向轴心线平行度误差 δ_x 和垂直方向平行度误差 δ_y。水平方向轴心线平行度误差 δ_x 的测量方法可先用内径千分尺测出两轴两端的中心距尺寸，然后计算出平行度误差。垂直方向平行度误差 δ_y 可用千分表法，也可用涂色法及压铅法。

B 圆锥齿轮的装配

圆锥齿轮的装配与圆柱齿轮的装配基本相同。所不同的是圆锥齿轮传动两轴线相交，交角一般为 90°。装配时值得注意的问题主要是轴线夹角的偏差、轴线不相交偏差和分度圆锥顶点偏移，以及啮合齿侧间隙和接触精度应符合规定要求。

圆锥齿轮传动轴线的几何位置一般由箱体加工所决定，轴线的轴向定位一般以圆锥齿轮的背锥作为基准，装配时使背锥面平齐，以保证两齿轮的正确位置。圆锥齿轮装配后要检查齿侧间隙和接触精度。齿侧间隙一般是检查法向侧隙，检查方法与圆柱齿轮相同。若侧隙不符合规定，可通过齿轮的轴向位置进行调整。接触精度也用涂色法进行检查，当载荷很小时，接触斑点的位置应在齿宽中部稍偏小端，接触长度约为齿长的 2/3 左右。载荷增大，斑点位置向齿轮的大端方向延伸，在齿高方向也有扩大。如装配不符合要求，应进行调整。

C 蜗轮蜗杆的装配

a 蜗杆传动的装配要求

蜗杆传动机构装配时，要解决的主要问题是位置要正确。为达到该目的，在装配时必须控制下列方面的装配误差：蜗轮和蜗杆轴心线的垂直度误差；蜗杆轴心线与蜗轮中间平面之间的偏移；蜗轮与蜗杆啮合时的中心距；蜗轮与蜗杆啮合侧隙误差；蜗轮与蜗杆的接触面积误差。

装配时，首先安装蜗轮，将蜗轮装配到轴上的过程和检查方法均与装配圆柱齿轮相同，装配前，应首先检查箱体孔中心线和轴心线的垂直度误差和中心距误差。

b　蜗杆传动的装配步骤

其装配步骤是：将蜗轮轮齿圈压装在轮毂上，并用螺钉固定；将蜗轮装配到蜗轮轴上；将蜗轮轴组件安装到箱体上；装配蜗杆，蜗杆轴心线位置由箱体孔所确定。

c　装配质量检查

蜗轮蜗杆装配质量的检查主要包括以下几个方面：蜗轮与蜗杆轴心线垂直度检查，通常用摇杆和千分表检查；蜗轮与蜗杆中心距检查，通常用内径千分尺测量；蜗杆轴心线与蜗轮中间平面之间偏移量的检查，通常用样板法和挂线法检查，如图1-10所示。蜗轮与蜗杆啮合侧隙检查，可用塞尺、千分表检查，又分直接测量法和间接测量法；蜗轮与蜗杆啮合接触面积误差的检查，将蜗轮蜗杆装入箱体后，将红铅粉涂在蜗杆螺旋面上，转动蜗杆，用涂色法检查蜗杆与蜗轮的相互位置、接触面积和接触斑点等情况。

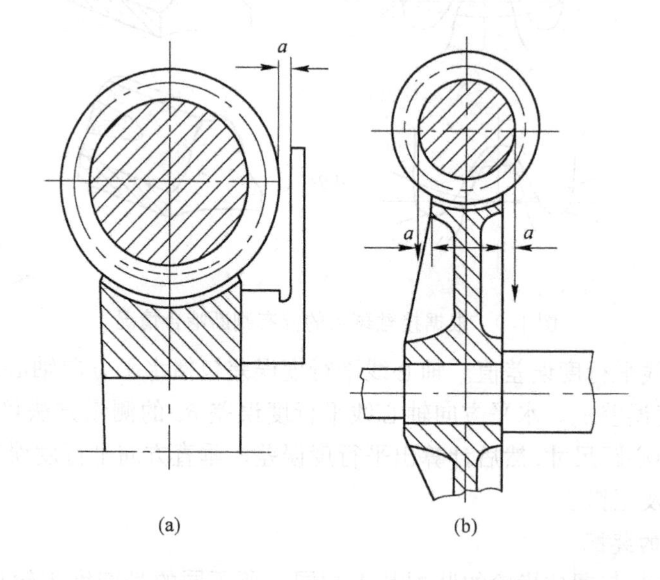

图1-10　蜗杆轴心线与蜗轮中间平面之间偏移量的检查

(a)样板法；(b)挂线法

蜗轮蜗杆传动装配后出现的各种偏差，可以通过移动蜗轮中间平面的位置改变啮合接触位置来修正，也可刮削蜗轮轴瓦找正中心线偏差。装配后还应检查是否转动灵活。

1.3.2　联轴节的装配

联轴节用于连接不同机器或部件，将主动轴的运动及动力传递给从动轴。联轴节的装配内容包括两方面：一是将轮毂装配到轴上；另一个是联轴节的找正和调整。

轮毂与轴的装配大多采用过盈配合，装配方法可采用压入法、冷装法、热装法及液压装配法，这些方法的工艺过程前文已作过叙述。下面的内容只讨论联轴节的找正和调整。

1.3.2.1　联轴节装配的技术要求

联轴节装配主要技术要求是保证两轴线的同轴度。过大的同轴度误差将使联轴节、传动轴及其轴承产生附加载荷。其结果会引起机器的振动、轴承的过早磨损、机械密封的失效，甚至发生疲劳断裂事故。因此，联轴节装配时，总的要求是其同轴度误差必须控制在规定的范围内。

A　联轴节在装配中偏差情况的分析

(1)两半联轴节既平行又同心，如图 1-11(a)所示。这时 $S_1=S_3$，$a_1=a_3$，此处 S_1、S_3，a_1、a_3 表示联轴节上方(0°)和下方(180°)两个位置上的轴向和径向间隙。

(2)两半联轴节平行，但不同心，如图 1-11(b)所示。这时 $S_1=S_3$，$a_1\neq a_3$，即两轴中心线之间有平行的径向偏移。

(3)两半联轴节虽然同心，但不平行，如图 1-11(c)所示。这时 $S_1\neq S_3$，$a_1=a_3$，即两轴中心线之间有角位移(倾斜角为 α)。

(4)两半联轴节既不同心，也不平行，如图 1-11(d)所示。这时 $S_1\neq S_3$，$a_1\neq a_3$，即两轴中心线既有径向偏移也有角位移。

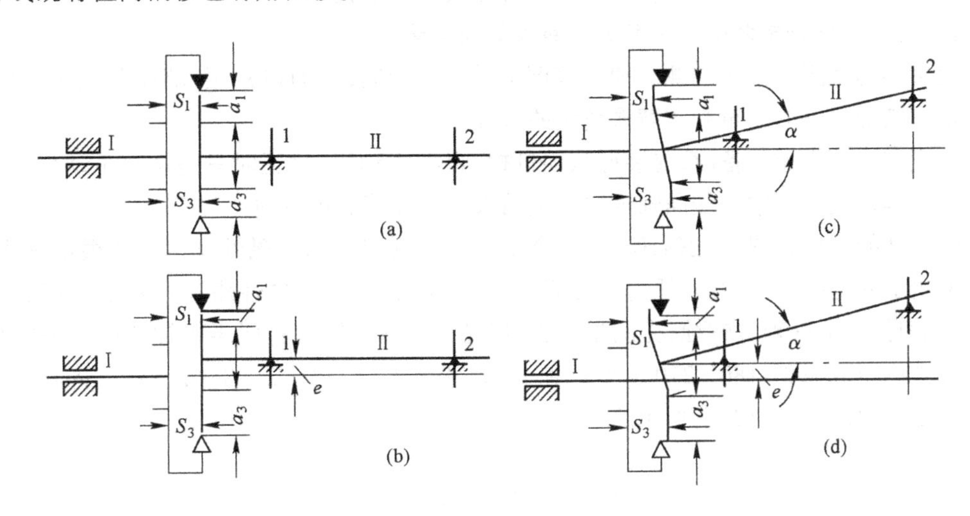

图 1-11　联轴节找正时可能遇到的四种情况

1、2—支点

联轴节处于第一种情况是正确的，不需要调整。后三种情况都是不正确的，均需要调整。实际装配中常遇到的是第四种情况。

B　联轴节找正的方法

联轴节找正的方法多种多样，常用的有以下几种。

a　直尺塞规法

利用直尺测量联轴节的同轴度误差，利用塞规测量联轴节的平行度误差。这种方法简单，但误差大。一般用于转速较低、精度要求不高的机器。

b　外圆、端面双表法

用两个千分表分别测量联轴节轮毂的外圆和端面上的数值，对测得的数值进行计算分析，确定两轴在空间的位置，最后得出调整量和调整方向。这种方法应用比较广泛。其主要缺点是对于有轴向窜动的机器，在盘车时对端面读数产生误差。它一般适用于采用滚动轴承、轴向窜动较小的中小型机器。

c　外圆、端面三表法

三表法与上述不同之处是在端面上用两个千分表，两个千分表与轴中心等距离对称设置，以消除轴向窜动对端面读数测量的影响。这种方法的精度很高，适用于需要精确对中的精密机器和高速机器。如汽轮机、离心式压缩机等，但此法操作、计算均比较复杂。

d　外圆双表法

用两个千分表测量外圆，其原理是通过相隔一定间距的两组外圆读数确定两轴的相对位置，以此得知调整量和调整方向，从而达到对中的目的。这种方法的缺点是计算较复杂。

e　单表法

它是近年来国外应用比较广泛的一种找正方法。这种方法只测定轮毂的外圆读数，不需要测定端面读数。操作测定仅用一个千分表，故称单表法。此法对中精度高，不但能用于轮毂直径小而轴端距比较大的机器轴找正，而且又能适用于多轴的大型机组（如高转速、大功率的离心压缩机组）的轴找正。用这种方法进行轴找正还可以消除轴向窜动对找正精度的影响。操作方便，计算调整量简单，是一种比较好的轴找正方法。

1.3.2.2　联轴节装配误差的测量和求解调整量

使用不同找正方法时的测量和求解调整量大体相同，下面以外圆、端面双表法为例，说明联轴节装配误差的测量和求解调整量的过程。

一般在安装机械设备时，先装好从动机构，再装主动机，找正时只需调整主动机。主动机的调整是通过对两轴心线同轴度的测量结果分析计算而进行的。

同轴度的测量如图 1-12(a)所示，两个千分表分别装在同一磁性座中的两根滑杆上，千分表 1 测出的是径向间隙 a，千分表 2 测出的是轴向间隙 S，磁性座装在基准轴（从动轴）上。测量时，连上联轴节螺栓，先测出上方(0°)的 a_1、S_1，然后将两半联轴节向同一方向一起转动，顺次转到 90°、180°、270°3 个位置上，分别测出 a_2、S_2；a_3、S_3；a_4、S_4。将测得的数值记录在图中，如图 1-12(b)所示。

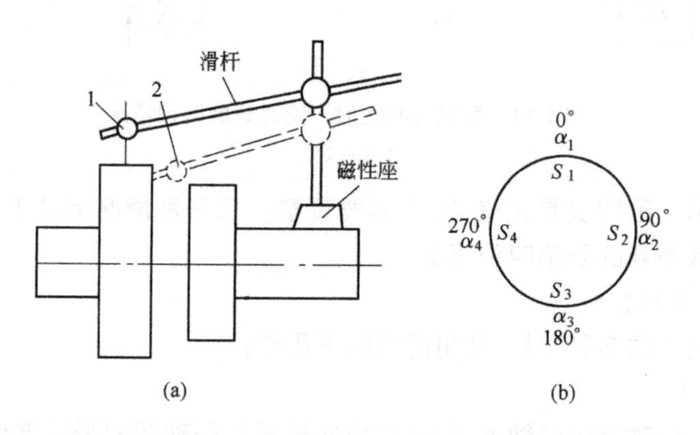

图 1-12　千分表找正及测量记录图

将联轴节再向前转，核对各位置的测量数值有无变动。如无变动可用式 $a_1+a_3=a_2+a_4$；$S_1+S_3=S_2+S_4$ 检验测量结果是否正确。如实测数值代入恒等式后不等，而有较大偏差（大于 0.02mm），就可以肯定测量的数值是错误的，需要找出产生错误的原因。纠正后再重新测量，直到符合两恒等式后为止。

然后，比较对称点的两个径向间隙和轴向间隙的数值（如 a_1 和 a_3，S_1 和 S_3），如果对称点的数值相差不超过规定值（0.05～0.1mm）时，则认为符合要求，否则就需要进行调整。对于精度要求不高或小型的机器，可以采用逐次试加或试减垫片，以及左右敲打移动主动机轴的方法进行调整；对于精度要求较高或大型的机器，为了提高工效，应通过测量计算来确定增减垫片的厚度和沿水平方向的移动量。

现以两半联轴节既不平行又不同心的情况为例，说明联轴节找正时的计算与调整方法。在水平方向找正的计算、调整与垂直方向相同。

如图 1-13 所示，Ⅰ为从动机轴（基准轴），Ⅱ为主动机轴。根据找正的测量结果，$a_1 > a_3$，$S_1 > S_3$。

A 先使两半联轴节平行

由图 1-13(a)可知，欲使两半联轴节平行，应在主动机轴的支点 2 下增加 x(mm)厚的垫片，x 值可利用图中画有剖面线的两个相似三角形的比例关系算出：

$$x = \frac{b}{D} \cdot L \tag{1-9}$$

式中 D——联轴节的直径，mm；

L——主动机轴两支点的距离，mm；

b——在 0°和 180°两个位置上测得的轴向间隙之差（$b = S_1 - S_3$），mm。

由于支点 2 垫高了，因此轴Ⅱ将以支点 1 为支点而转动，这时两半联轴节的端面虽然平行了，但轴Ⅱ上的半联轴节的中心却下降了 y(mm)，如图 1-13(b)所示。y 值可利用画有剖面线的两个相似三角形的比例关系算出：

$$y = \frac{xl}{L} = \frac{bl}{D}$$

式中 l——支点 1 到半联轴节测量平面的距离。

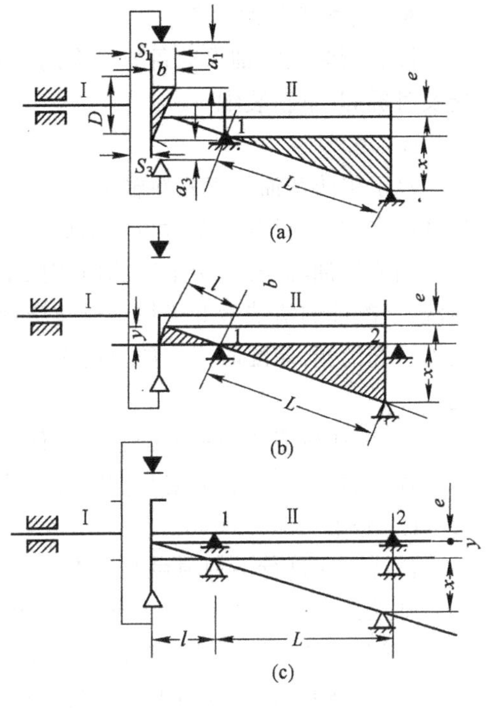

图 1-13 联轴节的调整方法

B 再将两半联轴节同心

由于 $a_1 > a_3$，原有径向位移量 $e = (a_1 - a_3)/2$，两半联轴节的全部位移量为 $e + y$。为了使两半联轴节同心，应在轴Ⅱ的支点 1 和支点 2 下面同时增加厚度为 $e + y$ 的垫片。

由此可见，为了使轴Ⅰ、轴Ⅱ两半联轴节既平行又同心，则必须在轴Ⅱ支点 1 下面加厚度为 $e + y$ 的垫片，在支点 2 下面加厚度为 $x + e + y$ 的垫片，如图 1-13(c)所示。

按上述步骤将联轴节在垂直方向和水平方向调整完毕后，联轴节的径向偏移和角位移应在规定的偏差范围内。

1.4 轴承的装配

1.4.1 滚动轴承的装配

滚动轴承是一种精密器件，一般由内圈、外圈、滚动体和保持架组成。由于滚动体的形状不同，滚动轴承可分为球轴承、滚子轴承和滚针轴承；按滚动体在轴承中的排列情况可分为单列、双列和多列轴承；按轴承承受载荷的方向又可分为：向心轴承，主要承受径向力，同时也能承受较小的轴向力；向心推力轴承，既能承受较大的径向力，又能承受较大的轴向力；推力轴承，只能承受轴向力。

滚动轴承的装配工艺包括装配前的准备、装配、间隙调整等步骤。

1.4.1.1 装配前的准备

滚动轴承装配前的准备包括：装配工具的准备、清洗和检查。

A 装配工具的准备

按照所装配的轴承准备好所需的量具及工具，同时准备好拆卸工具，以便在装配不当时能及时拆卸，重新装配。

B 清洗

对于用防锈油封存的新轴承，可用汽油或煤油清洗；对于用防锈脂封存的新轴承，应先将轴承中的油脂挖出，然后将轴承放入热机油中使残油融化，将轴承从油中取出冷却后，再用汽油或煤油洗净，并用干净的白布擦干；对于维修时拆下的可用旧轴承，可用碱水和清水清洗；装配前的清洗最好采用金属清洗剂；两面带防尘盖或密封圈的轴承，在轴承出厂前已涂加了润滑脂，装配时不需要再清洗；涂有防锈润滑两用油脂的轴承，在装配时也不需要清洗。

另外，还应清洗与轴承配合的零件，如轴、轴承座、端盖、衬套、密封圈等。清洗方法与可用旧轴承的清洗相同，但密封圈除外。清洗后擦干、涂油。

C 检查

清洗后应进行下列项目的检查：

轴承是否转动灵活、轻快自如、有无卡住的现象；轴承间隙是否合适；轴承是否干净，内外圈、滚动体和保持架是否有锈蚀、毛刺、碰伤和裂纹；轴承附件是否齐全。此外，应按照技术要求对与轴承相配合的零件，如轴、轴承座，端盖、衬套、密封圈等进行检查。

D 滚动轴承装配注意事项

a 装配前

按设备技术文件的要求仔细检查轴承及与轴承相配合零件的尺寸精度、形位公差和表面粗糙度；应在轴承及与轴承相配合的零件表面涂一层机械油，以利于装配。

b 装配过程中

无论采用什么方法，压力只能施加在过盈配合的套圈上，不允许通过滚动体传递压力，否则会引起滚道损伤，从而影响轴承的正常运转；一般应将轴承上带有标记的一端朝外，以便观察轴承型号。

1.4.1.2 典型滚动轴承的装配

A 圆柱孔滚动轴承的装配

圆柱孔轴承是指内孔为圆柱形孔的向心球轴承、圆柱滚子轴承、调心轴承和角接触轴承等。这些轴承在轴承中占绝大多数，具有一般滚动轴承的装配共性，其装配方法主要取决于轴承与轴及座孔的配合情况。

轴承内圈与轴为紧配合，外圈与轴承座孔为较松配合，这种轴承的装配是先将轴承压装在轴上，然后将轴连同轴承一起装入轴承座孔中。压装时要在轴承端面垫一个由软金属制作的套管，套管的内径应比轴颈直径稍大，外径应小于轴承内圈的挡边直径，以免压坏保持架，如图 1-14 所示。另外，装配时，要注意导正，防止轴承歪斜，否则不仅装配困难，而且会产生压痕,使轴和轴承过早损坏。

轴承外圈与轴承座孔为紧配合,内圈与轴为较松配合,对于这种轴承的装配是采用外径略小于轴承座孔直径的套管,将轴承先压入轴承座孔,然后再装轴。

轴承内圈与轴、外圈与轴承座孔都是紧配合时,可用专门套管将轴承同时压入轴颈和轴承座孔中。

对于配合过盈量较大的轴承或大型轴承,可采用温差法装配。温差法又分为热装和冷装两种。热装即将轴承加热,使其内径膨胀,然后把轴承套装在轴颈上。当轴承安装于壳体孔内时,可加热壳体孔。如壳体孔加热不便,也可采用冷装,即将轴承冷却,使轴承外径减小,然后将轴承装入壳体孔内。

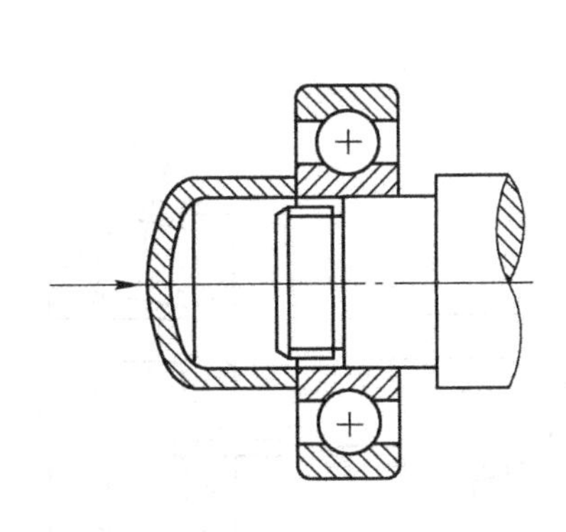

图 1-14　将轴承压装在轴上

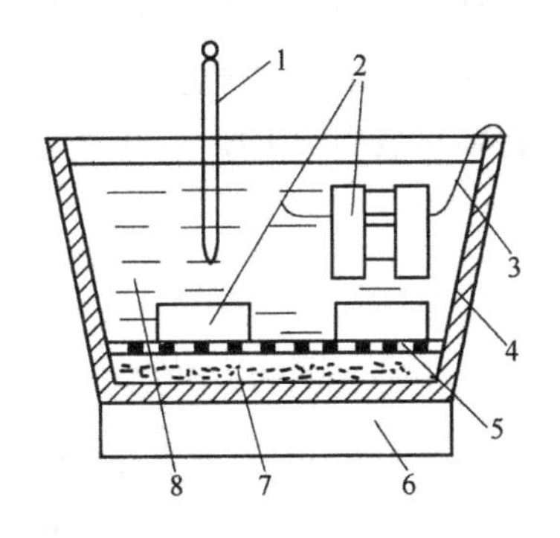

图 1-15　轴承的加热方法

1—温度计;2—轴承;3—挂钩;4—油池;5—网架;6—电炉;7—沉淀物;8—油液

采用温差法安装时,轴承的加热温度为 80～100℃;冷却温度不得低于 −80℃。对于内部充满润滑脂的带防尘盖或密封圈的轴承,不得采用温差法安装。

热装轴承的方法最为普遍。轴承加热的方法有多种,通常采用油槽加热,如图 1-15 所示。加热的温度由温度计控制,加热的时间根据轴承大小而定,一般为 10～30min。加热时应将轴承用挂钩悬挂在油槽中或用网架支起,不能使轴承接触油槽底板,以免发生过热现象。轴承在油槽中加热至 100℃左右,从油槽中取出放在轴上,用力一次推到顶住轴肩的位置。在冷却过程中应始终推紧,使轴承紧靠轴肩。

B　圆锥孔滚动轴承的装配

圆锥孔滚动轴承可直接装在带有锥度的轴颈上,或装在退卸套和紧定套的锥面上。这种轴承一般要求有比较紧的配合,但这种配合不是由轴颈尺寸公差决定,而是由轴颈压进锥形配合面的深度而定。配合的松紧程度,靠在装配过程中时时测量径向游隙而把握。对不可分离型的滚动轴承的径向游隙可用厚薄规测量。对可分离的圆柱滚子轴承,可用外径千分尺测量内圈装在轴上后的膨胀量,用其代替径向游隙减小量。图 1-16 和图 1-17 给出了圆锥孔轴承的两种不同装配形式。

C　轧钢机四列圆锥滚子轴承的装配

轧钢机四列圆锥滚子轴承由 3 个外圈、两个内圈、两个外调整环、一个内调整环和 4 套带圆锥滚子的保持架组成,轴承的游隙由轴承内的调整环加以保证,轴承各部件不能互换,因此装配时必须严格按打印号规定的相互位置进行。先将轴承装入轴承座中,然后将装有轴承的轴承座整个吊装到轧辊的轴颈上。

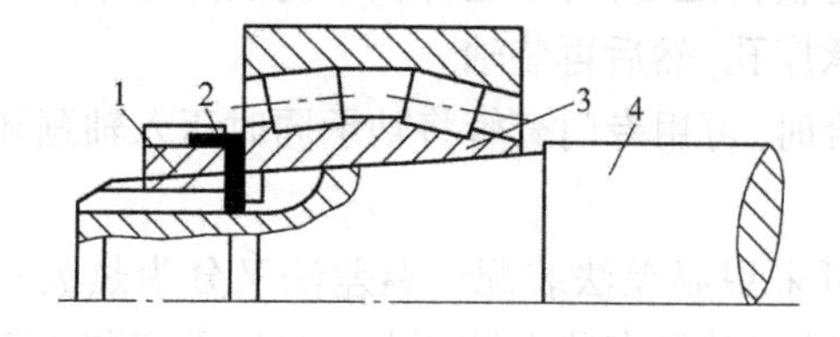

图 1-16　圆锥孔滚动轴承直接装在锥形轴颈上

1—螺母；2—锁片；3—轴承；4—轴

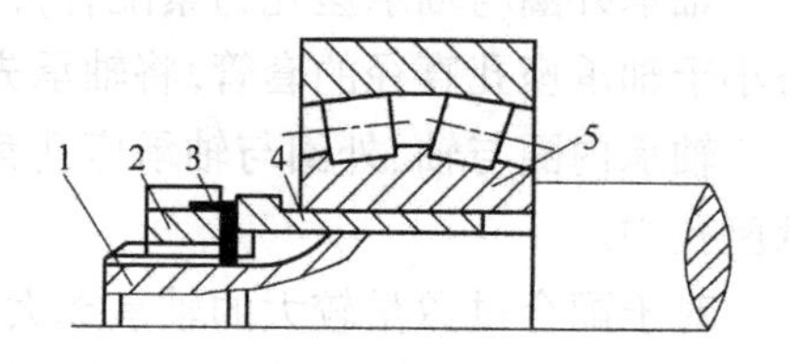

图 1-17　有退卸套的锥孔轴承的装配

1—轴；2—螺母；3—锁片；4—退卸套；5—轴承

四列圆锥滚子轴承各列滚子的游隙应保持在同一数值范围内，以保证轴承受力均匀。装配前应对轴承的游隙进行测量。

将轴承装到轴承座内，可按下列顺序进行（如图 1-18 所示）。

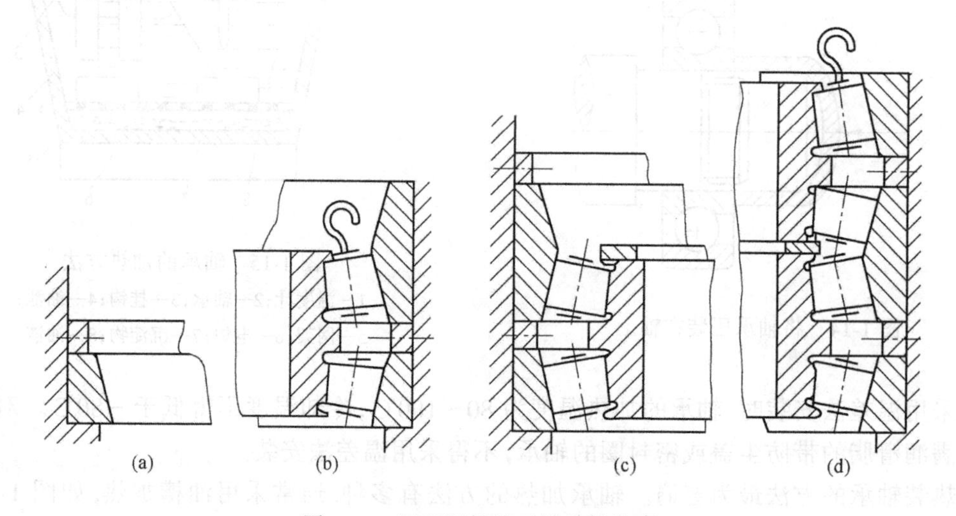

图 1-18　四列圆锥滚子轴承的装配

(1)将轴承座放置水平，检查校正轴承座孔中心线对底面的垂直度。

(2)将第一个外圈装入轴承座孔，用小铜锤轻敲外圈端面，并用塞尺检查，使外圈与轴承座孔接触良好，然后再装入第一个外调整环[图 1-18(a)]。

(3)将第一个内圈连同两套带圆锥滚子的保持架以及中间外圈装配成一组部件，用专用吊钩旋紧在保持架端面互相对称的 4 个螺孔内，整体装入轴承座[图 1-18(b)]。

(4)装入内调整环和第二个外调整环[图 1-18(c)]。

(5)将第二个内圈连同两套带圆锥滚子的保持架及第三个外圈整体装入，吊装方法同步骤(3)[图 1-18(d)]。

(6)把四列圆锥滚子轴承在轴承座内组装后，再连同轴承座一起装配到轴颈上。

1.4.1.3　滚动轴承的游隙调整

滚动轴承的游隙有两种，一种是径向游隙，即内外圈之间在直径方向上产生的最大相对游动量。另一种是轴向游隙，即内外圈之间在轴线方向上产生的最大相对游动量。滚动轴承游隙的功用是弥补制造和装配偏差、受热膨胀，保证滚动体的正常运转，延长其使用寿命。

按轴承结构和游隙调整方式的不同，轴承可分为非调整式和调整式两类。向心球轴承、向心圆柱滚子轴承、向心球面球轴承和向心球面滚子轴承等属于非调整式轴承，此类轴承在制造时已按不同组级留出规定范围的径向游隙，可根据不同使用条件适当选用，装配时一般不再调整。圆锥滚子轴承、向心推力球轴承和推力轴承等属于调整式轴承，此类轴承在装配及应用中必须根据使用情况对其轴向游隙进行调整，其目的是保证轴承在所要求的运转精度的前提下灵活运转。此外，在使用过程中调整，能部分地补偿因磨损所引起的轴承间隙的增大。

A 游隙可调整的滚动轴承

由于滚动轴承的径向游隙和轴向游隙存在着正比的关系，所以调整时只调整它们的轴向间隙。轴向间隙调整好了，径向间隙也就调整好了。各种需调整间隙的轴承的轴向间隙见表 1-4。当轴承转动精度高或在低温下工作、轴长度较短时，取较小值；当轴承转动精度低或在高温下工作、轴长度较长时，取较大值。

表 1-4 可调式轴承的轴向间隙

轴承内径/mm	轴承系列	轴向间隙			
		角接触球轴承	单列圆锥滚子轴承	双列圆锥滚子轴承	推力轴承
≤30	轻型	0.02～0.06	0.03～0.10	0.03～0.08	0.03～0.08
	轻宽和中宽型		0.04～0.11		
	中型和重型	0.03～0.09	0.04～0.11	0.05～0.11	0.05～0.11
30～50	轻型	0.03～0.09	0.04～0.11	0.04～0.10	0.04～0.10
	轻宽和中宽型		0.05～0.13		
	中型和重型	0.04～0.10	0.05～0.13	0.06～0.12	0.06～0.12
50～80	轻型	0.04～0.10	0.05～0.13	0.05～0.12	0.05～0.12
	轻宽和中宽型		0.06～0.15		
	中型和重型	0.05～0.12	0.06～0.15	0.07～0.14	0.07～0.14
80～120	轻型	0.05～0.12	0.06～0.15	0.06～0.15	0.06～0.15
	轻宽和中宽型		0.07～0.18		
	中型和重型	0.06～0.15	0.07～0.18	0.10～0.18	0.10～0.18

轴承的游隙确定后，即可进行调整。下面以单列圆锥滚子轴承为例介绍轴承游隙的调整方法。

a 垫片调整法

利用轴承压盖处的垫片调整是最常用的方法，如图 1-19 所示。首先把轴承压盖原有的垫片全部拆去，然后慢慢地拧紧轴承压盖上的螺栓，同时使轴缓慢地转动，当轴不能转动时，就停止拧紧螺栓。此时表明轴承内已无游隙，用塞尺测量轴承压盖与箱体端面间的间隙 K，将所测得的间隙 K 再加上所要求的轴向游隙 C，$K+C$ 即是所应垫的垫片厚度。一套垫片应由多种不同厚度的垫片组成，垫片应平滑光洁，其内外边缘不得有毛刺。间隙测量除用塞尺法外，也可用压铅法和千分表法。

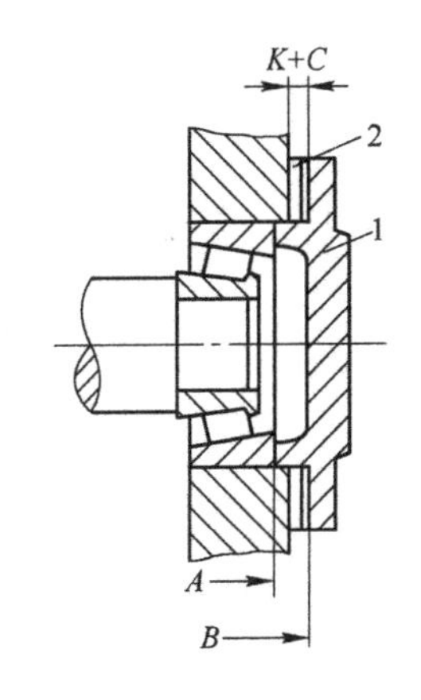

图 1-19 垫片调整法
1—压盖；2—垫片

b 螺钉调整法

如图 1-20 所示，首先把调整螺钉上的锁紧螺母松开，然后拧紧调整螺钉，使止推盘压向轴承外圈，直到轴不能转动时为止。最后根据轴向游隙的数值将调整螺钉倒转一定的角度，达到规定的轴向游隙后再把锁紧螺母拧紧以防止调整螺钉松动。

调整螺钉倒转的角度可按下式计算：

$$\alpha = \frac{C}{t} \times 360^{\circ} \tag{1-10}$$

式中 C ——规定的轴向游隙；

t ——螺栓的螺距。

c 止推环调整法

如图 1-21 所示，首先把具有外螺纹的止推环 1 拧紧，直到轴不能转动时为止，然后根据轴向游隙的数值，将止推环倒转一定的角度（倒转的角度可参见螺钉调整法），最后用止动片 2 予以固定。

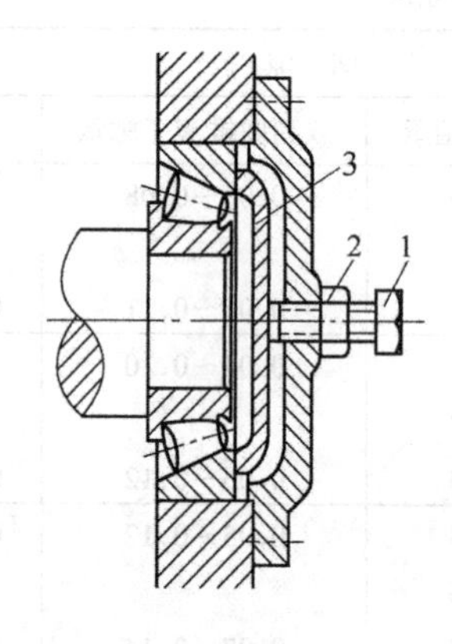

图 1-20 螺钉调整法

1—调整螺钉；2—锁紧螺母；3—止推盘

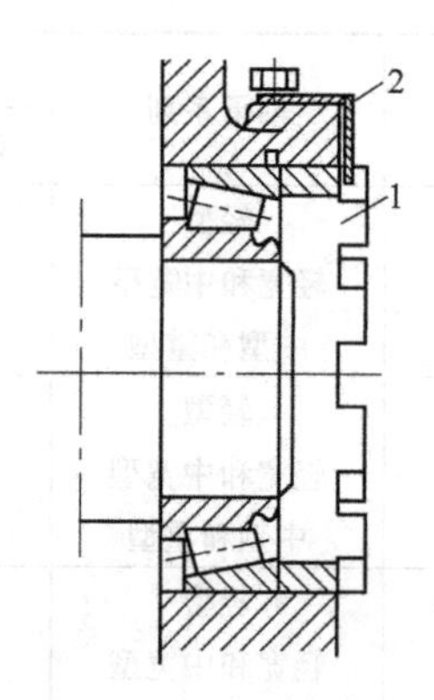

图 1-21 止推环调整法

1—止推环；2—止动片

d 内外套调整法

当同一根轴上装有两个圆锥滚子轴承时，其轴向间隙常用内外套进行调整，如图 1-22 所示。这种调整法是在轴承尚未装到轴上时进行的，内外套的长度是根据轴承的轴向间隙确定的。

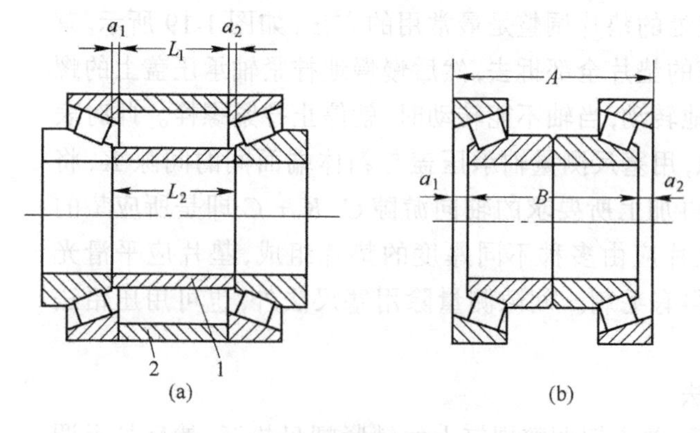

图 1-22 用内、外套调整轴承轴向游隙

1—内套；2—外套

具体算法是：

当两个轴承的轴向间隙为零[图 1-22(a)]时，内外套长度为：

$$L_1 = L_2 - (a_1 + a_2) \tag{1-11}$$

式中 L_1——外套的长度，mm；

L_2——内套的长度，mm；

a_1、a_2——轴向间隙为零时轴承内外圈的轴向位移值，mm。

当两个轴承调换位置互相靠紧轴向间隙为零[图 1-22(b)]时，测量尺寸 A、B。

$$A - B = a_1 + a_2$$

所以

$$L_1 = L_2 - (A - B)$$

为了使两个轴承各有轴向间隙 C，内外套的长度应有下列关系：

$$L_1 = L_2 - (A - B) - 2C \tag{1-12}$$

B 游隙不可调整的滚动轴承

游隙不可调整的滚动轴承，由于在运转时轴受热膨胀而产生轴向移动，从而使轴承的内外圈共同发生位移，若无位移的余地，则轴承的径向游隙减小。为避免这种现象，在装配双支承的滚动轴承时，应将其中一个轴承和其端盖间留出一轴向间隙 C，如图 1-23 所示。C 值可按下式计算：

$$C = \Delta L + 0.15 = L\alpha\Delta t + 0.15 \tag{1-13}$$

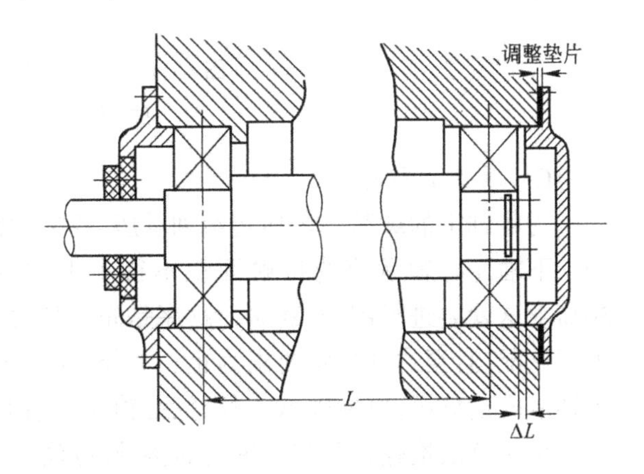

图 1-23 轴承装配的轴向热膨胀间隙

式中 C——轴向间隙，mm；

ΔL——轴因温度升高而发生的轴向膨胀量，mm；

L——两轴承的中心距，mm；

α——轴材料的线膨胀系数，1/℃；

Δt——运转时轴与轴承体的温度差，一般为 10～15℃；

0.15——轴膨胀后的剩余轴向间隙量，mm。

在一般情况下，轴向间隙 C 值常取 0.25～0.50mm。

1.4.2 滑动轴承的装配

滑动轴承的类型很多，常见的主要有剖分式滑动轴承、整体式滑动轴承和油膜式滑动轴承等。装配前都应修毛刺、清洗、加油、并注意轴承加油孔的工作位置。

1.4.2.1 剖分式滑动轴承的装配

剖分式滑动轴承的装配过程是：清洗、检查、刮研、装配和间隙的调整等步骤。

A 轴瓦的清洗与检查

首先核对轴承的型号，然后用煤油或清洗剂清洗干净。轴瓦质量的检查可用小铜锤沿轴瓦表面轻轻地敲打，根据响声判断轴瓦有无裂纹、砂眼及孔洞等缺陷，如有缺陷应采取补救措施。

B　轴承座的固定

轴承座通常用螺栓固定在机体上。安装轴承座时，应先把轴瓦装在轴承座上，再按轴瓦的中心进行调整。同一传动轴上的所有轴承的中心应在同一轴线上。装配时可用拉线的方法进行找正，如图1-24所示。之后用涂色法检查轴颈与轴瓦表面的接触情况，符合要求后，将轴承座牢固地固定在机体或基础上。

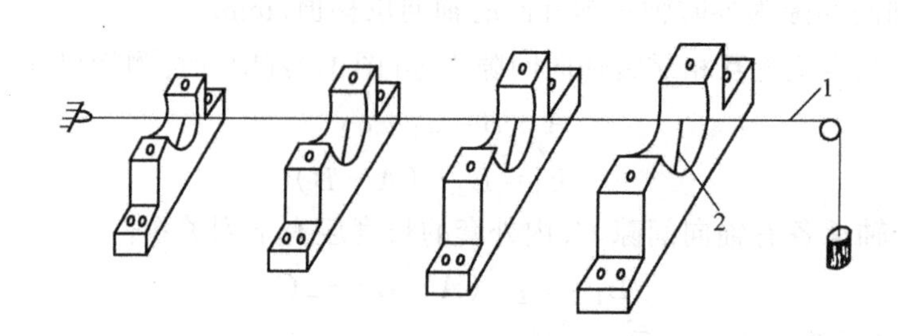

图1-24　用拉线法检测轴承同轴度

1—钢丝；2—内径千分尺

C　轴瓦的刮研

为将轴上的载荷均匀地传给轴承座，要求轴瓦背与轴承座内孔应有良好的接触，配合紧密。下轴瓦与轴承座的接触面积不得小于60%，上轴瓦与轴承盖的接触面积不得小于50%。这就要进行刮研，刮研的顺序是先下瓦后上瓦。刮研轴瓦背时，以轴承座内孔为基准进行修配，直至达到规定要求为止。另外，要刮研轴瓦及轴承座的剖分面。轴瓦剖分面应高于轴承座剖分面，以便轴承座拧紧后，轴瓦与轴承座具有过盈配合性质。

用涂色法检查轴颈与下轴瓦的接触，应注意将轴上的所有零件都装上。首先在轴颈上涂一层红铅油，然后使轴在轴瓦内正、反方向各转一周，在轴瓦面较高的地方则会呈现出色斑，用刮刀刮去色斑。刮研时，每刮一遍应改变一次刮研方向，继续刮研数次，使色斑分布均匀，直到符合要求为止。

D　轴瓦的装配

上下两轴瓦扣合，其接触面应严密，轴瓦与轴承座的配合应适当，一般采用较小的过盈配合，过盈量为0.01～0.05mm。轴瓦的直径不得过大，否则轴瓦与轴承座间就会出现“加帮”现象如图1-25所示。轴瓦的直径也不得过小，否则在设备运转时，轴瓦在轴承座内会产生颤动如图1-26所示。

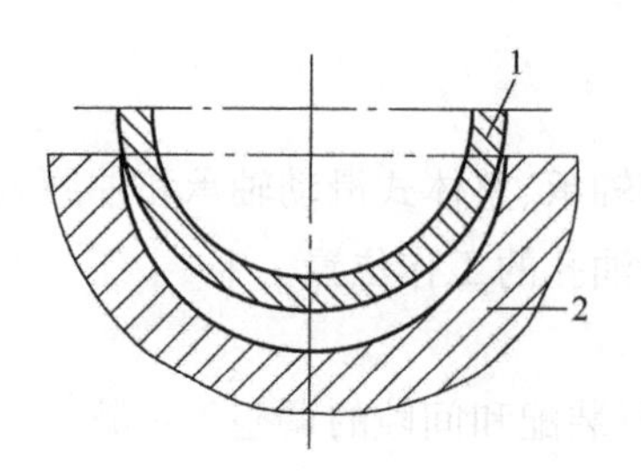

图1-25　轴瓦直径过大

1—轴瓦；2—轴承座

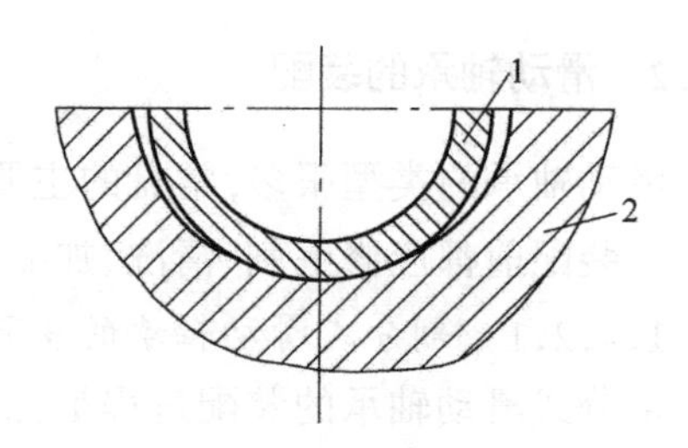

图1-26　轴瓦直径过小

1—轴瓦；2—轴承座

为保证轴瓦在轴承座内不发生转动或振动,常在轴瓦与轴承座之间安放定位销。为了防止轴瓦在轴承座内产生轴向移动,一般轴瓦都有翻边,没有翻边的则带有止口,翻边或止口与轴承座之间不应有轴向间隙如图 1-27 所示。

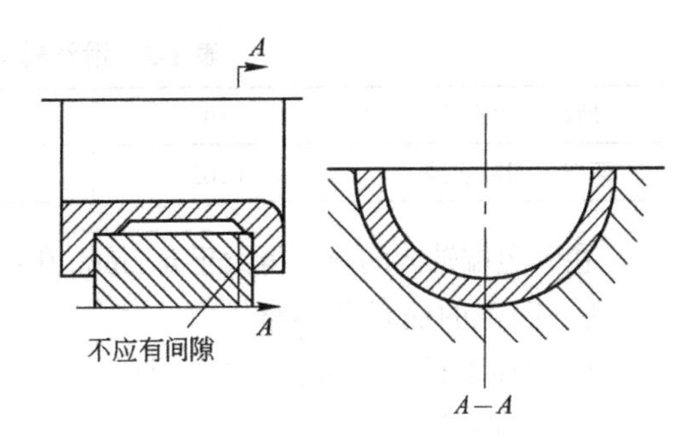

图 1-27　轴瓦翻边或止口应无轴向间隙

装配轴瓦时,必须注意两个问题:轴瓦与轴颈间的接触角和接触点。

轴瓦与轴颈之间的接触表面所对的圆心角称为接触角,此角度过大,不利润滑油膜的形成,影响润滑效果,使轴瓦磨损加快;若此角度过小,会增加轴瓦的压力,也会加剧轴瓦的磨损。一般接触角取为 60°～90°。

轴瓦和轴颈之间的接触点与机器的特点有关:

低速及间歇运行的机器	1～1.5 点/cm^2
中等负荷及连续运转的机器	2～3 点/cm^2
重负荷及高速运转的机器	3～4 点/cm^2

E　间隙的检测与调整

a　间隙的作用及确定

轴颈与轴瓦的配合间隙有两种,一种是径向间隙,一种是轴向间隙。径向间隙包括顶间隙和侧间隙如图 1-28 所示。顶间隙为 a,侧间隙为 b,轴向间隙为 S。

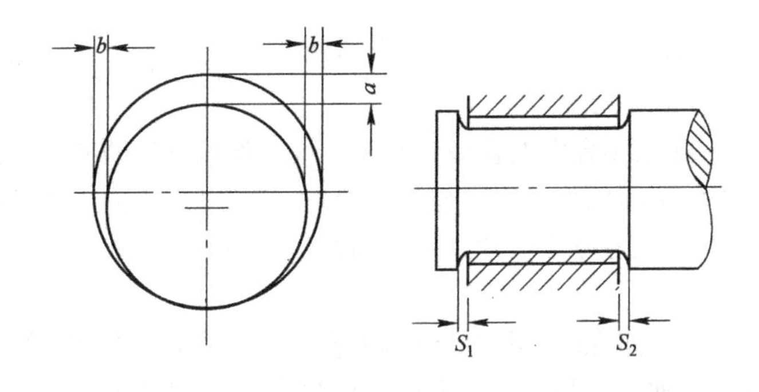

图 1-28　滑动轴承间隙

顶间隙的主要作用是保持液体摩擦,以利于形成油膜。侧间隙的主要作用是为了积聚和冷却润滑油。在侧间隙处开油沟或冷却带,可增加油的冷却效果,并保证连续地将润滑油吸到轴承的受载部分,但油沟不可开通,否则运转时将会漏油。

轴向间隙的作用是轴在温度变化时有自由伸长的余地。

顶间隙可由计算决定,也可根据经验决定。对于采用润滑油润滑的轴承,顶间隙为轴颈直径的 0.10%～0.15%;对于采用润滑脂润滑的轴承,顶间隙为轴颈直径的 0.15%～0.20%。如果负荷作用在上轴瓦时,上述顶间隙值应减小 15%。

同一轴承两端顶间隙之差应符合表 1-5 的规定。

侧间隙两侧应相等,单侧间隙应为顶间隙的 1/2～2/3。

表 1-5　滑动轴承两端顶间隙之差/mm

轴颈公称直径	≤50	>50～120	>120～220	>220
两端顶间隙之差	≤0.02	≤0.03	≤0.05	≤0.10

在固定端轴向间隙不得大于0.2mm，在自由端轴向间隙不应小于轴受热膨胀时的伸长量。

b　间隙的测量及调整

检查轴承径向间隙，一般采用压铅测量法和塞尺测量法。

压铅测量法

压铅法测量较为精确，测量时先将轴承盖打开，用直径为顶间隙1.5～2倍、长度为15～40mm的软铅丝或软铅条，分别放在轴颈上和轴瓦的剖分面上。如图1-29所示，因轴颈表面光滑，为了防止滑落，可用润滑脂粘住。然后放上轴承盖，对称而均匀地拧紧连接螺栓，再用塞尺检查轴瓦剖分面间的间隙是否均匀相等。最后打开轴承盖，用千分尺测量被压扁的软铅丝的厚度。其顶间隙的平均值按下列公式计算：

$$A_1=\frac{a_1+c_1}{2}\quad A_2=\frac{a_2+c_2}{2} \tag{1-14}$$

$$S_{平均}=\frac{(b_1-A_1)+(b_2-A_2)}{2} \tag{1-15}$$

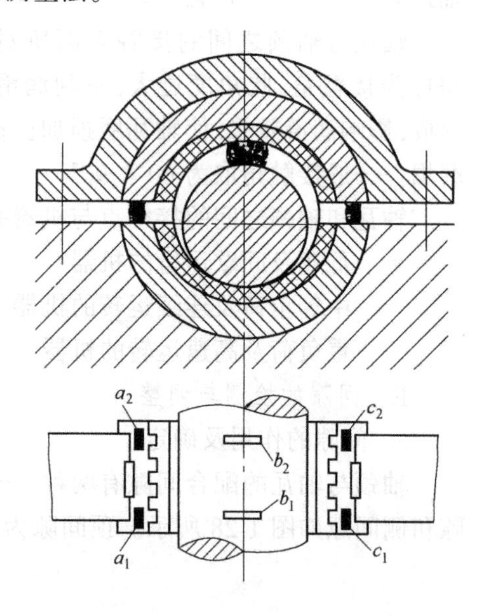

图 1-29　压铅法测量轴承顶间隙

式中　b_1、b_2——轴颈上各段铅丝压扁后的厚度，mm；

a_1、a_2、c_1、c_2——轴瓦接合面上各垫片的厚度或铅丝压扁后的厚度，mm。

按上述方法测得的顶间隙值如小于规定数值时，应在上下瓦接合面间加垫片来重新调整。如大于规定数值时，则应减去垫片或刮削轴瓦接合面来调整。

塞尺测量法

对于轴径较大的轴承间隙，可用宽度较窄的塞尺直接塞入间隙内，测出轴承顶间隙和侧间隙。对于轴径较小的轴承，因间隙小，测量的相对误差大，故不宜采用。必须注意，采用塞尺测量法测出的间隙，总是略小于轴承的实际间隙。

对于受轴向负荷的轴承还应检查和调整轴向间隙。测量轴向间隙时，可将轴推移至轴承一端的极限位置。然后用塞尺或千分表测量。如轴向间隙不符合规定，可修刮轴瓦端面或调整止推螺钉。

1.4.2.2　整体式滑动轴承的装配

整体式滑动轴承主要由整体式轴承体和圆形轴瓦(轴套)组成。这种轴承与机壳连为一体或用螺栓固定在机架上。轴套一般由铸造青铜等材料制成。为了防止轴套的转动，通常设有止动螺钉。整体式滑动轴承的优点是，结构简单，成本低。缺点是，当轴套磨损后，轴颈与轴套之间的间隙无法调整。另外，轴颈只能从轴套端穿入，装拆不方便。因而整体式滑动轴承只适用于低速、轻载而且装拆场所允许的机械。

整体式滑动轴承的装配过程主要包括轴套与轴承孔的清洗、检查、轴套安装等步骤。

A　轴套与轴承孔的清洗检查

轴套与轴承孔用煤油或清洗剂清洗干净后，应检查轴套与轴承孔的表面情况以及配合过盈量是否符合要求，然后再根据尺寸以及过盈量的大小选择轴套的装配方法。

轴套的精度一般由制造保证，装配时只需将配合面的毛刺用刮刀或油石清除。必要时才作刮配。

B　轴套安装

轴套的安装可根据轴套与轴承孔的尺寸以及过盈量的大小选用压入法或温差法。

压入法一般是用压力机压装或用人工压装。为了减少摩擦阻力，使轴套顺利装入，压装前可在轴套表面涂上一层薄的润滑油。用压力机压装时，轴套的压入速度不宜太快，并要随时检查轴套与轴承孔的配合情况。用人工压装时，必须防止轴套损坏。不得用锤头直接敲打轴套，应在轴套上端面垫上软质金属垫，并使用导向轴或导向套如图 1-30 所示，导向轴、导向套与轴套的配合应为动配合。

对于较薄且长的轴套，不宜采用压入法装配，而应采用温差法装配，这样可以避免轴套的损坏。

轴套压入轴承孔后，由于是过盈配合，轴套的内径将会减小，因此在轴颈未装入轴套之前，应对轴颈与轴套的配合尺寸进行测量。测量的方法如图 1-31 所示，即测量轴套时应在距轴套端面 10mm 左右的两点和中间一点，在相互垂直的两个方向上用内径千分尺测量。同样在轴颈相应的部位用外径千分尺测量。根据测量的结果确定轴颈与轴套的配合是否符合要求，如轴套内径小于规定的尺寸，可用铰刀或刮刀进行刮修。

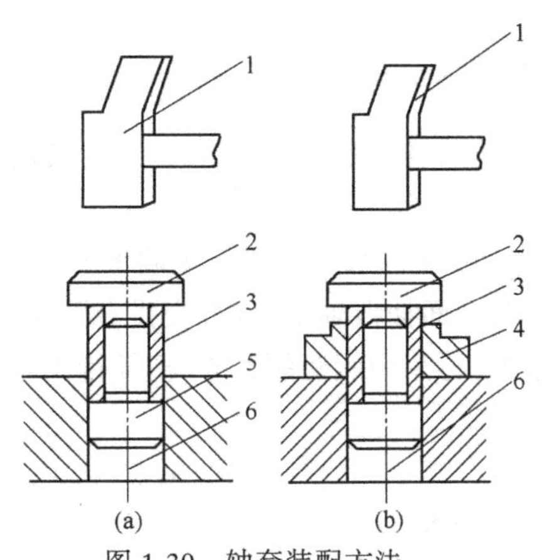

图 1-30　轴套装配方法

(a)利用导向轴装配；(b)利用导向套装配

1—手锤；2—软垫；3—轴套；4—导向套；5—导向轴；6—轴承孔

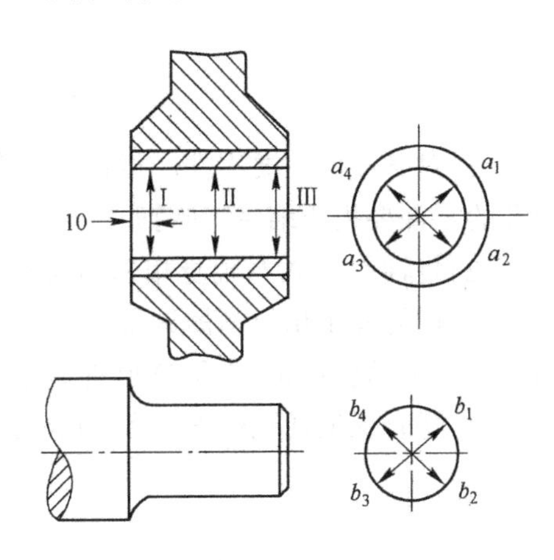

图 1-31　轴套与轴颈的测量

1.4.2.3　动压油膜轴承的装配

动压油膜轴承为全封闭式精密轴承，属液体摩擦轴承，具有很大的承载能力和很小的摩擦系数，已经广泛地应用于轧辊轴承上。

动压油膜轴承主要由衬套、锥形套、轴承座、止推轴承、密封圈等部分组成，加工制造较为精密，在使用过程中，油的清洁度要求甚高，所以在装配中一定要注意清洁，防止污染。其次不要碰伤零件，尤其是巴氏合金衬套和锥形套不允许有任何细微的擦伤。因此在装配中必须由受过专门训练的人在特定的场所进行。

现仅以连轧机操作侧支撑辊的油膜轴承(图 1-32)为例,简述其装配顺序。

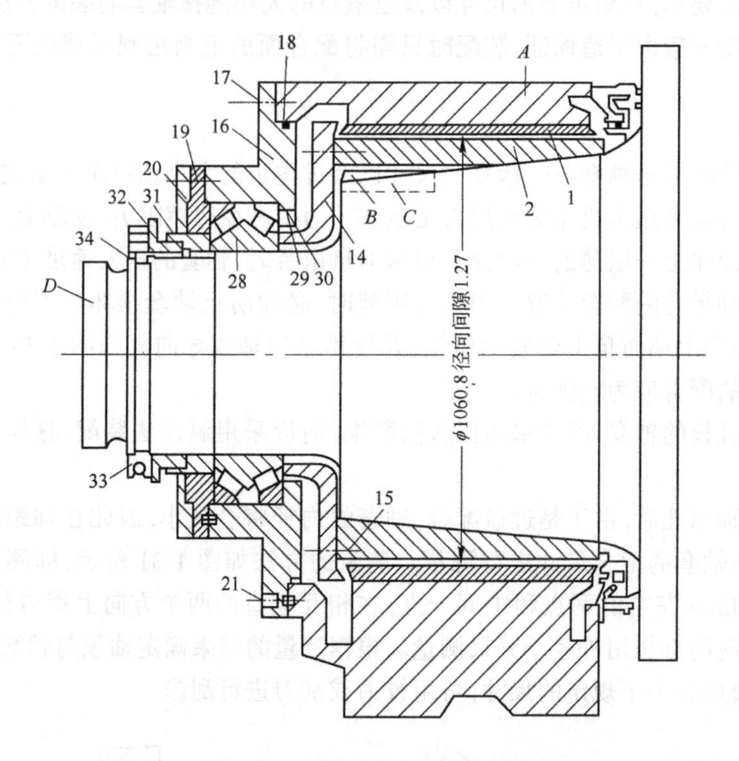

图 1-32 支撑辊操作侧油膜轴承

(1)对各组件主要零件严格检查配合尺寸。用干净油、汽油冲洗各零件。在清洗时对有油孔的零件要用压缩空气吹扫。

(2)将轴承座 A 与辊身相邻端面朝下,用 3 个千斤顶及方水平将轴承座调水平。

(3)把衬套 1 用特制吊具吊到轴承座上,一面旋转一面插入轴承座内,当衬套到位后,从轴承座的侧面将锁销 25 和 O 形密封圈 26 插入衬套内,再用内六角螺钉 27 把锁销固定在轴承座上,同时保证油孔位置一致,如图 1-33 所示。

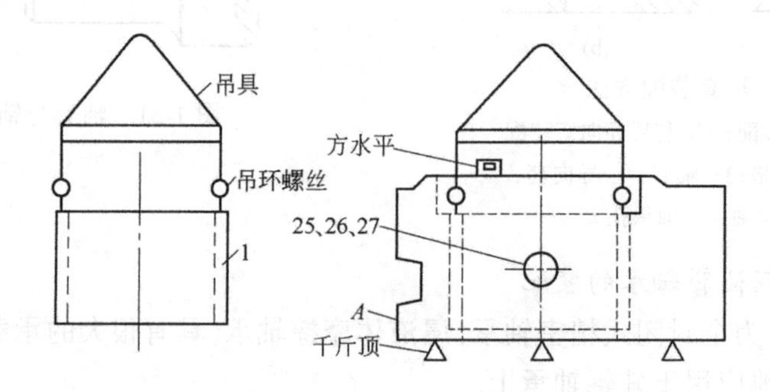

图 1-33 油膜轴承装配图之一

(4)将锥形套 2 与辊身相邻端面朝下放在工作台上,将端部挡环 14 装到锥形套上,并用螺钉 15 连接,再把锥形套吊起插入衬套中,如图 1-34 所示。在插入时千万不要碰坏衬套里高精度的巴氏合金孔表面。

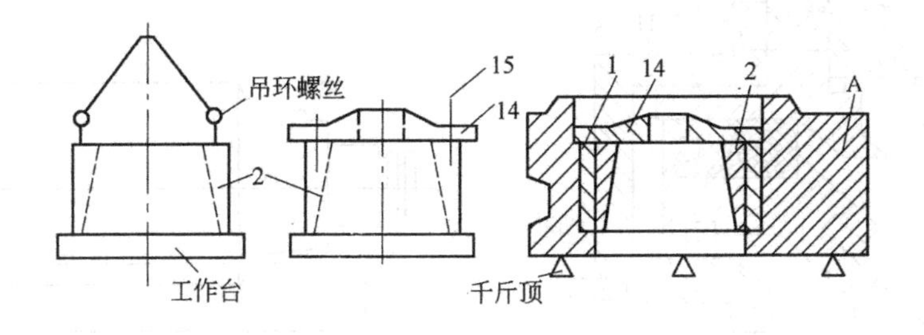

图 1-34 油膜轴承装配图之二

(5)组装止推轴承 28。先把弹簧 30 和弹簧座 29 装入轴承箱体 16 内，再装轴承 28，然后在轴承护圈 19 装上弹簧和弹簧座，把 O 形密封圈 18 嵌入 16 内，一起装到轴承座上去，并紧固螺钉 17，如图 1-35 所示。

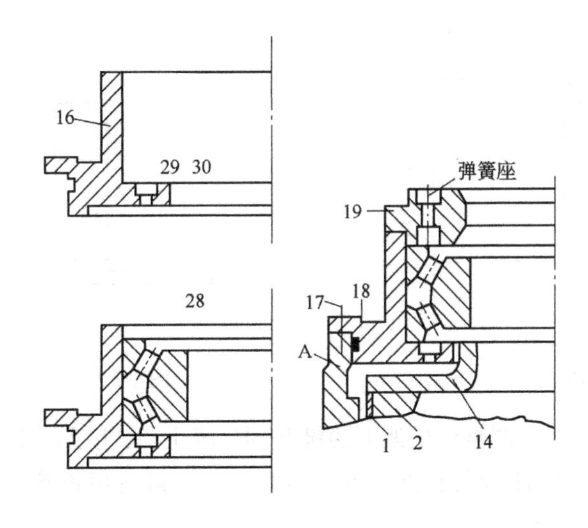

图 1-35 油膜轴承装配图之三

(6)将轴承座组装件转 90°，即按工作状态放置。

(7)组装密封组合件。将甩油环 3 和 O 形密封圈 13 配合好，装入锥形套的辊身侧，用内六角螺钉 4 轻轻拧上，在锥形套和甩油环之间放入油封 12，再紧固内六角螺钉 4。将两油封 11 的护圈 8 和 O 形密封环 10 用螺钉 9 固定到轴承座的辊身侧。将伸出环 5 用螺钉 7 固定到已装入锥形套内甩油环 3 上，再装密封环 6，用螺钉 24 把防鳞环 27 拧到护圈 8 上，如图 1-36 所示。

(8)将支撑辊 D 放在工作台上，键槽方向朝上，用内六角螺钉 C 将锥形套固定键 B 紧固在槽内，如图 1-37 所示。

(9)把轴承座装到支撑辊上。在吊装轴承座时，用吊钩挂上链式起重机，以便轴承座调平及对中，慢慢插入配合孔中，如图 1-38 所示。

(10)在调整环托架 31 内侧，用六角螺钉将键 34 固定在 31 上，再将调整环 32 与托架拧上，从轧辊辊颈端部对准插入键槽。如图 1-39 所示。

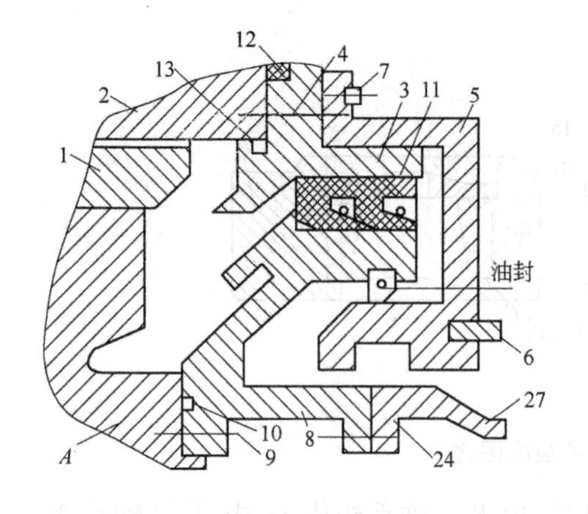

图 1-36　油膜轴承装配图之四

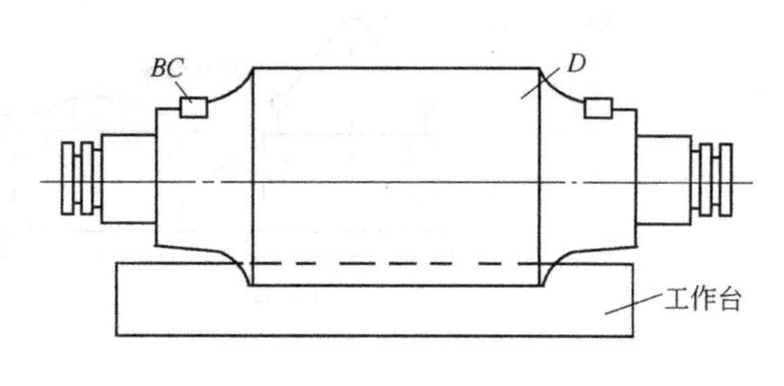

图 1-37　油膜轴承装配图之五

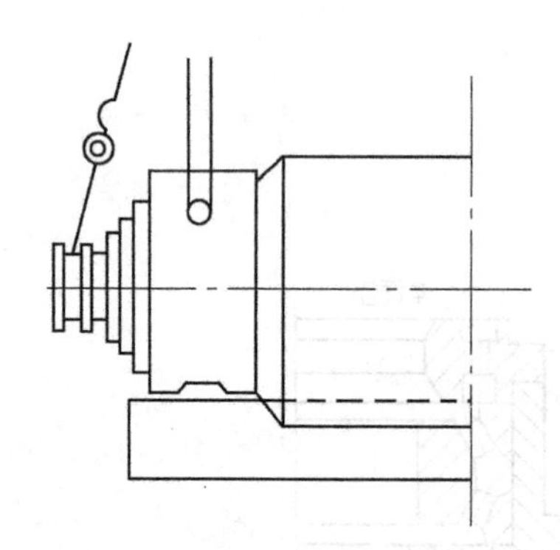

图 1-38　油膜轴承装配图之六

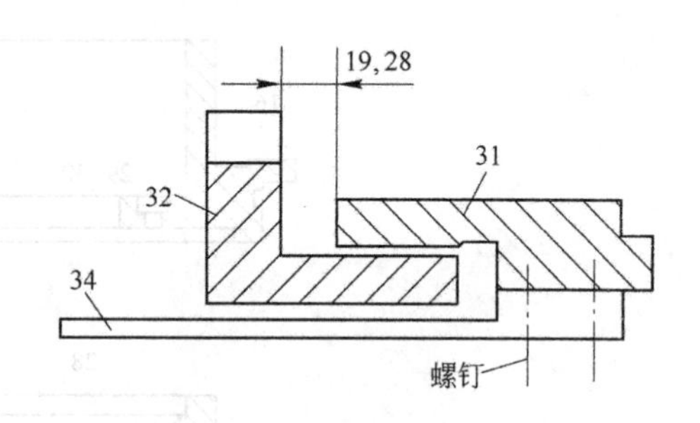

图 1-39　油膜轴承装配图之七

(11)把止推板 33 对准调整环托架上的键装到轧辊上去，用手锤敲特制的环形扳手来转动调整环，使调整环托架 31 顶到止推轴承的内圈为止。最后用螺丝把止推板 33 与调整环拧上。整个装配工作完毕。

由于油膜轴承的调整间隙至今尚没有统一的标准，所以在装配中，要按图样规定的间隙进行调整。

1.5　密封装置的装配

为了防止润滑油脂从机器设备接合面的间隙中泄露出来，并不让外界的脏物、尘土、水和有害气体侵入，机器设备必须进行密封。密封性能的优劣是评价机械设备的一个重要指标。由于油、水、气等的泄漏，轻则造成浪费、污染环境，又对人身、设备安全及机械本身造成损害，使机器设备失去正常的维护条件，影响其寿命；重则可能造成严重事故。因此，必须重视和认真搞好设备的密封工作。

机器设备的密封主要包括固定连接的密封（如箱体结合面、连接盘等的密封）和活动连接的密封（如填料密封、轴头油封等）。采用的密封装置和方法种类很多，应根据密封的介质种类、工作压力、工作温度、工作速度，外界环境等工作条件，设备的结构和精度等进行选用。

1.5.1 固定连接的密封

1.5.1.1 密封胶密封

为保证机件正确配合，在结合面处不允许有间隙时，一般不允许加衬垫，这时一般用密封胶进行密封。密封胶具有防漏、耐温、耐压、耐介质等性能，而且有效率高、成本低、操作简便等优点，可以广泛应用于许多不同的工作条件。

密封胶使用时应严格按照如下工艺要求进行：

(1)密封面的处理。各密封面上的油污、水分、铁锈及其他污物应清理干净，并保证其应有的粗糙度，以便达到紧密结合的目的。

(2)涂敷。一般用毛刷涂敷密封胶。若密封胶黏度太大时，可用溶剂稀释，涂敷要均匀，不要过厚，以免挤入其他部位。

(3)干燥。涂敷后要进行一定时间干燥，干燥时间可按照密封胶的说明进行，一般为3～7min。干燥时间长短与环境温度和涂敷厚度有关。

(4)紧固连接。紧固时施力要均匀。由于胶膜越薄，凝附力越大，密封性能越好，所以紧固后间隙为0.06～0.1mm比较适宜。当大于0.1mm时，可根据间隙数值选用固体垫片结合使用。

表1-6列出了密封胶使用时泄漏原因及分析。

表1-6 密封胶泄漏原因及分析

泄漏原因	原因分析
工艺问题	1. 结合处处理的不洁净； 2. 结合面间隙过大(不宜大于0.1mm)； 3. 涂敷不周； 4. 涂层太厚； 5. 干燥时间过长或过短； 6. 连接螺栓拧紧力矩不够； 7. 原有密封胶在设备拆除重新使用时未更换新密封胶
选用密封胶材质不当	所选用密封胶与实际密封介质不符
温度、压力问题	工作温度过高或压力过大

1.5.1.2 密合密封

由于配合的要求，在结合面之间不允许加垫料或密封胶时，常常依靠提高结合面的加工精度和降低表面粗糙度进行密封。这时，除了需要在磨床上精密加工外，还要进行研磨或刮研使其达到密合，其技术要求是有良好的接触精度和不泄漏试验。机件加工前，还需经过消除内应力退火。在装配时注意不要损伤其配合表面。

1.5.1.3 衬垫密封

承受较大工作负荷的螺纹连接零件，为了保证连接的紧密性，一般要在结合面之间加刚性较小的垫片。如：纸垫、橡胶垫、石棉橡胶垫、紫铜垫等。垫片的材料根据密封介质和工作条件选择。衬垫装配时，要注意密封面的平整和清洁，装配位置要正确，应进行正确的预紧。维修时，拆开后如发现垫片失去了弹性或已破裂，应及时更换。

1.5.2　活动连接的密封

1.5.2.1　填料密封

填料密封(如图1-40所示)的装配工艺要点是:

(1)软填料可以是一圈圈分开的,各圈在轴上不要强行张开,以免产生局部扭曲或断裂。相邻两圈的切口应错开180°。软填料也可以作成整条的,在轴上缠绕成螺旋形。

(2)当壳体为整体圆筒时,可用专用工具把软填料推入孔内。

(3)软填料由压盖5压紧。为了使压力沿轴向分布尽可能均匀,以保证密封性能和均匀磨损,装配时,应由左到右逐步压紧。

(4)压盖螺钉4至少有两只,必须轮流逐步拧紧。以保证圆周力均匀。同时用手转动主轴,检查其接触的松紧程度,要避免压紧后再行松出。软填料密封在负荷运转时,允许有少量泄漏。运转后继续观察,如泄漏增加,应再缓慢均匀拧紧压盖螺钉(一般每次再拧进1/6～1/2圈)。但不应为争取完全不漏而压得太紧,以免摩擦功率消耗太大或发热烧坏。

1.5.2.2　油封密封

油封是广泛用于旋转轴上的一种密封装置,其结构比较简单(如图1-41所示),按结构可分为骨架式和无骨架式两类。装配时应使油封的安装偏心量和油封与轴心线的相交度最小,要防止油封刃口、唇部受伤,同时要使压紧弹簧有合适的拉紧力。装配要点如下:

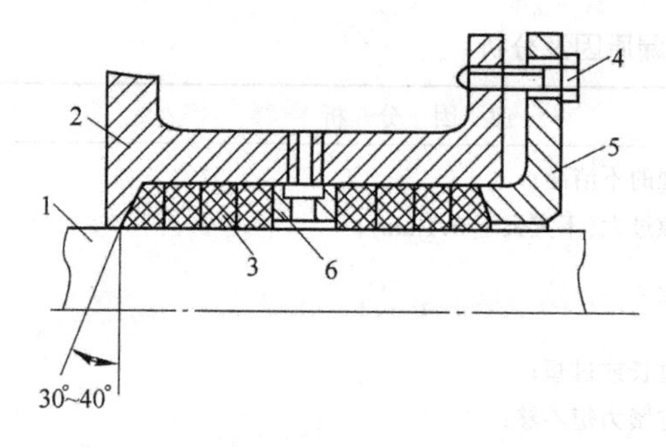

图1-40　填料密封

1—主轴;2—壳体;3—软填料;4—螺钉;5—压盖;6—孔环

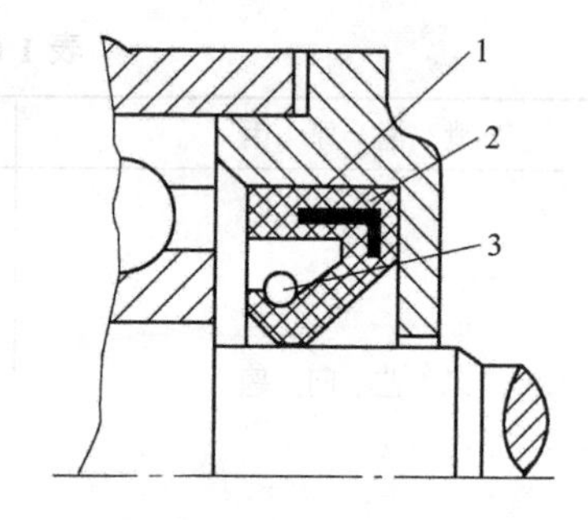

图1-41　油封结构

1—油封体;2—金属骨架;3—压紧弹簧

(1)检查油封孔、壳体孔和轴的尺寸,壳体孔和轴的表面粗糙度是否符合要求,密封唇部是否损伤,并在唇部和主轴上涂以润滑油脂。

(2)压入油封要以壳体孔为准,不可偏斜,并应采用专门工具压入,绝对禁止棒打锤敲的粗野做法。壳体孔应有较大倒角。油封外圈及壳体孔内涂以少量润滑油脂。

(3)油封装配方向,应该使介质工作压力把密封唇部紧压在主轴上,而不可装反。如用作防尘时,则应使唇部背向轴承。如需同时解决防漏和防尘,应采用双面油封。

(4)油封装入壳体孔后,应随即将其装入密封轴上。当轴端有键槽、螺钉孔、台阶等时,为防止油封刃口在装配中损伤,可采用导向套,如图1-42所示。

装配时要在轴上与油封刃口处涂润滑油,防止油封在初运转时发生干摩擦而使刃口烧坏。另外,还应严防油封弹簧脱落。

油封的泄漏及防止措施如表1-7所示。

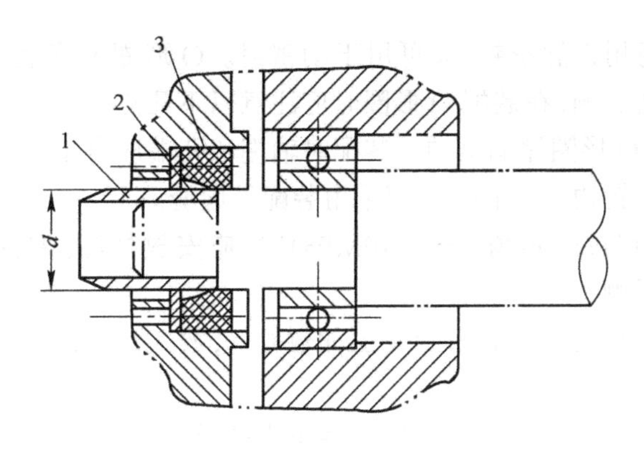

图 1-42　防止唇部受伤的装配导向套

1—导向套；2—轴；3—油封

表 1-7　油封的泄漏及防止措施

泄漏原因	原因分析	防止措施
唇部损伤或折迭	装配时由于与键槽、螺钉孔、台阶等的锐边接触，或毛刺未去除干净	去除毛刺、锐边、采用装配导向套，并注意保持唇部的正确位置
	轴端倒角不合适	倒角30°左右，并与轴颈光滑过渡
	由于包装、储藏、输送等工作未做好	油封不用时不要拆开包装，不要过多重叠堆积，应存储在阴凉干燥处
唇部早期磨损或老化龟裂	唇部和轴的配合过紧	配合过盈对低速可大点，对高速可小点
	拉紧弹簧径向压力过大	可改较长的拉紧弹簧
	唇部与轴间润滑油不充分或无润滑油	加润滑油
	与主轴线速度不适应	低速油封不能用于高速
	前后轴承孔的同轴度超差，以至主轴作偏心旋转	装配前应校正轴承的同轴度
	与使用温度不相应	应根据需要选用耐热或耐寒的橡胶油封
	油液压力超过油封承受限度	压力较大时应采用耐压油封或耐压支撑圈
油封与主轴或壳体孔未完全密贴	主轴或壳体孔尺寸超差	装配前应进行检查
	在主轴或壳体孔装油封处有油漆或其他杂质	装油封处注意清洗并保持清洁
	装配不当	遵守装配规程

1.5.2.3　密封圈密封

密封元件中最常用的就是密封圈，密封圈的截面形状有圆形(O形)和唇形，其中用得最早、最多、最普遍的是O形密封圈。

A　密封圈装配的一般要求

装配前应检查密封圈是否有缺陷；密封圈的规格与对应的沟槽是否相匹配；为了便于安装，需将密封圈涂以润滑油；装配时，如需越过螺纹、键槽或锐边、尖角部位，应采用装配导向套；安装唇形密封圈时，其唇边应对着被密封介质的压力方向；切勿漏装密封圈及防止报废的密封圈再用。

B　常用密封圈及装配

a　O形密封圈及装配

O形密封圈是压紧型密封，故在其装入密封沟槽时，必须保证O形密封圈有一定的预压缩量，一般截面直径压缩量为8%～25%。O形密封圈对被密封表面的粗糙度要求很高，一般规定静密封零件表面粗糙度 R_a 值为6.3～3.2μm，动密封零件表面粗糙度 R_a 值为0.4～0.2μm。

O形密封圈既可用作静密封，又可用于动密封。O形圈的安装质量，对O形圈的密封性能与寿命均有重要影响，在装配O形圈时应注意以下几点：

(1)装配前需将O形圈涂润滑油。装配时轴端和孔端应有15°～20°的引入角。当O形圈需通过螺纹、键槽、锐边、尖角等时，应采用装配导向套。

(2)当工作压力超过一定值(一般10MPa)时，应安放挡圈，需特别注意挡圈的安装方向，单边受压，装于反侧。

(3)在装配时，应预先把需装的O形圈如数领好，放入油中，装配完毕，如有剩余的O形圈，必须检查重装。

(4)为防止报废O形圈的误用，装配时换下来的或装配过程中弄废的O形圈，一定立即剪断收回。

(5)装配时不得过分拉伸O形圈，也不得使密封圈产生扭曲。

(6)密封装置固定螺孔深度要足够。否则两密封平面不能紧固封严，产生泄漏，或在高压下把O形圈挤坏。

b　唇形密封圈及装配

唇形密封圈的应用范围很广，既适用于大中小直径的活塞、柱塞的密封，也适用于高低速往复运动和低速旋转运动的密封。

唇形密封圈的装配应按下列要求进行：

(1)唇形圈在装配前，首先要仔细检查密封圈是否符合质量要求，特别是唇口处不应有损伤、缺陷等。其次仔细检查被密封部位相关尺寸精度和粗糙度是否达到要求，对被密封表面的粗糙度要求一般 $R_a \leqslant 1.6\mu m$。

(2)装配唇形圈的有关部位，如缸筒和活塞杆的端部，均需倒成15°～30°的倒角，以避免在装配过程中损伤唇形圈唇部。

(3)在装配唇形圈时，如需通过螺纹表面和退刀槽，必须在通过部位套上专用套筒，或在设计时，使螺纹和退刀槽的直径小于唇形圈内径。反之，在装配唇形圈时，如需通过内螺纹表面和孔口，必须使通过部位的内径大于唇形圈的外径或加工出倒角。

(4)为减小装配阻力，在装配时，应将唇形圈与装入部位涂敷润滑脂。

(5)在装配中，应尽力避免使其有过大的拉伸，以免引起塑性变形。当装配现场温度较低时，为便于装配，可将唇形圈放入60℃左右的热油中加热，但不可超过唇形圈的使用温度。

(6)当工作压力超过20MPa时，除复合唇形圈外，均须加挡圈，以防唇形圈挤出。挡圈均应装在唇形圈的根部一侧，当其随同唇形圈向缸筒里装入时，为防止挡圈斜切口被切断，放入槽沟后，用润滑脂将斜切口粘接固定，再行装入。

开口式挡圈在使用中，有时可能在切口处出现间隙，影响密封效果。因此，在一般情况下，应尽量采用整体式挡圈。聚四氟乙烯制作的挡圈，一旦拉伸，要恢复原尺寸，需要较长时间。因此，不应该将拉伸后装入活塞上的挡圈立即装入缸筒内，须等尺寸复原后再行装配。

唇形密封圈种类很多，根据截面形状不同，可分为V形(如图1-43所示)、Y形、Y_X形、U形、L形等。V形密封圈是唇形密封圈中应用最早、最广泛的一种。根据采用材质的不同，V形密封圈可分为V形夹织物橡胶密封圈、V形橡胶密封圈和V形塑料密封圈。其中V形夹织物橡胶密封圈应用最普遍。

V 形夹织物橡胶密封圈由一个压环、数个重叠的密封环和一个支承环组成。使用时，必须将这三部分有机地组合起来，不能单独使用。密封环的使用个数随压力高低和直径大小而不同，压力高、直径大时可用多个密封环。在 V 形密封装置中真正起密封作用的是密封环，压环和支承环只起支承作用。

Y 形密封圈可分为两种：Y 形橡胶密封圈（图 1-44）和 Y_X 形聚氨酯密封圈（图 1-45、图 1-46）。这两种密封圈在使用中只要用单圈就可以实现密封。适用于运动速度较高的场合，工作压力可达 20MPa。Y 形密封圈对被密封表面的粗糙度要求，一般规定轴的表面粗糙度 $R_a \leqslant 0.4\mu m$，孔的表面粗糙度 $R_a \leqslant 0.8\mu m$。

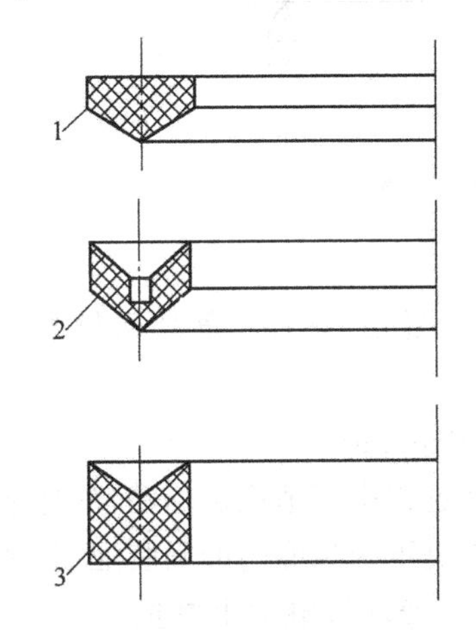

图 1-43　V 形密封圈的断面形状

1—支承环；2—密封环；3—压环

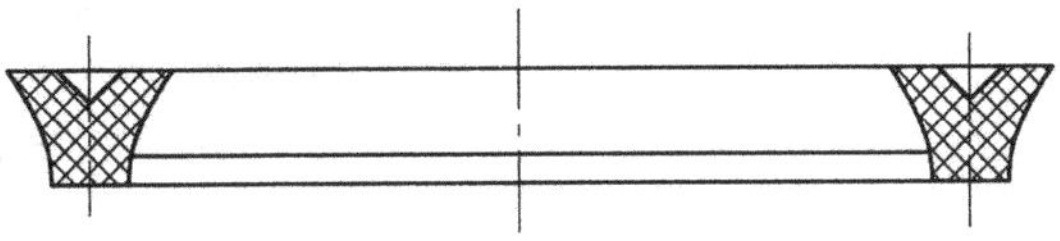

图 1-44　Y 形橡胶密封圈

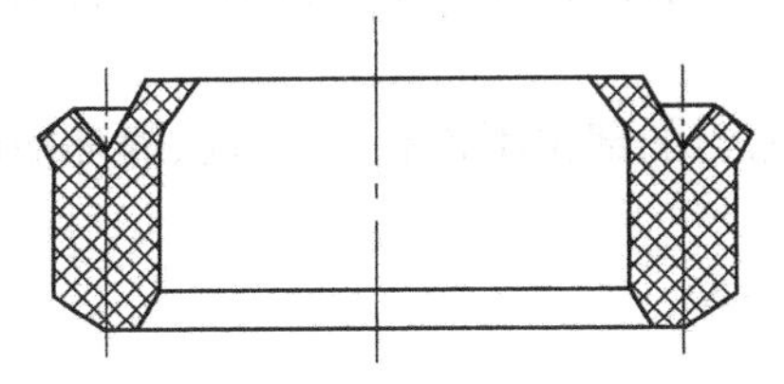

图 1-45　Y_X 形聚氨酯密封圈（孔用）

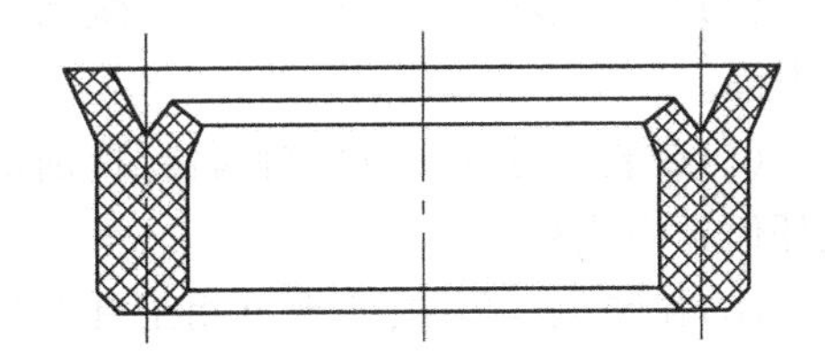

图 1-46　Y_X 形聚氨酯密封圈（轴用）

Y_X 形聚氨酯密封圈装配时，必须区分是孔用还是轴用，不得互相代替。所谓孔用即是密封圈的短脚（外唇边）和缸筒内壁作相对运动，长脚（内唇边）和轴相对静止，起支承作用。所谓轴用即是密封圈的短脚（内唇边）和轴作相对运动，长脚（外唇边）和缸筒相对静止，起支承作用。

1.5.2.4　机械密封

机械密封是旋转轴用的一种密封装置。它的主要特点是密封面垂直于旋转轴线，依靠动环和静环端面接触压力来阻止和减少泄漏。

机械密封装置密封原理如图 1-47 所示。轴 1 带动动环 2 旋转，静环 5 固定不动，依靠动环 2 和静环 5 之间接触端面的滑动摩擦保持密封。在长期工作摩擦表面磨损过程中，弹簧 3 推动动环 2，以保证动环 2 与静环 5 接触而无间隙。为了防止介质通过动环 2 与轴 1 之间的间隙泄漏，装有动环密封圈 7；为防止介质通过静环与壳体 4 之间的间隙泄漏，装有静环密封圈 6。

机械密封装置在装配时，必须注意如下事项：

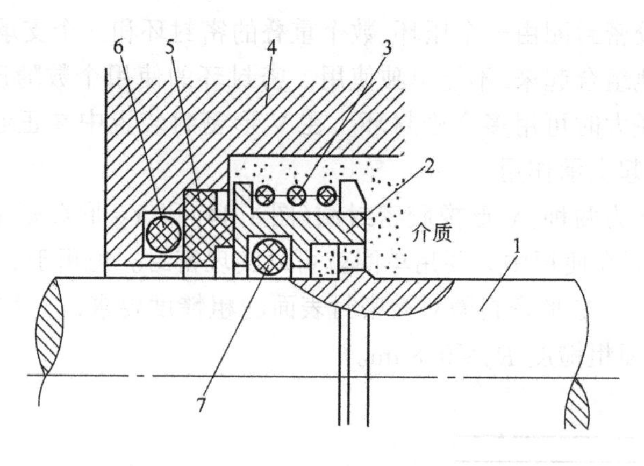

图 1-47 机械密封装置

1—轴;2—动环;3—弹簧;4—壳体;5—静环;

6—静环密封圈;7—动环密封圈

(1)按照图样技术要求检查主要零件,如轴的表面粗糙度、动环及静环密封表面粗糙度和平面度等是否符合规定。

(2)找正静环端面,使其与轴线的垂直度误差小于0.05mm。

(3)必须使动、静环具有一定的浮动性,以便在运动过程中能适应影响动、静环端面接触的各种偏差,这是保证密封性能的重要条件。浮动性取决于密封圈的准确装配、与密封圈接触的主轴或轴套的粗糙度、动环与轴的径向间隙以及动、静环接触面上摩擦力的大小等,而且还要求有足够的弹簧力。

(4)要使主轴的轴向窜动、径向跳动和压盖与轴的垂直度误差在规定范围内。否则将导致泄漏。

(5)在装配过程中应保持清洁,特别是主轴装置密封的部位不得有锈蚀,动、静环端面应无任何异物或灰尘。

(6)在装配过程中,不允许用工具直接敲击密封元件。

1.6 机械设备的安装

机械设备的安装是按照一定的技术条件,将机械设备正确地安装和牢固地固定在基础上。机械设备的安装是机械设备从制造到投入使用的必要过程。机械设备安装的好坏,直接影响机械设备的使用性能和生产的顺利进行。机械设备的安装工艺过程包括:基础的验收、安装前的物质和技术装备、设备的吊装、设备安装位置的检测和校正、基础的二次灌浆及试运转等。

机械设备安装首先要保证机械设备的安装质量。机械设备安装之后,应按安装规范的规定进行试车,并能达到国家部委颁发的验收标准和机械设备制造厂的使用说明书的要求,投入生产后能达到设计要求。其次,必须采用科学的施工方法,最大限度地加快施工速度,缩短安装的周期,提高经济效益。此外,机械设备的安装还要求设计合理、排列整齐,最大限度地节省人力、物力、财力。最后,必须重视施工的安全问题,坚决杜绝人身和设备安全事故的发生。

1.6.1 基础的验收及处理

1.6.1.1 基础的施工

基础的施工是由土建工程部门来完成的,但是生产和安装部门也必须了解基础施工过程,以便进行技术监督和基础验收工作。

基础施工一般过程为:

(1)放线、挖基坑、基坑土壤夯实。

(2)装设模板。

(3)根据要求配置钢筋,按准确位置固定地脚螺丝和预留孔模板。

(4)测量检查标高、中心线及各部分尺寸。

(5)配置浇注混凝土。

(6)基础的混凝土初凝后,要洒水维护保养。

(7)拆除模板。

为使基础混凝土达到要求的强度,基础浇灌完毕后不允许立即进行机器的安装,至少应该保养7~14天,当机器在基础上面安装完毕后,应至少经15~30天之后才能进行机器的试车。

1.6.1.2 基础的验收

基础验收的具体工作就是由安装部门根据图样和技术规范,对基础工程进行全面检查。主要检查内容包括:通过混凝土试件的实验结果来检验混凝土的强度是否符合设计要求;基础的几何尺寸是否符合设计要求;基础的形状是否符合设计要求;基础的表面质量等等。

安装金属压力加工设备时,基础验收应遵照《冶金机械设备安装工程施工及验收规范通用规定》YBJ201—83中基础检查的条款执行。

1.6.1.3 基础的处理

在验收基础中发现的不合格项目均应进行处理。常见的不合格项目是地脚螺丝预埋尺寸在混凝土浇灌时错位而超过安装标准。新的处理方法是用环氧砂浆粘接。

在安装重型机械时,为防止安装后基础的下沉或倾斜而破坏机械的正常运转,要对基础进行预压。当基础养护期满后,在基础上放置重物,进行预压。每天用水准仪观察,直至基础不再下沉为止。

在安装机械设备之前要认真清理基础表面,在基础的表面,除放置垫板的位置外,需要二次灌浆的地方都应铲麻面,以保证基础和二次灌浆应能结合牢固。铲麻面要求每100cm^2有2~3个深10~20mm的小坑。

1.6.2 机械安装前的准备工作

机械设备安装之前,有许多准备工作要做。工程质量的好坏、施工速度的快慢都和施工的准备工作有关。

机械设备安装工程的准备工作主要包括下列几个方面。

1.6.2.1 组织、技术准备

A 组织准备

在进行一项大型设备的安装之前,应该根据当时的情况,结合具体条件成立适当的组织机构,并且分工明确、紧密协作,以使安装工作有步骤地进行。

B　技术准备

技术准备是机械设备安装前的一项重要准备工作,主要包括以下内容:

(1)研究机械设备的图样、说明书、安装工程的施工图、国家部委颁发的机械设备安装规范和质量标准。施工之前,必须对施工图样进行会审,对工艺布置进行讨论审查,注意发现和解决问题。例如:检查设计图样和施工现场尺寸是否相符、工艺管线和厂房原有管线有无冲突等。

(2)熟悉设备的结构特点和工作原理,掌握机械设备的主要技术数据、技术参数、使用性能和安装特点等。

(3)对安装工人进行必要的技术培训。

(4)编制安装工程施工作业计划。安装工程施工作业计划应包括安装工程技术要求、安装工程的施工程序、安装工程的施工方法、安装工程所需机具和材料及安装工程的试车步骤、方法和注意事项。

安装工程的施工程序是整个安装工程有计划、有步骤地完成的关键。因此,必须按照机械设备的性质,本单位安装机具和安装人员的状况以最科学、合理的方法安排施工程序。

确定施工方法时可参考以往的施工经验;听取有关专家的建议;广泛听取安装工人和工程技术人员的意见等。

1.6.2.2　供应准备

供应准备是安装中的一个重要方面。供应准备主要包括机具准备和材料准备。

A　机具准备

根据设备的安装要求准备各种规格和精度的安装检测机具和起重运输机具。并认真地进行检查,以免在安装过程中才发现不能使用或发生安全事故。

常用的安装检测机具包括:水平仪、经纬仪、水准仪、准直仪、拉线架、平板、弯管机、电焊机、气割、气焊、扳手、万能角度尺、卡尺、塞尺、千分尺、千分表及各种检验测试设备等。

起重运输机具包括:双梁、单梁桥式起重机、汽车吊、坦克吊、卷扬机、起重杆、起重滑轮、葫芦、绞盘、千斤顶等起重设备;汽车、拖车、拖拉机等运输设备;钢丝绳、麻绳等索具。

B　材料准备

安装中所用的材料要事先准备好。对于材料的计划与使用,应当是既要保证安装质量与进度,又要注意降低成本,不能有浪费现象。安装中所需材料主要包括:

各种型钢、管材、螺栓、螺母、垫片、铜皮、铝丝等金属材料;石棉、橡胶、塑料、沥青、煤油、机油、润滑油、棉纱等非金属材料。

1.6.2.3　安装技术工人数量的估计

合理、科学地对某一项安装工程所需的技术工人进行数量统计,是安装工程现代化管理的一个重要方面。

安装工人的数量统计与下列因素有关,每年所安装设备台数、每台设备安装工日定额、每年工作日、工人缺勤率等。对于每年工作日数,应考虑到安装前的土建工程完工及设备到货、设计出图时间的影响。所需要安装工人的数量可用下列公式进行估算:

$$A=\frac{CK}{D}\left(1+\frac{5}{100}\right) \tag{1-16}$$

式中　A——每年所需要的安装工人数;

C ——每年需完成安装的设备台数；

K ——每台设备安装工日定额(工日/台)；

D ——每年工作日数(一般按229.5天计)；

5/100 ——安装工人缺勤率。

安装工人的技术工种(如钳工、管工、焊工、起重工等)的比例可根据不同安装工程而定。

1.6.2.4 机械的开箱检查与清洗

A 开箱检查

机械设备安装前，要和供货方一起进行设备的开箱检查。检查后应作好记录，并且要双方人员签字。设备的检查工作主要包括以下几项：

(1)设备表面及包装情况。

(2)设备装箱单、出厂检查单等技术文件。

(3)根据装箱单清点全部零件及附件。

(4)各零件和部件有无损坏、变形或锈蚀等现象。

(5)机件各部分尺寸是否与图样要求相符合。

B 清洗

开箱检查后，为了清除机器、设备部件加工面上的防锈剂及残存在部件内的铁屑、锈斑及运输保管过程中的灰尘、杂质，必须对机器和设备的部件进行清洗。清洗步骤一般是：粗洗，主要清除掉部件上的油污、旧油、漆迹和锈斑；细洗，也称油洗，是用清洗油将脏物冲洗干净；精洗，采用清洁的清洗油最后洗净，精洗主要用于安装精度和加工精度都较高的部件。

常用清洗剂简介。

a 碱性清洗剂

碱性清洗剂常用下列配方组成：

(1)氢氧化钠(0.5%～1%)、碳酸钠(5%～10%)、水玻璃(3%～4%)、水(余量)。

(2)氢氧化钠(1%～2%)、磷酸三钠(5%～8%)、水玻璃(3%～4%)、水(余量)。

(3)磷酸三钠(5%～8%)、磷酸二氢钠(2%～3%)、水玻璃(5%～6%)、烷基苯磺酸钠(0.5%～1%)、水(余量)。

(4)油酸三乙醇胺(3%)、苯甲酸钠(0.5%)、十二烷基硫酸钠(0.5%～1%)、水(余量)。

碱性清洗剂成本低，清洗时需加热至60～90℃，浸洗和喷洗10min左右。其中第一、二两种清洗剂碱性较强，可用来清洗一般钢铁件；第三种清洗剂碱性较弱，可用来清洗一般钢铁件和铝合金件；第四种清洗剂碱性更弱，可用于清洗精加工、抛光后的钢铁、铝合金等加工表面。

b 含非离子型表面活性剂的清洗剂

这是一种新型的清洗剂，以水为溶剂，对金属的腐蚀性极小，而且附在零件表面的清洗剂干燥后还可以起到防锈作用，是一种理想的清洗剂，推广应用可节省大量石油溶剂。

c 石油溶剂

石油溶剂主要作用是洗掉机件上的防锈油质，它主要分以下四种：

(1)机械油、汽轮机油和变压器油。使用这类油剂时，常将其加热，加热温度不得超过120℃。

(2)轻柴油。轻柴油是高速柴油机用的燃料，黏度比煤油高，可用于清洗一般钢铁机件。

(3)汽油。汽油是精制的天然石油的直馏产品,含有裂化馏分。汽油易挥发、易燃烧,去除油脂力较强,是常用的清洗剂,可用于钢、铁及有色金属的清洗,清洗后,工件表面由于挥发而吸收了热量,温度下降,当空气湿度大时会发生凝露现象,所以应注意擦干和吹干。

(4)煤油。煤油是易挥发性、易燃烧的清洗剂,因为煤油中含有水分、酸值高,化学稳定性差,清洗后不易去净,会使清洗表面锈蚀,所以精密零件一般不宜采用煤油作最后的清洁剂。

d 清洗气相防腐蚀剂的溶液

常用气相防腐蚀剂种类很多,有氧化性的,也有非氧化性的,有无机盐类,也有有机盐类。主要种类有:亚硝酸二环乙胺、碳酸环乙胺、亚硝酸钠、磷酸氢二胺、碳酸氢钠、六次甲基四胺、碳酸胺等无机盐,三乙醇氨、苯甲酸钠、苯甲酸胺等有机盐等。

对于涂有上述气相防腐蚀剂的表面,可用酒精或12%~15%亚硝酸钠和0.5%~0.6%碳酸钠水溶液清洗,对于较难清洗的粘附物可在清洗液中加入表面活性剂进行热清洗。

必须指出:有些机器部件,必须在无油情况下工作,因此要进行脱脂,消除部件表面各种油脂,脱脂处理常采用下列脱脂剂:二氯乙炔、三氯乙烯、四氯化碳、95%乙醇、98%浓硝酸、碱性清洗剂,上述脱脂剂脱脂性能各不相同,具有不同的脱脂能力。

1.6.2.5 预装配和预调整

为了缩短安装工期,减少安装时的组装、调整工作量,常常在安装前预先对设备的若干零部件进行预装和预调整,把若干零部件组装成大部件。用这些预先组装好的大部件进行安装,可以大大加快安装进度。预装配和预调整可以提前发现设备存在的问题,及时加以处理,以确保安装的质量。

大部件整体安装是一项先进的快速施工方法,预装配的目的就是为了进行大部件整体安装。大部件组合的程度应视场地运输和起重的能力而定。如果设备出厂前已组装成大部件,且包装良好,就可以不进行拆卸清洗、检查和预装,而直接整体吊装。

1.6.3 机械的安装

机械设备的安装,重点要注意设置安装基准、设置垫板、设备吊装、找正找平找标高、二次灌浆、试运行几个问题。

1.6.3.1 设置安装基准

机器安装时,其前后左右的位置根据纵横中心线来调整,上下的位置根据标高按基准点来调整。这样就可利用中心线和基准点来确定机器在空间的坐标了。

决定中心线位置的标记称为中心标板,标高的标记称为基准点。

A 基准点的设置

在新安装设备的基础靠近边缘处埋设铆钉,并根据厂房的标准零点测出它的标高,以作为安装机械设备时测量标高的依据,称为基准点。

埋设基准点的目的是因为厂房内原有的基准点,往往被先安装的设备挡住,后安装的设备测量标高时,再用原有的基准点就不如新埋设的基准点准确方便。基准点的设置方法如图1-48所示。

B 中心标板的设置

机械设备安装所用的中心标板如图1-49所示,它是一段长为150~200mm的钢轨或工字

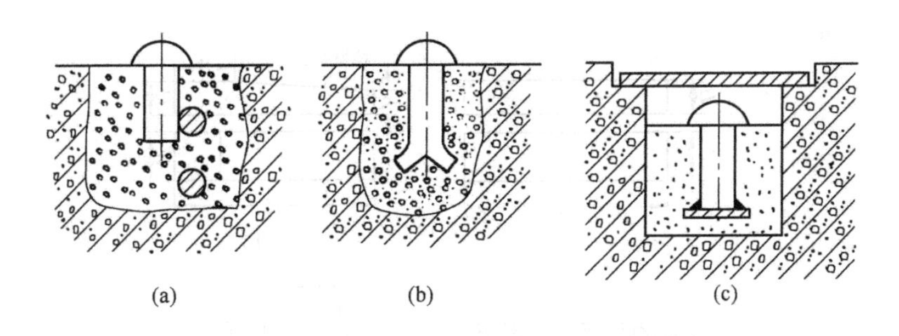

图 1-48　基准点的设置方法

(a)焊在突出的钢筋上;(b)水泥浆浇灌;(c)隐蔽基准点

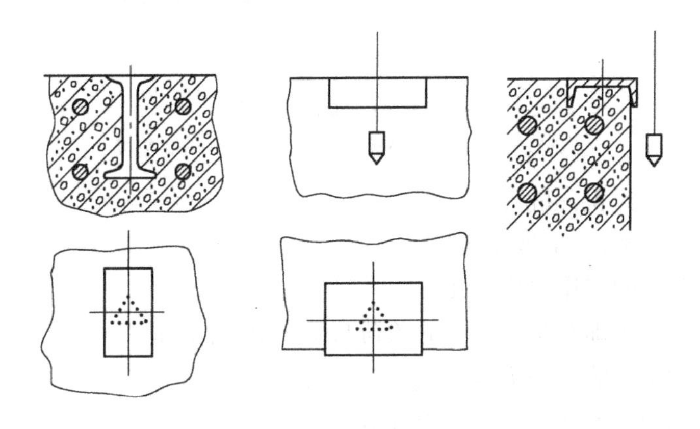

图 1-49　中心标板设置方法

钢、槽钢、角钢等,用高标号灰浆浇灌固定在机械设备安装中心线两端的基础表面。待安装中心标板处的灰浆全部凝固后,用经纬仪测量机械设备的安装中心线,并投向标板,用钳工的样冲在标板上冲孔作为中心标点,并在点外用红油漆或白油漆作明显标记。根据中心线拉设的安装中心线是找正机械设备的依据。

1.6.3.2　设置垫板

一次浇灌出来的基础,其表面的标高和水平很难满足设备安装精度的要求,因此常采用调整垫板的高度来找正设备的标高和水平。

A　垫板的作用及类型

在机器底座和基础表面间放置垫板的作用:利用调整垫板的高度来找正设备的标高和水平;通过垫板把机器的重量和工作载荷均匀地传给基础表面;在特殊情况下,也可以通过垫板校正机器底座的变形。垫板材料为普通钢板或铸铁。垫板的类型如图 1-50 所示,分为平垫板、斜垫板、开口垫板和可调垫板。

B　垫板面积的计算

采用垫板安装,在安装完毕后要二次灌浆,但是一般的混凝土凝固以后都要收缩。设备底座只压在垫板上,二次灌浆后只起稳固垫板作用。所以设备的重量和地脚螺丝的预紧力都是通过垫板作用到基础上的,因此必须使垫板与基础接触的单位面积上的压力小于基础混凝土的抗压强度。垫板总面积可按下式计算:

$$A = 10^9 \frac{(Q_1 + Q_2)C}{R} \tag{1-17}$$

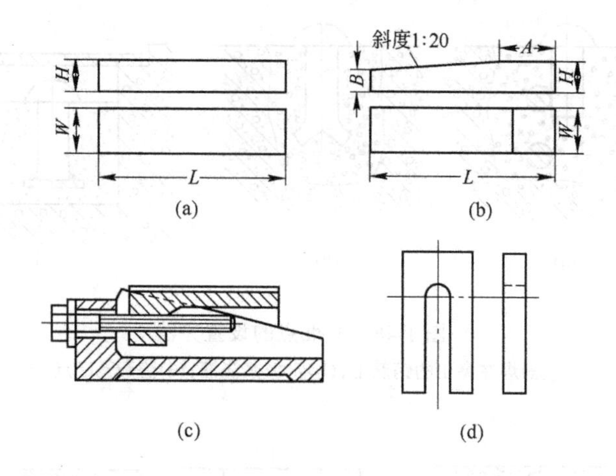

图 1-50　垫板的类型

(a)平垫板;(b)斜垫板;(c)可调垫板;(d)开口垫板

式中　A——垫板总面积,mm^2;

C——安全系数,一般取 1.5～3;

R——混凝土的抗压强度,MPa;

Q_1——设备自重加在垫片组上的负荷与工作负荷,kN;

Q_2——地脚螺丝的紧固力,kN, $Q_2 = [\sigma] A_1$;

$[\sigma]$——地脚螺丝材料的许用应力,Pa;

A_1——地脚螺丝总有效截面积,mm^2。

C　垫板的放置方法

(1)标准垫法,如图 1-51(a)所示。一般都采用这种垫法。它是将垫板放在地脚螺丝的两侧,这也是放置垫板的基本原则。

(2)十字垫法,如图 1-51(b)所示。当设备底座小、地脚螺丝间距近时用这种方法。

(3)筋底垫法,如图 1-51(c)所示。设备底座下部有筋时,一定要把垫板垫在筋底下。

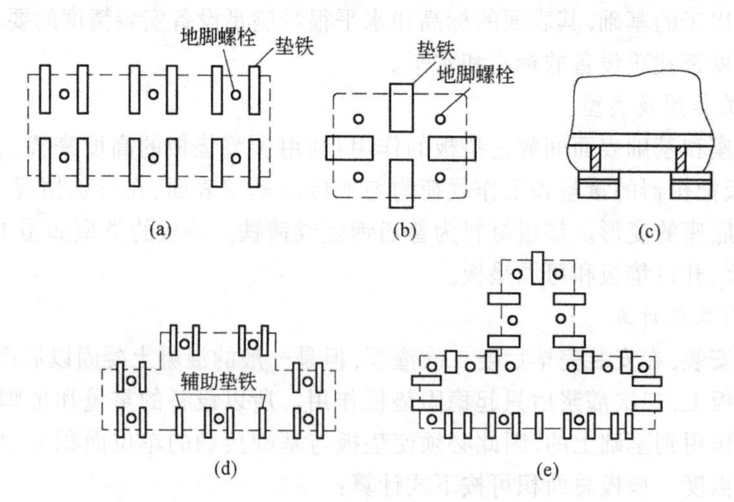

图 1-51　垫板的放置方法

(a)标准垫法;(b)十字垫法;(c)筋底垫法;(d)辅助垫法;(e)混合垫法

(4)辅助垫法，如图 1-51(d)所示。当地脚螺丝间距太远时，中间要加一辅助垫板。一般垫板间允许的最大距离为 500～1000mm。

(5)混合垫法，如图 1-51(e)所示。根据设备底座的形状和地脚螺丝间距的大小来放置。

D 放置垫板的注意事项

(1)垫板的高度应在 30～100mm 内，过高将影响设备的稳定性，过低则二次灌浆层不易牢固。

(2)为了更好地承受压力，垫板与基础面必须紧密贴合。因此，基础面上放垫板的位置不平时，一定要凿平。

(3)设备机座下面有向内的凸缘时，垫板要安放在凸缘下面。

(4)设备找平后，平垫板应露出设备底座外缘 10～30mm，斜垫板应露出 10～50mm，以利于调整。而垫板与地脚螺丝边缘的距离应为 50～150mm，以便于螺孔灌浆。

(5)每组垫板的块数以 3 块为宜，厚的放在下面，薄的放在上面，最薄的放在中间。在拧紧地脚螺丝后，每组垫板的压紧程度必须一致，不允许有松动现象。

(6)在设备找正后，如果是钢垫板，一定要把每组垫板都以点焊的方法焊接在一起。

(7)在放垫板时，还必须考虑基础混凝土的承压能力。一般情况下，通过垫板传到基础上的压力不得超过 1.2～1.5MPa。有些机械设备，安装使用垫板的数量和形状在设备说明书或设计图上都有规定，而且垫板也随同设备一起带来。因此，安装时必须根据图样规定来做。如未作规定，在安装时可参照前面所述的各项要求和做法进行。

E 放置垫板的施工方法

a 研磨法

基础上安放垫板的位置，应去掉表层浮浆层，先用砂轮后用磨石细研，使垫板与基础的接触面积达 70％以上，水平精度为 0.1～0.5mm/m，对轧钢机要求达到 0.1mm/m。

b 座浆法

研磨法的工效很低，费时费力。现在推广应用座浆法放置垫板，即直接用高强度微膨胀混凝土埋设垫板。其具体操作是：在混凝土基础上安置垫板的地方凿一个锅底形的坑，用拌好的微膨胀水泥砂浆做成一个馒头形的堆，在其上安放平垫板，一边测量一边用手锤轻轻敲打，以达到设计要求的标高(要加斜垫板应扣除此高度)和规定的水平度。养护 1～3d 后，就可安装设备，并在此垫板上再装一组斜垫板来调整标高、水平。这种方法代替了在原有基础上的研磨工作。座浆法是具有高工效、高质量、粘接牢、省钢材等优点的机械安装新工艺。

1.6.3.3 设备吊装、找正、找平、找标高

A 设备吊装

设备从工地沿水平和垂直方向运到基础上就位的整个过程称为吊装。吊装从两个方面着手：一是起重机具的选择应因地制宜，近年来由于汽车吊的起重能力、起重高度都有所提高，加上汽车吊机动性好，故它是一种很有前途的起重机具；二是零部件的捆绑，索具选用要安全可靠，捆绑要牢靠，当采用多绳捆绑时，每个绳索受力应均匀，防止负荷集中。

B 找正、找平、找标高

a 找正

找正是为了将设备安装在设计的中心线上，以保证生产的连续性。安装找正前，必须根据中心标板挂好安装中心线，然后选择设备的精确加工面(如主轴、轧钢机架窗口等)，求出

其中心标点,按此找正。因为只有当中心标点与安装中心线一致时,设备才算找正完毕。

b 找平

设备找水平是利用设备上可以作为水平测定面的上面,用平尺或方水平进行,检查中发现设备不水平时,用调节垫片实现。被检平面应选择精加工面,如箱体剖分面、导轨面等。

c 找标高

确定设备安装高度的作业称为找标高。为了保证准确的高度,被选定的标高测定面必须是精加工面。标高根据基准点用水准仪或激光仪来测量。

按照设计要求,通过增减垫板调整机器的标高与水平,拨动机器,使其符合设计要求的中心位置。最后紧固地脚螺丝,才算完成机器的安装工作。

设备找正、找平、找标高虽然是各不相同的作业,但对一台设备安装来说,它们是互相关联的。如调整水平时可能使设备偏移而需重新找正,而调整标高时又可能影响了水平,调整水平时又可能变动了标高。所以要做综合分析,做到彼此兼顾。

通常找正、找平、找标高分两步进行,首先是初找,然后精找。尤其对于找平作业,先初平,在紧固地脚螺丝时才能进行精平。某些极精密的找平、找正作业,受负荷、紧固力的影响,甚至受日照温度影响,应仔细分析,反复操作才能确定。

1.6.3.4 二次灌浆

由于有垫板,故在基础表面与机器底座下部所形成的空洞必须在机器安装前用混凝土填满,这一作业称为二次灌浆。因此垫板就被混凝土埋没在内了。一般混凝土经养护后均要出现收缩,所以二次灌浆层主要起防止垫板松动的作用,机器的全部载荷还是靠垫板来承受的。

二次灌浆的混凝土配比与基础一样,只不过石子的块度应视二次灌浆层的厚度不同而适当选取,为了使二次灌浆层充满底座下面高度不大的空间,通常选用的石子块度要比基础的小。

一般二次灌浆作业由土建单位施工。灌浆期间,设备安装部门应进行监督,并于灌完后进行检查,在灌浆时要注意以下事项:

(1)要清除二次灌浆处混凝土表面上的油污、杂物及浮灰。

(2)用清水冲洗表面。

(3)小心放置模板,以免碰动已找正的设备。

(4)灌浆工作应连续完成。

(5)灌浆后要浇水养护。

(6)拆模板时要防止已调整好设备的变动,拆除模板后要将二次灌浆层周边用水泥砂浆抹平。

1.6.3.5 试运转(俗称试车)

试运转是机械设备安装中最后的,也是最重要的阶段。经过试运转,机械设备就可按要求正常地投入生产。在试运转过程中,无论是安装上、制造上、设计上存在的问题,都会暴露出来。只有仔细分析,才能找出根源,提出解决的办法。

由于机械设备种类和型号繁多,试运转涉及的问题面较广,所以安装人员在试运转之前一定要认真熟悉有关技术资料,掌握设备的结构性能和安全操作规程,才能搞好试运转工作。

A 试运转前的检查

(1)机械设备周围应全部清扫干净。

(2)机械设备上不得放有任何工具、材料及其他妨碍机械运转的物品。

(3)机械设备各部分的装配零件必须完整无缺,各种仪表都要经过试验,所有螺钉、销钉之类的紧固件都要拧紧并固定好。

(4)所有减速器、齿轮箱、滑动面以及每个应当润滑的润滑点,都要按照产品说明书上的规定,保质保量地加上润滑油。

(5)检查水冷、液压、风动系统的管路、阀门等,该开的是否已经打开,该关的是否已经关闭。

(6)在设备运转前,应先开动液压泵将润滑油循环一次,以检查整个润滑系统是否畅通,各润滑点的润滑情况是否良好。

(7)检查各种安全设施(如安全罩、栏杆、围绳等)是否都已安设妥当。

(8)只有确认设备完好无疑,才允许进行试运转,并且在设备启动前还要做好紧急停车的准备,确保试运转时的安全。

B 试运转的步骤

试运转的步骤应当是:先无负荷,后有负荷,先低速,后高速,先单机,后联动;每台单机要从部件开始,由部件到组件,由组件到单台设备;对于数台设备联成一套的联动机组,要将每台设备分别试好后,才能进行整个机组的联动试运转;并且前一步骤未合格前,不得进行下一步骤的试运转。

设备试运转前,电动机应单独试验,以判断电力拖动部分是否良好,并确定其正确的回转方向;其他如电磁制动器、电磁阀限位开关等各种电气设备,都必须提前做好试验调整工作。

试运转时。能手动的部件先手动后再机动。对于大型设备,可利用盘车器或吊车转动两圈以上,没有卡住和异常现象时,方可通电运转。

试运转程序一般为:

(1)单机试运转。对每一台机器分别单独启动试运转。其步骤是:手动盘车——电动机点动——电动机空转——带减速机点动——带减速机空转——带机构点动——按机构顺序逐步带动,直至带动整个机组空转。

在此期间必须检验润滑是否正常,轴承及其他摩擦表面的发热是否在允许范围之内,齿的啮合及其传动装置的工作是否平稳有无冲击,各种连接是否正确,动作是否正确、灵活,行程、速度、定点、定时是否准确,整个机器有无振动。如果发现缺陷,应立即停车消除缺陷,再从头开始试车。

(2)联合试运转。单机试运转合格后,各机组按生产工艺流程全部启动联合运转,按设计和生产操作连锁,检查各机组相互协调动作是否正确,有无相互干扰现象。

(3)负荷试运转。负荷试运转的目的是为了检验设备能否达到正式生产的要求。此时,设备带上工作负荷,在与生产情况相似的条件下进行。除按额定负荷试运转外,某些设备还要做超载试运转(如起重机等)。

1.6.3.6 无垫板安装技术简介

无垫板安装技术即是设备安装不用垫板的技术。过去安装设备必用垫板,而垫板埋于二次灌浆层里不能回收，且耗量不少。以 1700mm 热连轧机为例，一台轧机的底座就用了 6.4t 经机械加工的垫板，粗略估计，在正常建设年份，全国一年用于垫板的钢材近万吨。无垫板安装技术的关键是采用了新开发的早强高标号微膨胀且能自流灌浆的浇筑料，将此浇筑料填充到二次灌浆层后，由于浇筑料的微膨胀，使二次灌浆层与设备底座面贴实，从而起到承载作用，因此垫板的承载作用便可取消了。

垫板的另一找平、找标高作用，则可以用微调千斤顶或斜铁器来代替，将它们放在原来该放垫板之处，用以调整机器的空间位置。调整完毕，紧固地脚螺丝，在它们的周围搭设木模板再进行二次灌浆，三天后脱去木模板，取出微调千斤顶或斜铁器，以便回收利用，将它们遗留的空穴以普通混凝土填充，再将二次灌浆层周边用水泥砂浆抹平。

1.7 金属压力加工典型机械的安装

1.7.1 轧钢机底座与机架的安装

1.7.1.1 轧钢机安装概述

轧钢机按轧辊的数目分为二辊式、三辊式、四辊式和多辊式轧机；按用途分为型钢轧机、热轧板带轧机、冷轧板带轧机、热轧无缝钢管轧机等。轧机种类不同设备构造不同，安装复杂程度也不同。但一般都包括轧机机座的安装、轧机机架的安装、压下、压上装置的安装、主要部件安装装配、液压、润滑设备的安装、轧机的调整试车及验收等几个阶段。

1.7.1.2 安装施工前的准备

1700mm 四辊轧机安装施工应根据《冶金机械设备工程施工及验收规范·轧钢设备》和设备制造图样等有关技术要求制定 1700mm 四辊轧机机械设备安装及验收规程，安装工程应严格按照设计施工，保证工程质量和防止设备变形，并要求安装人员对每道工序做好自检记录，质检人员要做好重要设备安装全过程的检查。安装施工前一定要做好各种图样资料的准备，清点好所要安装的机械设备部件，备齐安装明细表，制定轧机机架的运输、吊装方案及安装技术措施，做好设备基础的验收等多项基础工作。下面仅以某厂 1700mm 热轧机的四辊精轧机座与机架的安装为例，简要讲述轧机的安装。

1.7.1.3 底座与机架的概况

精轧机底座是用厚钢板焊接而成，如图 1-52 所示。固定机架的 4 个 M125 地脚螺丝预埋在混凝土基础中。它从底座孔中穿出再与机架相连接，因而底座只承受压力，起一个凳子的作用。底座有两个凹槽，是用来确定轧机机架横向位置起固定作用的。

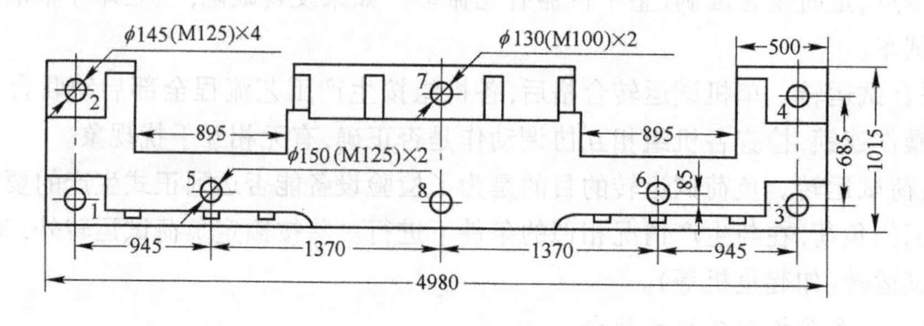

图 1-52 轧机底座

机架为铸钢件，一片重132.3t，高9.14m，宽4.68m，如图1-53所示。

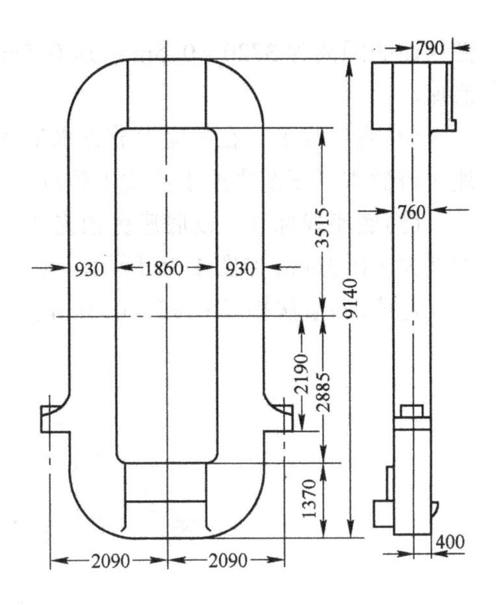

图1-53 机架

机架与底座的连接用紧固地脚螺丝及打紧斜楔即可。两片机架除了靠底座连成一体外，还用上横梁通过12个M64的螺栓连接。下横梁用键与机架相连，但只作为换支撑辊的过桥用，而不起连接两片机架之用。

1.7.1.4 底座的安装

首先对基础及地脚螺丝进行检查，确认合格后，进行安装作业。其步骤是(按有垫板安装作业)：

(1)计算垫板面积。按式(1-17)计算垫板面积。

(2)布置安放垫板。根据地脚螺丝的数量，在每个地脚螺丝两侧均放一组垫板，另外考虑到底座长方向尺寸较大，故设置辅加垫板，使底座受力均匀。

预选垫板尺寸为420mm×200mm，由平垫板与斜垫板组合而成，垫板配置如图1-54所示。垫板的安放采取座浆法。

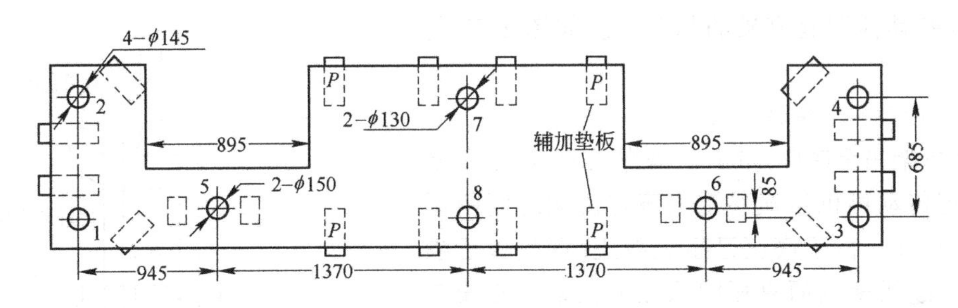

图1-54 轧机底座垫板配置图

若用无垫板安装，则应根据计算，选择适当的斜铁器。

(3)底座找正。根据厂房内中心标板挂设轧制中心线，再挂设一根与轧制中心线平行的边线，若此两线的距离为2890mm，则这条边线定为每个底座找正的基准，如图1-55所示。具体找正方法是：

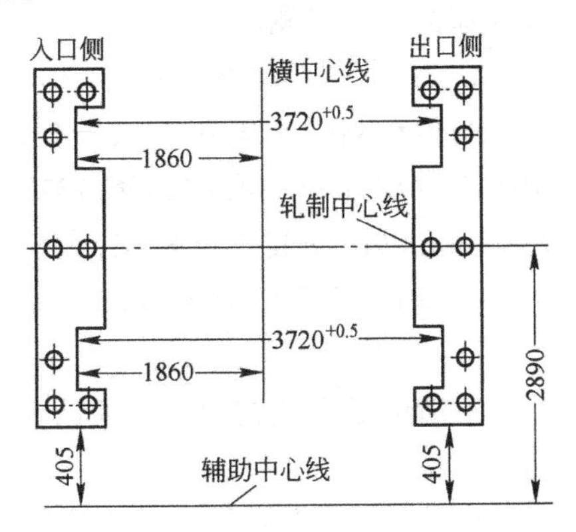

图1-55 底座找正

以边线作为基准线，用内径千分尺测量边线与底座端面的距离为405mm(端面为加工面，专作找正底座之用)。其误差不得超过0.05mm/m。

轧机入口侧底座与横向中心线距离的确定是根据已知横向中心线到底座凹入面的距离为1860mm，允许偏差为0.5mm。出口侧底座则以找正好了的入口侧底座为准。用制造带来专用测量杆量出两底座凹入面的距离为3720+0.5mm,这0.5mm的间隙是考虑到机架的热膨胀,间隙留在出口侧底座。

(4)底座找平。在底座上放方水平及两个底座间放平尺和方水平进行测量,要求两个底座过跨的水平度及底座水平度不超过0.05mm/m。

(5)底座找标高。以底座旁预先埋设的基准点为标准,用平尺及内径千分尺测量,允许偏差为+0.3mm,如图1-56所示。为了避免紧固地脚螺丝时底座下降,一般比规定标高高出一定值,座浆法提高0.15~0.3mm,研磨法提高1~1.5mm。

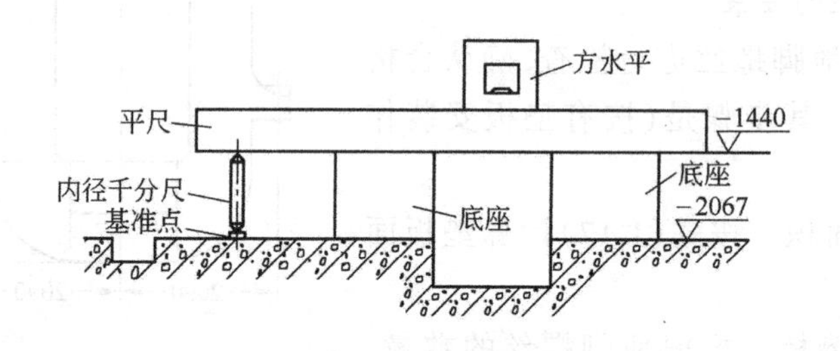

图1-56 底座找标高

1.7.1.5 机架的安装

A 专用吊具的设计

为了保证机架起吊后能保持水平,故设计了专用吊具,穿在机架压下螺母孔内,上端通过环形夹具挂到起重机的吊钩上。如图1-57所示。

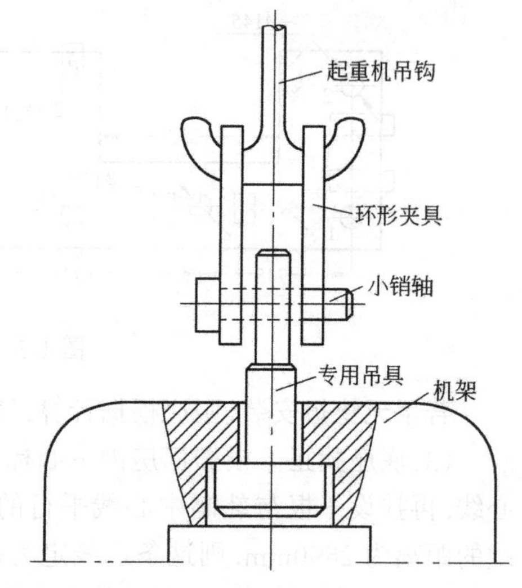

图1-57 专用吊具

B 传动侧机架的安装

将机架吊至底座,带上地脚螺丝后,调整机架位置,把传动侧机架横移至底座与机架之间的调整板上靠死。由于底座已事先找正,调整板已事先确定,故机架侧面靠死即保证了机架中心线与轧制中心线的尺寸1370mm及精度要求。机架足与底座的配合尺寸是3720mm,还有0.5mm的配合间隙留在出口侧。

C 操作侧机架的安装

同传动侧机架安装方式一样,不同的是调机架中心线与轧制中心线距离1370mm时,先调到1380mm,以便安装上下横梁,待上下横梁安装完毕,再移动机架保证1370mm。

D 下横梁的安装

下横梁是安放在两个机架凸台上的,靠键相连,不用螺栓连接。目前安装它,主要由于施工顺序的要求。

E 上横梁的装配

机架上部凸台确定了上横梁的高度及水平。另外,一侧用止口,一侧用平键和斜键确定上横梁中心位置。如图 1-58 所示。在立面上有 12 个 M64 的螺栓来紧固左右机架，在紧固传动侧 M64 螺栓前应先把操作侧机架向中心线靠拢，贴紧上横梁，然后紧固 M64 螺栓。

F　紧固地脚螺丝，做好精度检查

整个机架经检查各项数据都确认在精度范围之内后，对地脚螺丝进行紧固。对于 M125mm 的地脚螺丝紧固，过去用游锤撞击特制扳手的方法及地脚螺丝头部钻孔加热的方法，这两种方法紧固力不准而且很麻烦，目前可以用液压紧固器来紧固地脚螺丝，这种方法施加的力矩准确而且操作方便。

机架精度检查的项目有，机架垂直度、机架水平度、两机架间水平度、两机架窗口中心线的水平偏移、机架窗口在水平方向的扭斜和机架中心线偏差等。

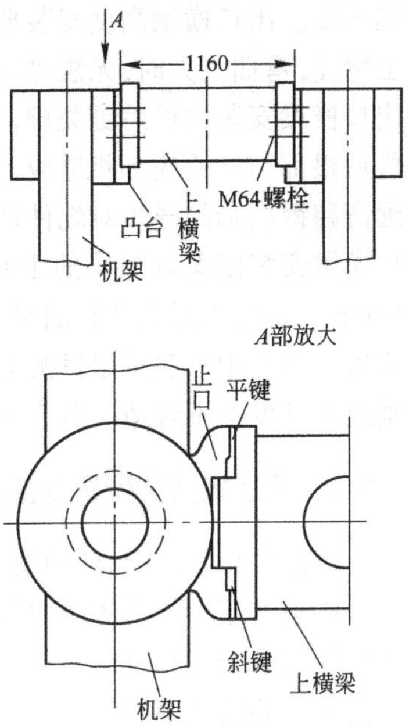

图 1-58　上横梁的装配

1.7.2　φ650mm 型钢轧机轧辊和导卫的安装与调整

1.7.2.1　轧辊的安装

A　下辊的安装

下辊的安装较为简单，直接用天车把下辊吊入牌坊内，放置合适即可。但是，放置下辊之前，必须先检查：下瓦台位置是否合适；胶木瓦厚度是否合适；下闸高度是否合适。下瓦台不得偏离牌坊；胶木瓦厚度必须大于 15mm，且两端胶木瓦厚度等厚；下闸的高低由轧辊辊径大小而定，轧辊原始辊径时，下闸要下落，细辊径时下闸要上升。实际上，下闸高低是由轧制线来决定的，可以根据经验决定升、降多少，尤其是同品种换辊，辊径大小可精确推出，下闸升降多少。当下闸高度不合适时，下辊安装后，与中辊辊缝肯定不合适，不是摞辊，就是辊缝过大，这时，可根据具体情况来对下闸进行调整。

B　上辊的安装

(1)把上辊与机帽装配，即辨认机帽、轧辊两端标示，使孔型排序与轧辊机帽左右端相适应，防止装错；把上下瓦台与上辊装配。

(2)调整压下螺丝位置，根据辊径大小来调整压下螺丝位置，一般情况，可根据经验，多大辊径，压下螺丝丝杠的丝扣露出几个，辊径波动范围有限。调整合适的压下螺丝位置，装上上辊后，上辊与中辊位置合适，不至于上辊与中辊相摞或辊缝过大。当上辊与中辊位置不合适时可根据情况进行调整。此时，调整影响换辊速度。

(3)吊紧上辊平衡装置，防止轧辊弹跳过大。

(4)把机帽与上辊吊入牌坊。

(5)安装套筒。

1.7.2.2　导板与卫板的安装

对于采用导板梁即常说的固定横梁，导板与卫板和横梁一体(个别道次采用活卫板)，固定横梁的安装，对于轧机进口安装要求不高，只要保证轧件不撞横梁、不撞导板即可，高一点，低一点，均不影响生产。650mm 轧机机后进口采用倒挂横梁，横梁位置无论辊径大小，均不变。出口横梁高度安装要求比较高,安装不合适,会影响生产,如:横梁过高,使轧件向上弯曲,弯曲过大时,无法进入下一道次。横梁过低,会使轧件顶坏设备。尤其是轧机机前出口横梁安装比机后更关键,因机前需要翻钢。所以,机前横梁高度,看卫板后部高度,使卫板后跟部与轧槽底部相适应,或稍高于轧槽底部,另外,导板安装使接近翻钢板端稍软,即使远离翻钢板端的导板对轧件产生较大的力,迫使轧件贴近翻钢板,使翻钢顺利进行。机后出口横梁安装使固定横梁的卫板后部稍低于轧槽即可,亦常说的使卫板比轧槽底部低8~15mm。也可以进行严格的推算。如:$h = H - (8\sim15\text{mm})$,这里:$h$ 横梁高度,H 轧槽底部高度。生产中一般采用目测方法,对于个别道次不合适时,可采用电焊焊垫的方法,调节个别道次高度的不合适。对于同一品种换辊,可根据辊径大小,严格推出横梁的高低。

1.7.3 液压机及其附属设备的安装简介

1.7.3.1 液压机结构简介

典型液压机的本体结构如图1-59所示。它是由上横梁3、下横梁5、4个立柱4、16个内外螺母组成一个封闭框架并承受全部工作载荷。工作缸1固定在上横梁3上,工作缸内装有工作柱塞2,与活动横梁6相连接。活动横梁以4根立柱为导向,在上、下横梁之间往复运动。活动横梁下面固定有上砧11,而下砧12则固定于下横梁上的工作台上。当高压液体进入工作缸后,对柱塞产生很大的作用力,推动柱塞、活动横梁及上砧向下运动,使工件在上、下砧之间受压。上横梁的两侧还固定有回程缸7,当高压液体进入回程缸时,推动回程柱塞8向上,通过顶部小横梁9及拉杆10,带动活动横梁实现回程运动。此时,工作缸应于低压腔相通。

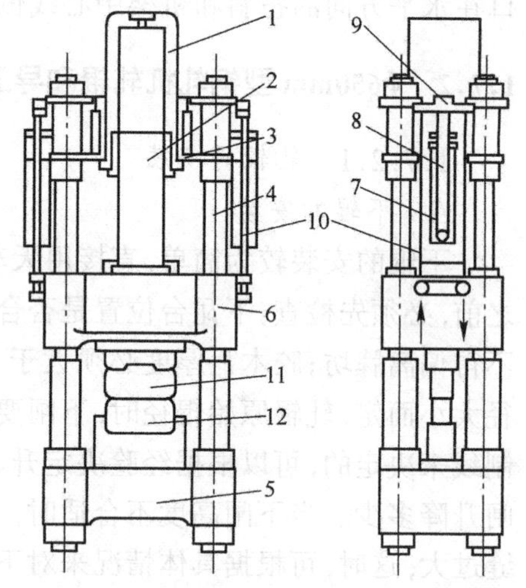

图1-59 液压机结构图

1—工作缸;2—工作柱塞;3—上横梁;4—立柱;5—下横梁;6—活动横梁;7—回程缸;8—回程柱塞;9—小横梁;10—拉杆;11—上砧;12—下砧

1.7.3.2 液压机及其附属设备安装的技术要求

A 调整垫铁的技术要求

(1)应用平垫铁和斜度不小于1/10的成对斜垫铁。若基础表面已设埋设平面(钢板),则将成对斜垫铁直接放置在埋设平板上,埋设平板表面必须经过刨、铣加工并进行调平定位。

(2)垫铁若是直接与基础表面接触(对小型液压机而言),应将与垫铁接触的基础表面进行铲平并磨平。

(3)设备底座面与垫铁、垫铁与垫铁、垫铁与基础表面的接触均应良好(经刮研调整后),局部间隙(塞入塞尺的深度不大于10mm)为0.05~0.10mm。

(4)每组垫铁的总厚度为:2000t以上的液压机应为40~60mm。

B 液压机组装的技术要求

组装前要对零件、部件进行下列检查,并应符合图样和技术文件的要求。

(1)上、下横梁(或前、后梁)与立柱的配合尺寸,上、下横梁立柱孔与端面的垂直度。

(2)活动横梁导套孔与立柱的配合尺寸和间隙。

(3)工作缸与上、下横梁(或前、后梁)和工作缸导套与柱塞的配合尺寸和间隙。

(4)立柱与螺母的垂直度;台肩式立柱两台肩间的尺寸;立柱螺纹与螺母螺纹的接触情况等。

C 装配横梁的技术要求

(1)结合面的接触应良好,局部间隙不大于0.06mm,且累计长度不应大于周长的1/10。

(2)连接螺栓的螺母端面与横梁的接触应良好,局部间隙不大于0.05mm;间隙的累计长度不应大于周长的1/6。

(3)热装螺栓时,螺母的旋转角度应符合图样技术文件的规定。若无规定时,材料为40号钢或45号钢的螺栓,初拉伸应力可按80~100MPa计算。

(4)定位凸台和定位键与键槽、键与梁的接触均应良好,接触面积应不小于80%。

D 装配液压缸和柱塞的技术要求

(1)立式液压缸的铅垂度和卧式液压缸柱塞的水平度均不应超过0.08/1000mm。

(2)液压缸法兰与横梁的接触应良好,局部间隙不应大于0.05mm;间隙累计不应大于周长的1/6。

(3)拧紧液压缸柱塞压套法兰螺栓时,螺母受力应一致,法兰间隙应均匀。

E 装配立柱的技术要求

(1)立柱螺纹与螺母螺纹的接触应均匀,接触面积应小于80%。

(2)立柱螺母与上、下横梁(或前、后梁)的接触应良好,局部间隙应不大于0.05mm,间隙累计长度不应大于周长的1/6。

(3)立柱预紧前,应拧紧立柱各螺母,其拧紧程度应一致。

(4)液压机立柱预紧,应用加热或超压预紧。加热预紧时,其加热温度和螺母的旋转角度应符合图样技术文件的规定。采用超压预紧时,其压力应为液压机额定压力的1.25倍。

实训项目

一、基本实训

1.常温下的压装配合

2.成组螺纹连接的装配

3.圆柱销的装配

4.键的装配

5.圆柱齿轮传动的装配

6.圆柱孔滚动轴承的装配

7.剖分式滑动轴承的装配

8.密封圈的装配

二、选做实训

1.轧钢机四列圆锥滚子轴承的装配

2.轧钢机底座与机架的安装

3.轧辊、导卫的安装

4.液压机及其附属设备的安装

思 考 题

1-1 什么叫机械装配,在机械生产维修中起何作用,需注意的共性问题有哪些?

1-2 机器设备的装配精度与哪些因素有关?

1-3 简述机械装配的一般工艺过程。

1-4 螺纹连接装配有哪些注意事项?

1-5 简述滚动轴承装配的工艺流程。

1-6 简述机械安装的一般工艺流程。

2 润 滑

一般来说,在摩擦副之间加入润滑介质,使接触面间形成一层润滑膜,用来控制摩擦、降低磨损,以达到延长使用寿命的措施叫润滑。

润滑是人们向摩擦、磨损做斗争的一种手段。摩擦造成大量的能源浪费,磨损增加了金属等原材料的消耗,降低了机械及其零部件的使用寿命。德国福格尔波尔(Vogelpohl)教授估算:世界上所用能源的 1/3～1/2 消耗在摩擦损失上。英国乔斯特(H.Peter Jost)教授 1979 年指出,中国如果很好地解决润滑问题,到 20 世纪末,每年节约 160 亿人民币是能办到的,可见深入研究润滑机理,提高润滑效果的意义是何其巨大!

金属压力加工车间的机械设备大都在高温及恶劣的条件下工作,润滑更显得极其重要,现代金属压力加工车间日益向大型、高速、连续、自动化方向发展,润滑不仅影响设备的寿命,而且关系到设备能否安全、连续地运转。因此,必须根据摩擦机件的特点及工作条件,周密考虑和正确选择所需的润滑材料、润滑方法、润滑装置和系统,严格按照规程所规定的部位、周期、润滑材料的质量和数量进行润滑。

2.1 润滑原理及材料

2.1.1 润滑概述

2.1.1.1 润滑的作用

润滑对机械设备的正常运转起着十分重要的作用。

A 降低摩擦系数、减少磨损

在两个相对摩擦的表面之间加入润滑材料(润滑剂),使相对运动的机件摩擦表面不发生或尽量少接触,就可以降低摩擦系数,减少摩擦阻力,降低功率损耗。在良好的液体摩擦条件下,其摩擦系数可以降至 0.001 甚至更低,此时的摩擦阻力主要是液体润滑膜内部分子间相互滑移的低剪切阻力。

润滑材料在摩擦表面之间,还可以减少由于硬粒磨损、表面锈蚀、金属表面间的咬焊与撕裂等造成的磨损。因此,在摩擦表面间供应足够的润滑剂,就能形成良好的润滑条件,保持零件配合精度,大大减少磨损。

降低摩擦、减少磨损是机械润滑最主要的作用。

B 降温冷却

润滑材料能够降低摩擦系数,减少摩擦热量的产生。机械克服摩擦所做的功,全部转变成热量,这些热量,一部分由机体向外扩散,一部分使机械温度不断升高。采用液体润滑材料的集中循环润滑系统就可以带走摩擦产生的热量,起到降温冷却的作用,使机械控制在所要求的温度范围内运转。

C 防腐防锈

机械表面在与周围介质(如空气、蒸汽、腐蚀性气体、液体、腐蚀性物体等)接触时,就会因生锈、腐蚀而损坏。在金属表面涂上一层加防锈、防腐添加剂的润滑材料,就可起到防锈、防腐的目的。

D 冲洗清洁

摩擦副在运动时产生的磨损颗粒或外来微粒等,都会加速摩擦表面的磨损。利用液体润滑剂的流动性,可以把摩擦表面间的磨粒带走,从而减少磨粒磨损。在压力循环润滑系统中,冲洗作用更为显著。在热轧、冷轧、切削、磨削等加工工艺中所采用的工艺润滑剂,除有降温冷却作用外,还有良好的冲洗作用,防止被加工表面被固体颗粒磨损划伤。

E 密封作用

润滑油、润滑脂不仅能起润滑减摩作用,还能增强密封效果,减少泄漏,提高工作效率。

此外,润滑油还有减少振动和噪声的效能。

2.1.1.2 润滑的分类

A 根据润滑剂的物质形态分类

a 气体润滑

采用空气、蒸汽、氮气、某些惰性气体为润滑剂,将摩擦表面用高压气体分隔开,减少摩擦,从而实现的润滑。如重型机械中垂直透平机的推力轴承;航海用的惯性陀螺仪;大型天文望远镜的大型转动支承轴承;高速磨头的轴承等都可用气体润滑。气体润滑的最大优点是摩擦系数极小,接近于零。另外,气体的黏度不受温度的限制。

b 液体润滑

采用动植物油、矿物油、合成油、乳化油、水等液体为润滑剂进行的润滑。如轧钢机的油膜轴承用矿物类润滑油润滑;冷轧带材时用乳化油做冷却润滑液;初轧机胶木瓦轴承用水做润滑剂润滑。

c 半固体润滑

以润滑脂为润滑剂进行的润滑。润滑脂是一种介于液体和固体之间的一种塑性状态或膏脂状态的半固体物质,包括各种矿物润滑脂、合成润滑脂、动植物脂等。此种润滑广泛用于各种类型的滚动轴承和垂直安装的平面导轨上。

d 固体润滑

利用具有特殊润滑性能的固体做润滑剂进行的润滑。常用的固体润滑剂有石墨、二硫化钼、二硫化钨、氮化硼、四氟乙烯等。拉拔高强度丝材时表面所镀的铜;以及拉拔生产中广泛使用的石蜡、脂肪酸钠、脂肪酸钙等固体皂粉;都属于固体润滑剂。固体润滑材料是一种新型的很有发展前途的润滑材料,既可单独使用,也可做润滑油脂的添加剂。

B 根据润滑膜在摩擦表面的分布状态分类

a 全膜润滑

摩擦面之间有润滑剂,并能生成一层完整的润滑膜,把摩擦表面完全隔开。摩擦副运动时,摩擦是润滑膜分子之间的内摩擦,而不是摩擦面直接接触的外摩擦,这种状态称为全膜润滑。这是一种理想的润滑状态。

全膜润滑的形态很多,其中之一就是人们所熟知的液体润滑。它是用液体作为润滑剂而获得的一种理想润滑状态。此外,还可以用气体、固体、半固体的润滑剂,形成一层完整的润滑膜。在边界摩擦和极压摩擦状态下,只要润滑剂选用得当,在一定条件下同样也能获得一层完整的边界润滑膜和极压润滑膜。

b　非全膜润滑

摩擦表面由于粗糙不平或因载荷过大、速度变化等因素的影响，使润滑膜遭到破坏，一部分有润滑膜，一部分为干摩擦，这种状态称为非全膜润滑。一般由于运动速度变化（启动、制动、反转），受载性质变化（突加、冲击、局部集中、变载荷等）以及润滑不良时，设备经常出现这种状态，其磨损较快。应当力求减少和避免这种状态。

2.1.2　润滑原理

摩擦副理想的工作状况是在全膜润滑下运行。但是，如何创造条件，采取措施来形成和满足全膜润滑状态则是比较复杂的工作。人们在长期的生产实践中对润滑原理进行了不断的探索和研究，形成了一些较成熟的理论，现对常见的动压润滑原理、静压润滑原理、动静压润滑原理、边界润滑原理、固体润滑原理、自润滑做简单介绍。

2.1.2.1　流体动压润滑原理

A　曲面接触

图 2-1 为滑动轴承摩擦副建立流体动压润滑的过程。图 2-1(a)是轴承静止状态时轴与轴承的接触状况。轴的下部正中与轴承接触，轴的两侧形成了楔形间隙。开始启动时，轴滚向一侧如图 2-1(b)所示，具有一定黏度的润滑油粘附在轴颈表面，随着轴的转动被不断带入楔形间隙，油在楔形间隙中只能沿轴向溢出，但轴颈有一定长度，而油的黏度使其沿轴向的流动受到阻力而流动不畅，这样，油就聚积在楔形间隙的尖端互相挤压，从而使油的压力升高，随着轴的转速不断上升，楔形间隙尖端处的油压也愈升愈高，形成一个压力油楔逐渐把轴抬起，如图 2-1(c)所示。此时轴处于一种不稳定状态，轴心位置随着轴被抬起的过程而逐渐向轴承中心另一侧移动，当达到一定转速后，轴就趋于稳定状态，如图 2-1(d)所示。此时油楔作用于轴上的压力总和与轴上的负载（包括轴的自重）相平衡，轴与轴承的表面完全被一层油膜隔开，实现了液体润滑。这就是动压流体润滑的油楔效应。由于动压流体润滑的油膜是借助于轴的运动而建立的，一旦轴的转速降低（如启动和制动的过程中）油膜就不足以把轴和轴承隔开。而且，可以看出，如载荷过重或轴的转速较低都有可能建立不起足够厚度的油膜，从而不能实现动压润滑。

如图 2-1(d)所示，在楔形间隙出口处油膜厚度最小。油膜最小厚度用 h_{min} 表示，实现动压润滑的条件是油膜必须将两摩擦表面可靠地隔开，即：

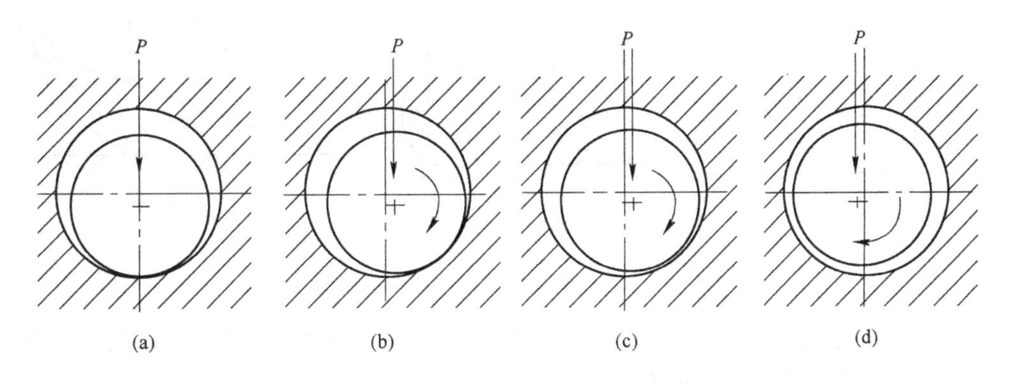

图 2-1　滑动轴承动压润滑油膜建立过程

(a)静止状态；(b)开始转动；(c)不稳定状态；(d)平衡状态

$$h_{min} > \delta_1 + \delta_2 \quad (2\text{-}1)$$

式中　δ_1、δ_2——轴颈与轴承表面的最大粗糙度，mm。

B　平面接触

a　两平行平面间的滑动

如图 2-2(a)所示，AB、CD 为平行平面，设 CD 不动，AB 沿箭头指示的方向运动。在未受载时，由于油的黏性，紧贴 AB 面的油获得 AB 面的运动速度 V。以上各层油由于油的内摩擦力使速度逐层递减，故呈三角形分布。图 2-2(b)为不考虑相对运动时，在载荷 P 作用下油从两平面间被挤出的流动速度分布。图 2-2(c)是图 2-2(a)和图 2-2(b)叠加后在进口和出口处的油液流速分布。如用单位时间的流量来代替流速，则可以看出：对平行平面来说，在载荷和相对运动的联合作用下，单位时间流入两平面间的流量低于流出的流量。根据曲面接触动压润滑的原理可知，这种情况不可能出现油楔效应，也就不可能实现流体动压润滑。

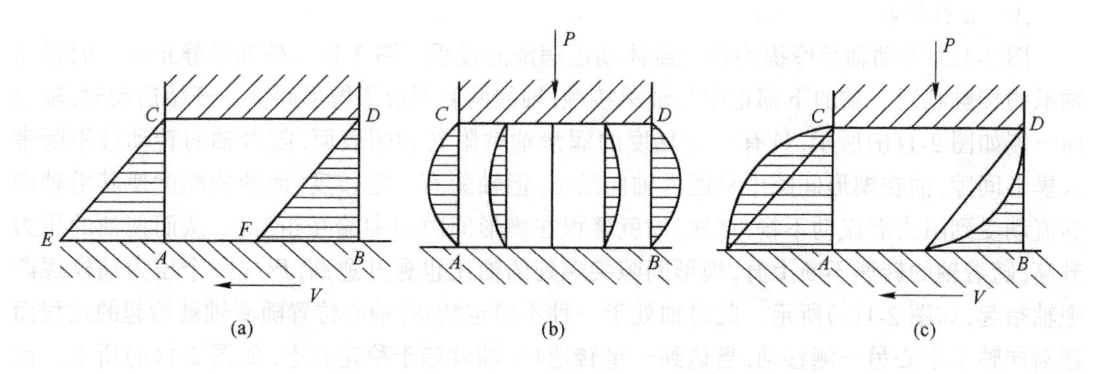

图 2-2　两平行平面间油液的流动

b　两倾斜平面间的滑动

如果将上述情况中的一个平面 CD 相对于平面 AB 倾斜一个角度，如图 2-3 所示，则可以看出，这时入口截面的流量将大于出口截面的流量，类似于曲面接触的情况，因而可以实现流体动压润滑。

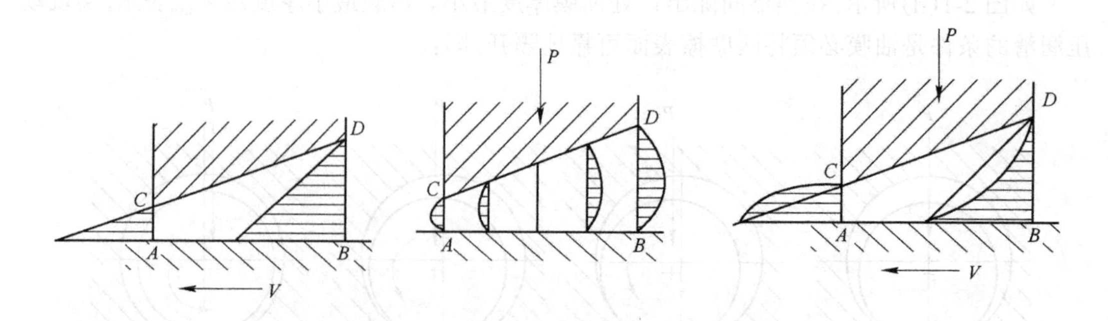

图 2-3　两倾斜平面间油液的流动情况

应当注意的是，如果 CD 倾斜的方向与图 2-3 中的方向相反，就不可能出现动压润滑。这说明倾斜方向与相对运动方向有关。

将这一原理用于推力滑动轴承，将轴承制作成若干扇形块，将每个扇形块倾斜一定角度形成楔形间隙，在推力滑动轴承上就可实现动压润滑。

c 流体动压润滑形成条件及影响因素

由上面的分析可知，实现流体动压润滑必须具备以下条件：

(1)两相对运动的摩擦表面，必须沿运动的方向形成收敛的楔形间隙。

(2)两摩擦面必须具有一定的相对速度。

(3)润滑油必须具有适当的黏度，并且供油充足。

(4)外载荷必须小于油膜所能承受的极限值。

(5)摩擦表面的加工精度应较高，使表面具有较小的粗糙度，这样可以在较小的油膜厚度下实现流体动压润滑。

各种因素对流体动压润滑形成有着不同的影响，如油的黏度和两摩擦表面相对运动速度增加，则最小油膜厚度增加；当外负荷增加时则最小油膜厚度减小；温度的影响是通过引起油的黏度变化从而影响最小油膜厚度的。

还应注意，流体动压轴承的进油口不能开在油膜的高压区，否则进油压力低于油膜压力，油就不能连续供入，破坏了油膜的连续性。

2.1.2.2 流体静压润滑原理

从外部将高压流体经节流阻尼器送入运动副的间隙中去，使两摩擦表面在未开始运动之前就被流体的静压力强行分隔开，由此形成的流体润滑膜使运动副能承受一定的工作载荷而处于流体润滑状态，称为流体静压润滑。

如图 2-4 为具有 4 个对称油腔的径向流体静压轴承。轴承上开有 4 个对称的油腔 9、周向封油面 11 和回油槽 10，在油腔的轴向两端也有封油面。从供油系统送来的压力油，经四个节流阻尼器 2 后分别供给相应的油腔。从各封油面与轴颈间的泄油间隙流出的油液经回油槽返回油箱。

轴未受载时，由于各油腔的静压力相等，轴浮在轴承中央(忽略轴的自重)，此时各泄油间隙相等。

轴颈受外载 P 作用后，沿 P 力作用方向产生一个位移，下部泄油间隙减小上部泄油间隙增大，使下部泄油阻力增大上部泄油阻力减小，导致下部泄油量减小上部泄油量增大。由于节流阻尼器的作用，使上部油腔压力 P_{b1}减小而下部油腔压力 P_{b3}增大，在轴颈上下两压力面出现了压力差：$P_{b3}-P_{b1}$，正是这个差与外载荷 P 产生的压力相平衡而保持轴承的流体润滑状态。

如图 2-5 所示，是流体静压润滑导轨的三种形式。其中图 2-5(a)为单一平面油垫，图 2-5(b)为双面油垫，图 2-5(c)为斜面油垫。

流体静压润滑与流体动压润滑相比有如下特点：

(1)应用范围广、承载能力高。因流体膜的形成与摩擦面的相对速度无关，故可用于各种速度的摩擦副。承载能力决定于供油压力，故可有较高的承载能力。

(2)摩擦系数比其他形式的轴承都低并且稳定。

(3)几乎没有磨损，所以寿命极长。

(4)由于不直接接触，所以对轴承材料要求不高，只需比轴颈稍软即可。

缺点是需要一整套昂贵的供油系统，油泵一直工作增加了能耗。

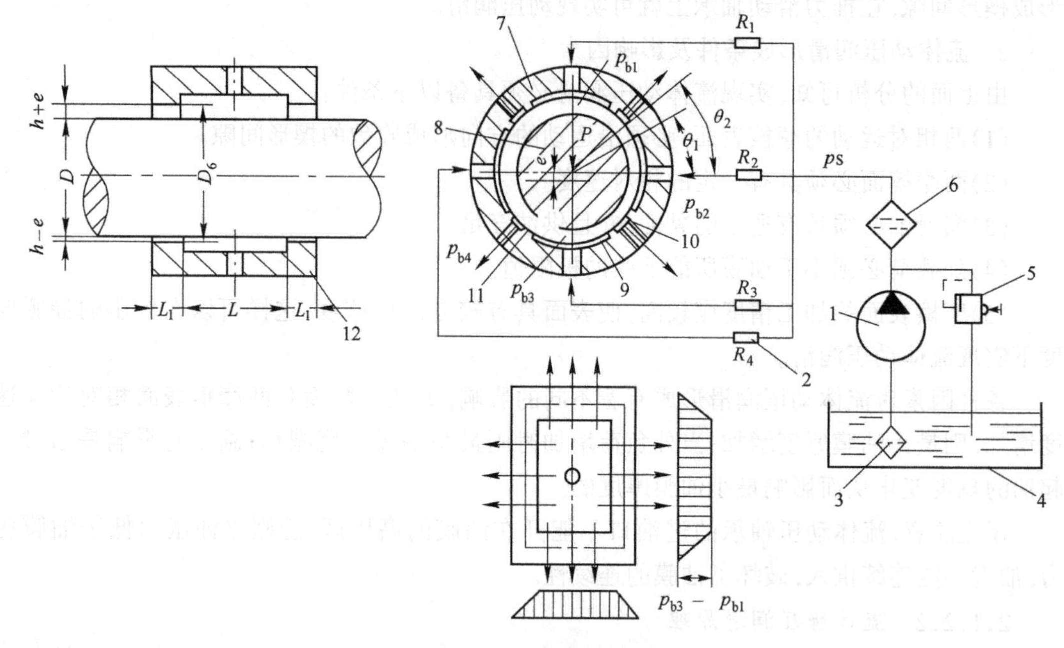

图 2-4　静压轴承原理

1—油泵；2—节流阻尼器；3—粗过滤器；4—油箱；5—溢流阀；6—精过滤器；7—轴承套；8—轴颈；9—油腔；10—回油槽；11—周向封油面；12—轴向封油面

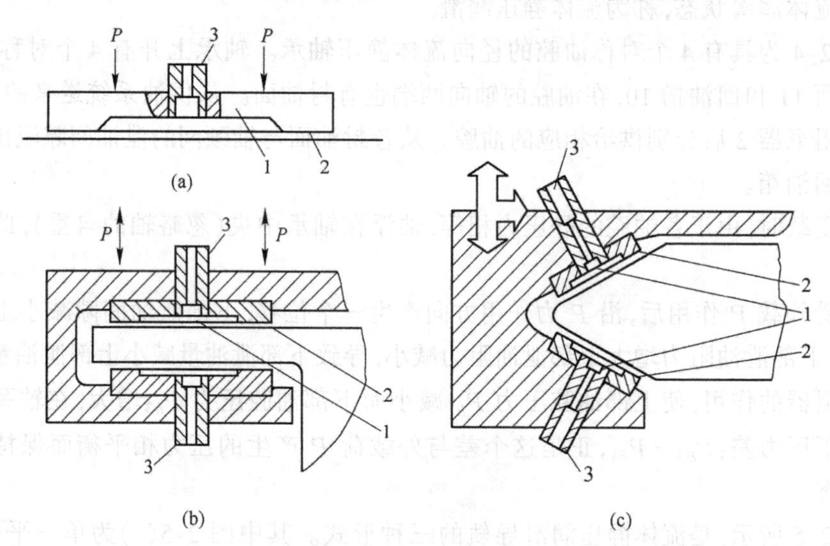

图 2-5　流体静压润滑导轨的三种形式

(a)平面油垫；(b)双面油垫；(c)斜面油垫

1—油腔；2—封油面；3—供油嘴

2.1.2.3　流体动、静压润滑原理

流体静压润滑的优点很多，但是油泵一直工作要耗费大量能源，流体动压润滑在启动、制动过程中，由于速度低不能形成足够厚度的流体动压油膜，使轴承的磨损增大，严重影响轴承的使用寿命。如果在启动、制动时采用流体静压润滑，而在达到额定转速后，靠流体动压润滑。这样就能充分发挥动压润滑和静压润滑两者的优点，又可克服两者的不足。据此

产生了流体动、静压润滑理论，其主要工作原理是：当摩擦副在启动或制动过程中，采用流体静压润滑的办法，把高压润滑流体压入承载区，将摩擦副强行分开，从而避免了在启制动过程中因速度变化不能形成动压油膜而使摩擦副直接接触产生摩擦与磨损；当摩擦副进入全速稳定运转时，可将静压供油系统停止，靠动压润滑供油形成动压油膜来润滑。这种动、静压润滑近年来在工业上已经得到应用，如武钢20辊森吉米尔轧机的前后张力卷取机电动机的轴承副就采用了这种动、静压润滑系统。

2.1.2.4 边界润滑原理

从摩擦副间流体润滑过渡到摩擦副表面直接接触之前的临界状态称边界润滑。几乎各种摩擦副在相对运动时都存在着边界润滑状态。可见边界润滑是一种极为普遍的润滑状态。即使精心设计的流体动压润滑轴承，在启动、制动、负载变化、高温和反转时也都会出现边界润滑状态。

边界润滑状态时，摩擦界面上存在的一层厚度为0.1μm左右的薄膜，具有一定的润滑性能，通常称之为边界膜。按边界膜的形成结构形式不同，边界膜分为吸附膜和反应膜两大类。

在边界润滑状态时，润滑剂中含有某些活性分子，能吸附在金属摩擦表面上而形成的具有一定润滑性的边界膜称为吸附膜；含硫、磷、氯等元素的添加剂的润滑油，进入摩擦副之间，与金属摩擦表面起化学反应生成的边界膜，称为反应膜。

一般说来，吸附膜适用于中等温度、速度、载荷以下的场合；反应膜适用于高温、高速、重载的场合。

在边界润滑状态下，如果温度过高、负载过大、受到振动冲击，或者润滑剂选用不当、加入量不足、润滑剂失效等原因，均会使边界润滑膜遭到破坏，导致磨损加剧，使机械寿命大大缩短，甚至马上导致设备损坏。良好的边界润滑虽然比不上流体润滑，但是比干摩擦的摩擦系数低得多，相对来说可以有效地降低机械的磨损，使机械的使用寿命大大提高。一般来说，机械的许多故障多是由于边界润滑解决不当引起的。

改善边界润滑的措施是：

(1)减小表面粗糙度。金属表面各处边界膜承受的真实压力的大小与金属表面状态有关：摩擦副表面粗糙度越大，则真实接触面积越小，同样的载荷作用下，接触处的压力就越大，边界膜就易被压破。减小粗糙度可以增加真实接触面积，降低负载对油膜的压力，使边界膜不易被压破。

(2)合理选用润滑剂。根据边界油膜工作温度高低、负载大小和是否工作在极压状态，应选择合适的润滑油品种和添加剂，以改善边界膜的润滑特性。

(3)改变润滑方式。改用固体润滑材料等新型润滑材料，改变润滑方式。如对某些振动冲击大的重载低速的摩擦副，可考虑采用添加固体润滑剂的新型半固体润滑脂进行干油喷溅润滑(有关这方面的问题后面有专门的介绍)。

2.1.2.5 固体润滑原理

在摩擦副之间放入固体粉状物质的润滑剂，同样也能起到良好的润滑效果。如图2-6所示，为两摩擦面之间存在固体润滑剂，固体润滑剂的剪切阻力很小，稍有外力，分子间就会产生滑移。这样就把两摩擦面之间的外摩擦转变为固体润滑剂分子间的内摩擦。固体

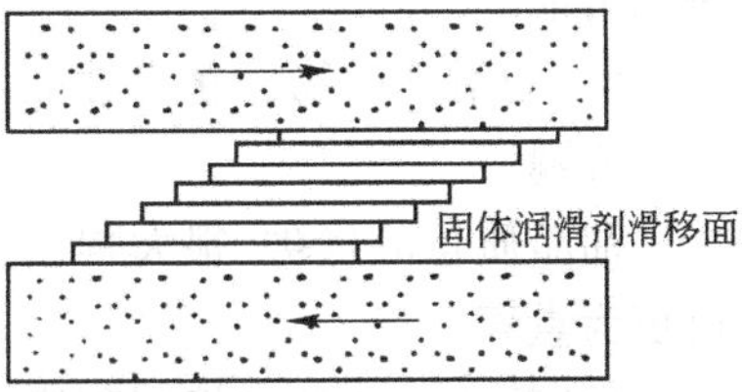

固体润滑剂滑移面

图2-6 固体润滑剂的滑移模型

润滑有两个必要条件，首先是固体润滑剂分子间应具有低的剪切强度，很容易产生滑移；其次是固体润滑剂要能与摩擦面有较强的亲和力，在摩擦过程中，使摩擦面上始终保持着一层固体润滑剂（一般在金属表面上是机械附着，但也有形成化学结合的），而且这一层固体润滑剂不腐蚀摩擦表面。具有上述性质的固体物质很多，例如石墨、二硫化钼，滑石粉等。

对于层状结构的固体润滑剂，分子层之间的结合力很弱，分子层间表面即为低剪切应力表面，当分子层间受到一定的切应力作用时，分子层间就产生滑移；对于非层状结构固体润滑剂或软金属来说，主要是以其剪切力低，起到润滑作用，然后使它附着在摩擦表面形成润滑膜。

对于已经形成的固体润滑膜的润滑机理，与边界润滑机理近似。

2.1.2.6　自润滑简介

以上所讲的几种润滑，在摩擦运动过程中，都需要向摩擦表面间加入润滑剂。而自润滑则是将具有润滑性能的固体润滑剂粉末与其他固体材料相混合并经压制、烧结成材，或是在多孔性材料中浸入固体润滑剂；或是用固体润滑剂直接压制成材，作为摩擦表面。这样在整个摩擦过程中，不需要再加入润滑剂，仍能具有良好的润滑作用。自润滑的机理包括固体润滑、边界润滑，或两者皆有的情况。例如用聚四氟乙烯制品做成的压缩机活塞环、轴瓦、轴套等都属自润滑，因此在这类零件的工作过程中，不需再加任何润滑剂也能保持良好的润滑作用。

2.1.3　润滑材料

凡是在摩擦副之间加入的能起抑制摩擦、减少磨损的介质，都可称为润滑材料（润滑剂）。如前所述，按润滑材料的物质形态，可分为：气体润滑材料、液体润滑材料、半固态润滑材料、固态润滑材料四类。

虽然，润滑材料的物质形态不同，品种更是多种多样，但都应能满足对润滑的一些基本要求：降低摩擦系数；具有良好的吸附及楔入能力；有一定的黏度；具有较高的抗氧化安定性和机械安定性；具有良好的防护性能和抗磨性能等。

本节重点介绍金属压力加工厂常用的液体、半固体、固体润滑材料及添加剂。

2.1.3.1　润滑油

A　概述

金属压力加工厂常用的液体润滑材料为润滑油。

a　润滑油的制取过程

润滑油是从原油中提炼出来经过精制而成的石油产品。原油经过初馏和常压蒸馏，提取低沸点的汽油、煤油、柴油后，再经过减压蒸馏，按沸点范围不同而切取的一线、二线、三线、四线馏分油以及减压渣油，都是制取润滑油的原料。然后通过精制和调和，即可获得各种润滑油。

b　润滑油的物理化学性能及主要质量指标

外观

油品质量的优劣，很大程度上可以从外观察觉，特别是进入商品市场，油品的外观就显得更为重要。

（1）颜色。油品的精制程度越高，颜色越浅。黏度低的油，颜色也较浅。润滑油在使用过程中，杂质污染及氧化变质都会逐渐使颜色变深甚至发黑，因此从油品的颜色变化情况可以大致判断油品的变质程度。

(2)透明度。质量良好的油品应当有较高的透明度。油中含有水分、气体杂质及其他外来成分,都会影响透明度。

(3)气味。优良的油品在使用过程中不应当散发出刺激性或使人不愉快的臭气。

流动性能

流动性能是润滑油最重要的技术性能,它直接影响润滑系统的工作,常用指标有:

(1)黏度。润滑油在外力作用下流动时,分子间会产生内摩擦力,这一特性称为黏性,其大小用黏度来表示。常用的黏度有动力黏度、运动黏度和相对黏度。润滑油在单位速度梯度下流动时,液层间单位面积上产生的内摩擦力,称为动力黏度;动力黏度与润滑油密度之比称为运动黏度。工程上常用运动黏度作为润滑油黏度的标志。除此以外,还有相对黏度(或条件黏度),我国采用的为恩氏黏度。

(2)黏度指数。润滑油的黏度与温度有着密切的关系,黏度随着温度的变化而变化,然而黏度变化的幅度,各种油品不完全相同。在国际上目前广泛采用黏度指数 VI(viscosity index)这一指标,用它来评价油品的黏度受温度变化影响的程度,即黏温特性的优劣。黏度指数就是试验油黏温变化程度与标准油相比较时的相对数值。

(3)凝固点。凝固点是指油品丧失流动时的最高温度,从使用部门出发,总希望凝固点尽量的低,但是凝固点越低炼制就越困难,所花的成本会成倍地提高,为了经济效益,要适当地控制凝固点。

(4)流动性。参照联邦德国国家标准 DIN51568—74,润滑油流动性测定法,我国制定了 GB/T 12578—90 润滑油的流动性测定(U 形管法)。

氧化安定性

润滑油在工作中总是要与空气中的氧接触,发生氧化反应,生成酸类、胶泥物,使油的颜色加深变暗,黏度增加,酸性增加,产生沉淀物,最终限制了油品的使用性能。优质润滑油应具有防止氧化减缓变质的能力。润滑油的抗氧化安定性,是很重要的一项技术指标。

机械安定性

含有高分子聚合物的油品,在使用过程中,黏度有降低的现象,这种现象特别是稠化油表现最严重,必须控制黏度下降的幅度,应做剪切试验。

抗水性

钢铁设备生产过程中要使用大量的冷却水,少量的水分混入润滑系统中,是很难避免的,有时候进入油中的水是大量的,这就要求润滑油具有良好的抗乳化性能,当水分进入油中时应能很快地从油中分离出来,不与油混合形成稳定的乳化液;对水基润滑液无法要求它的抗水性能,但无论是进水或失水对其性能都有较大影响。

抗泡沫性能

润滑油在使用过程中,受到强烈的机械搅拌,以及流速太快,都会产生泡沫,泡沫存在于油中会严重阻碍润滑系统的工作,最严重的时候,泡沫会从油箱上盖溢出。润滑油产生泡沫并不可怕,可怕的是泡沫久久不消失,越积越多。良好的油品应消泡迅速。润滑油中常常加入硅油或醚类消泡剂。

防护性能

润滑油对摩擦元件必须有良好的保护性能,要防止金属锈蚀,更不得腐蚀金属。

抗磨性能

这是润滑油最重要的性能,油品的质量很大程度上决定于它的抗磨性能。极压齿轮油和抗磨液压油对抗磨性能都有特殊的要求。

与密封材料的适应性

润滑油与密封材料的适应性是十分重要的,它直接影响整个系统的泄漏。

杂质含量

润滑油中的杂质是一种磨粒磨料,能加速摩擦面的磨损,也是一种催化剂,加速油的老化。因此,必须通过努力把油中杂质含量降低到允许的范围。

其他性能

(1)密度。润滑油的密度是一个很重要的参数,它影响到泵的吸入阻力和压力损失,在管路阻力计算中很重要。密度随油的种类、黏度不同而有差异,矿物油的密度为$(0.85\sim0.94)\times10^3kg/m^3$,水基乳化液的密度为$1\times10^3kg/m^3$,水乙二醇和磷酯的密度大于$1\times10^3kg/m^3$。

(2)闪点。在规定条件下,加热润滑油,当油蒸气与空气的混合气体同火焰接触时发生闪火现象的最低温度称为闪点。大部分润滑油都用开口杯测定闪点,按GB/T 3536测定,矿物油的闪点在150~300℃,闪点随黏度的增高而增高。使用中的油品闪点一般不易发生变化,但有时操作不慎,局部受高温的影响而发生热裂化,就有大量挥发性物质产生,或者油中混入汽油、煤油等都会使闪点降低,若闪点降低10℃,就要考虑换油。

(3)酸值。中和19润滑油中有机酸所需要的氢氧化钾(KOH)的毫克数,称为酸值,又叫中和值。使用中的油品,因老化而使酸值增高,所以要定期测检酸值。当酸值增加0.5时,即表明油品已经老化,应当考虑换油。

(4)灰分。润滑油中矿物性杂质(各种盐类)的含量称为灰分。按GB/T508检测灰分,新油的灰分是很少的,一般都少于0.005%,含有金属盐类的添加剂,对灰分含量有影响,但是油中进入金属微粒及尘埃就会使灰分大量增加,所以测定灰分的含量可以知道油品中有害杂质的含量。

(5)表面张力。液体表面有力图缩小表面积而形成球面的趋势,这个收缩力就是表面张力,润滑油受到污染后表面张力有所降低,测定润滑油的表面张力与新油对比,可知受污染的程度。

(6)元素含量。凡是要求润滑油具有抗磨性能,清净分散性能,以及防锈性能都加有添加剂,添加剂中含有硫、磷、钡、钙、锌、镁等元素,新油对这些元素,含量都有一定的要求。在使用中这些元素逐渐消耗,因此测定油中元素含量可以掌握油品的变化情况。

B　金属压力加工厂常用润滑油简介

根据用途通常可以把润滑油分为十大类。现代化金属压力加工联合企业每年消耗的润滑油种大致为:齿轮油22%,轴承油22%,液压油20%,工艺油30%,其余油品6%。

a　齿轮油

按国家标准GB/T 7631.7—1995将工业齿轮油分为两大类,即闭式齿轮润滑油和开式齿轮润滑油。

闭式齿轮油

其黏度等级按GB/T 3141—94分级。质量分级如下:

(1)CKB 齿轮油,是精制矿油,加有抗氧防腐和抗泡添加剂,用于轻负荷运转的齿轮。

(2)CKC 齿轮油,是在 CKB 油中加有极压抗磨添加剂,用于保持在正常或中等恒定油温和重负荷下运转的齿轮。

(3)CKD 齿轮油,是在 CKC 油中加有提高热氧化安定性的添加剂,能用于较高的温度和重负荷下运转的齿轮。

(4)CKE 齿轮油,是具有低摩擦系数的用于蜗轮蜗杆的油。

开式齿轮油

质量分级如下:

(1)CKH 齿轮油,含有沥青的抗腐蚀性产品,用于中等环境温度和轻负荷下运转的齿轮。

(2)CKJ 齿轮油,是在 CKH 油中加有极压抗磨剂,用于重负荷下运转的齿轮。

(3)CKL 齿轮润滑剂,是具有极压抗磨、抗腐并且耐温性好的润滑脂,用于更高环境温度和重负荷下运转的齿轮。

(4)CKM 齿轮润滑剂,是加有改善抗擦伤性的添加剂,允许在极压条件下使用,用于特殊重负荷下运转的齿轮。间断涂抹。

我国已制定出工业闭式齿轮油的质量标准(国家标准 GB/T 7631.7—1995),普通开式齿轮油的质量标准(行业标准 3H/T 0363—92)。普通开式齿轮油是由矿物油馏分油为基础油,加有防锈剂及适量的沥青质制成的非稀释型开式齿轮油。其质量指标见表 2-1。

表 2-1 普通开式齿轮油质量指标

黏度(等级 100℃)/$mm^2 \cdot s^{-1}$	68	100	150	220	320	试验方法
相近的旧牌号	1 号	2 号	3 号	3 号	4 号	
运动黏度 100℃/$mm^2 \cdot s^{-1}$	60~75	90~110	135~165	200~245	290~350	
闪点(开口)/℃	200	200	200	210	210	GB/T 267
钢片腐蚀 100℃/3h	合格					SH/T 0195
液相腐蚀、蒸馏水	无锈					GB/T 11143
最大无卡咬负荷 P/N	不小于 686					GB/T 3142
清洁性	必须无沙子和磨料					

最近 10 年以来,技术进步很快,过去轧钢厂齿轮润滑使用的轧钢机油是一种高精制的残渣油,但其性能差,使用不到一星期,抗乳化性就大幅度降低,抗磨性能随着降低,现在已被 CKC 中负荷齿轮油代替。国外在 20 世纪 70 年代就开始出 CKD 极压齿轮油,目前,在现代化的机械设备中已广泛使用。

b 轴承油

轴承油主要用于滑动轴承,这类油要求黏度稳定,长期运行有一定的防腐性能。它是用高度精制的矿物油为基础油,黏度指数 90 以上,添加有抗氧,抗泡剂以及适量的油性剂。

轴承油

轴承油质量指标 SH/T 0017—90,FC 为抗氧防锈型,FD 加有抗磨添加剂,可以用于机床的主轴轴承,2~5 号常用于高速磨头。

汽轮机油

汽轮机油主要用于透平机的轴承润滑系统又叫透平油,是用高精制的矿物作基础油,添加抗氧防锈剂调配而成，我国已制定出国家标准GB11120—89，TSA汽轮机油，有4个黏度，68号及46号汽轮机油常用于高速线材轧机的油膜轴承。46号常用于大型电机轴承。

油膜轴承油

这是一种精制程度很高的较高黏度的矿物油，加有抗氧，防锈，抗泡添加剂，主要用于轧钢机油膜轴承，所以还要有较好的抗乳化性能。最具代表性的产品是Mobil公司的Vacuoline100系列和500系列。

我国有些厂家试制油膜轴承油，已初获成效，例如上海海联生产的HIRl 121-100A高线精轧机油膜轴承油已用于首钢、水钢的高线轧机油膜轴承，代替Mobil公司的500系列油膜轴承油，取得良好效果。鞍山海华油脂化学厂生产的FD/T 560油膜轴承油已用于鞍钢新轧公司厚板厂轧机油膜轴承。

C 液压油

液压设备在金属压力加工企业中应用广泛，要求具有不同性能的液压油来满足各种液压系统在不同操作条件下的使用要求。液压油的品种很多，主要分为三大类型：矿油型、乳化型和合成型。

液压油的主要品种及其特性和用途见表2-2。

表2-2 液压油的主要品种及其特性和用途

类别	名 称	ISO代号	特 性 和 用 途
矿油型	普通液压油	L-HL	精制矿油加抗氧防锈添加剂，提高抗氧化和防锈性能，适用于室内一般设备的中低压系统，有较长的使用寿命，黏度等级从15～100
	抗磨液压油	L-HM	L-HL油加添加剂，改善抗磨性能，工作压力大于14MPa时，必须使用该液压油，特别是叶片泵系统，黏度等级从15～100
	低温液压油	L-HV	L-HM油加添加剂，改善黏温特性，适用于环境温度变化较大（－20～40℃）的高压液压系统，黏度等级从15～100
	高黏度指数液压油	L-HR	L-HL油加添加剂，改善黏温特性，适用于环境温度变化较大（－20～40℃）及对黏温有特殊要求的低压系统，黏度等级只有15、32、46三种
	液压导轨油	L-HG	L-HM油加添加剂，改善黏-滑性能，适用于机床中液压和导轨润滑合用的系统，黏度等级只有32、46两种
	全损耗系统用油	L-HH	浅度精制矿油，抗氧化性、抗泡沫性较差，用于要求不高的低压系统，黏度等级从15～100
	汽轮机油	L-TSA	深度精制矿油加添加剂，改善抗氧化性、抗泡沫性能，用于一般液压系统
乳化型	水包油乳化液	L-HFA	含水量80%以上，黏度很低，易泄漏，难燃、黏温特性好，有一定的抗锈能力，润滑性差，适用于有抗燃要求、油液用量大且泄漏严重的系统
	油包水乳化液	L-HFB	含水量40%左右，黏度不稳定，经过乳化处理，润滑性较好，既具有矿油型液压油的抗磨、防锈性能，又具有抗燃性，适用于有抗燃要求的中压系统
合成型	水-乙二醇液	L-HFC	含水量40%左右，性能较稳定，难燃，黏温特性和抗蚀性好，能在－30～60℃温度下使用，适用于有抗燃要求的中低压系统
	磷酸酯液	L-HFDR	难燃，润滑抗磨性能和抗氧化性能良好，能在－54～135℃温度范围内使用，适用于有抗燃要求的高压精密液压系统。缺点是有毒；当含水量超过0.2%时，易发生水解反应，无法正常工作

矿油型液压油润滑性和防锈性好，黏度等级范围较宽，因而在液压系统中应用很广。目前有90％以上的液压系统采用矿油型液压油作为工作介质。

矿油型液压油的主要品种有普通液压油、抗磨液压油、低温液压油、高黏度指数液压油、液压导轨油及其他专用液压油(如航空液压油、舵机液压油等)，它们都是以全损耗系统用油为基础原料，精炼后按需要加入适当的添加剂制得的。

目前，我国液压传动采用全损耗系统用油和汽轮机油的情况仍很普遍。全损耗系统用油是一种机械润滑油，价格虽较低廉，但精制过程精度较浅，抗氧化稳定性较差，使用过程中易生成粘稠胶块，阻塞元件小孔，影响液压系统性能。系统压力越高，问题越严重。因此，只有在低压系统且要求不高时才可用全损耗系统用油作为液压代用油。至于汽轮机油，虽经深度精制并加有抗氧化、抗泡沫等添加剂，其性能优于全损耗系统用油，但它是汽轮机专用油，并不充分具备液压传动用油的各种特性，只能作为一种代用油，用于一般液压传动系统。

普通液压油是以精制的石油润滑油馏分，加有抗氧化、防锈和抗泡沫等添加剂制成的，其性能可满足液压传动系统的一般要求，广泛适用于在0～40℃工作的中低压系统。

矿油型液压油中的其他油品，包括抗磨液压油、低温液压油、高黏度指数液压油、液压导轨油等，都是经过深度精制并加有各种不同的添加剂制成的，对相应的液压系统具有优越的性能。

矿油型液压油有很多优点，但其主要缺点是可燃。在一些高温、易燃、易爆的工作场合，为了安全起见，应该在液压系统中使用难燃性液体，如水包油、油包水等乳化液，或水-乙二醇、磷酸酯等合成液。

液压油的选择，首先是油液品种的选择。选择油液品种时，可根据是否液压专用、有无起火危险、工作压力及工作温度范围等因素进行考虑。

液压油的品种确定之后，接着就是选择油的黏度等级。黏度等级的选择是十分重要的，因为黏度对液压系统工作的稳定性、可靠性、效率、温升以及磨损都有显著的影响。在选择黏度时应注意液压系统在以下几方面的情况：工作压力较高的系统宜选用黏度较大的液压油，以减少泄漏；运动速度较高时，宜选用黏度较小的液压油，以减轻液流的摩擦损失；环境温度较高时宜选用黏度较大的液压油。

d　工艺润滑油

这类油是生产工艺过程中所使用的润滑油，例如切削刀具，各种模具、在生产产品时所必须的润滑剂。

切削液

切削液是一种乳化液，80％以上是水，用于金属切削机床，润滑冷却加工刀具，使加工精度提高，延长刀具寿命。随加工的种类不同而需要不同的切削液，它的种类很多。在机械加工中用量非常大。

切削油

切削油是一种含有减摩剂的矿物油，用以冷却润滑切削机床及加工刀具。

冷加工油

冷加工油是一种用于冷加工，无切削加工的润滑剂，如冷拉、冷拔、冷镦等。

轧制液

轧制液是冷轧薄板用的一种乳化液，它应符合冷轧工艺要求，使轧辊表面粗糙度降低，延长轧辊寿命，提高产品质量。冷轧薄板的种类很多，所要求的轧制液技术性能也各有不同，但其使用量都是十分庞大的。

轧制油

冷轧薄板的厚度在0.3mm以下，称为极薄板，做镀锡板用（马口铁）。对轧制润滑有特殊的要求，必须使用棕榈油，在常温下棕榈油是固体，使用时必须加热熔化，轧制完毕要立即用热水冲洗管路和轧机，操作十分麻烦。现在研究开发出了轧制油，只需改变浓度就可满足任何一种厚度的轧制技术要求，这大大简化了操作工艺。

2.1.3.2 润滑脂

A 概述

润滑脂（俗称干油）简单地说就是稠化了的润滑油。它是由稠化剂分散在润滑油中而得到的半固体状的膏状物质。润滑脂是一种胶体分散体系。润滑油和稠化剂，不是简单的溶解，也不是简单的混合，而是由稠化剂胶团均匀地分散在油中。所谓分散体系是指一种物质（稠化剂）以微粒状态分散到另一种物质（润滑油）中形成的一种稳定体系。

润滑脂在使用上有着很多为润滑油所无法相比的优点，如附着力强，密封性能好，可以抗水冲淋，防锈，不易漏失，加入特殊添加剂可赋予特殊性质，补给周期可以很长，甚至可以一次性终身润滑等。

润滑脂的品种很多，金属压力加工厂所需的润滑脂，按用途可分为集中润滑系统用脂，灌注式润滑用脂，传动机构用脂及特殊用脂。

B 润滑脂的质量指标

a 耐温性

金属压力加工设备用润滑脂，大都在高温环境中工作，它必须具有良好的耐温性能，其评价的方法有以下几种：

(1)滴点：国家标准GB/T 4929，是测定润滑脂滴点的方法，即润滑脂在测定器中受到加热后，滴下第一滴时的温度，称为润滑脂的滴点。滴点越高耐温性越好。灌注式润滑的轴承所使用的润滑脂，其滴点应高于轴承工作温度40℃，才能确保不流失；集中供脂，一次性润滑的部位所使用的润滑脂，其滴点应高于工作环境温度。

(2)蒸发量：国家标准GB/T 7325是测定蒸发量的方法，通过蒸发量可以评定润滑脂在高温下基础油的挥发损失情况，蒸发量较大的脂在使用过程中容易干枯，使用寿命也就降低了。电机轴承以及难于补充给脂而检修周期又较长的轴承，所使用的润滑脂要求具有较小的蒸发损失。一些连续生产的热处理炉炉底轴承用脂，其蒸发损失要求极为严格，例如硅钢片厂的连续退火炉内气氛保持要求很高，如果炉底辊轴承用脂挥发出的气体进入炉内，会破坏炉内气氛，直接影响到高磁感硅钢片的生产质量，它对润滑脂蒸发量有极为严格的要求，即在105℃下保持8h，脂的蒸发损失不得大于1%。

b 抗水性

金属压力加工厂的设备必须与冷却水接触，水不可避免地要进入轴承，特别是热轧轧制线上的设备，进水量是相当大的，因此要求润滑脂必须具有良好的抗水性能。该性能一般用水淋流失量、喷淋冲失试验、加水剪切等来测定。

c 压送性

现代钢铁联合企业绝大部分设备都采用集中给润滑脂，因此润滑脂的压送性极为重要，评价压送性有锥入度(过去称针入度)、相似黏度、强度极限、润滑脂流动性、润滑脂泵送性能试验等。

d 胶体安定性

润滑脂中大部分成分是润滑油,润滑油从脂中析出的倾向即是胶体安定性。任何润滑脂都有析油现象,但是析油过多的润滑脂容易干涸,析油流失也会造成污染,良好的润滑脂析油量是有一定限度的。评价方法有钢网分油、压力分油、漏斗分油等。

e 含皂量

润滑脂的皂分对其性能起着决定性的因素。皂分含量对脂的内摩擦阻力有影响,从减少摩擦阻力,便于压送这一点,希望含皂量越少越好,但又不能过分减少含皂量,否则就会影响脂的其他性能。我国行业标准 SH/T 0391 用于测定含皂量。

另外,还有抗磨性、机械安定性、氧化安定性、防护性、灰分、水分、机械杂质等其他指标。

C 金属压力加工厂常用的润滑脂

一个大型金属压力加工厂每年的耗脂量是很大的,所用润滑脂的品种也很多,按用途可归纳为四大类。

a 集中给脂系统用脂

用于集中自动或手动给脂系统,其消耗量最大,我国目前使用的脂型有以下几种:

(1)钙基润滑脂:我国制订了国家标准 GB491—87,是以动植物脂肪钙皂稠化矿物油而制得的普通钙基脂,适用温度范围 -10~60℃,钙基脂含有结合水,当温度达到滴点温度时,结合水损失,钙基脂的结构就破坏了,丧失其润滑性能。所以钙基脂的使用温度只能限制在其滴点以下 20℃。钙基脂的抗水性、压送性很好。1 号、2 号钙基脂广泛用于轻型设备的手动集中给脂系统。

(2)压延机润滑脂:压延机润滑脂由钙钠混合皂添加硫化棉籽油稠化 11 号汽缸油制成,有良好的压送性,一定的抗水性和一定的抗磨性能,广泛用于轧钢设备的自动集中给脂系统及冶炼设备的集中给脂系统。其缺点是滴点不高、不耐温、遇水容易乳化、黏附性差、抗磨能力不理想。

(3)极压锂基润滑脂:极压锂基润滑脂由十二羟基硬脂酸锂皂稠化中等黏度矿油,加极压添加剂制成。其压送性较好,滴点较高,耐水性也较好。目前,绝大部分钢铁设备在集中给脂系统中使用极压锂基润滑脂。武钢 1700 轧机自 20 世纪 80 年代起就使用极压锂基润滑脂,已经历三代技术进步,技术性能不断提高,使用效果良好。

(4)极压复合铝基润滑脂:复合铝基润滑脂除耐水、耐温外,最大的优点是恢复性好。当脂受到高温甚至超过滴点时,脂会熔化,但温度下降后脂又能恢复原来的状态,结构并不破坏,照样恢复原来的润滑性能。但其贮存安定性不好,容易凝胶,现在经过改造,凝胶现象基本得到解决。

(5)极压聚脲基润滑脂:极压聚脲基润滑脂是有机非皂基润滑脂,用芳基聚四脲稠化的润滑脂,其滴点高、耐水性好、抗氧化安定性好、耐用寿命长、在钢铁表面上的附着力强,是高温部件理想的润滑脂,虽然价格较高,但总体经济效益较好。

b 灌注式润滑用脂

主要应用于滚动轴承的灌注式润滑,用量最大的是中小型电机的滚动轴承,以及行走机构的车轮轴承,加脂周期一般都很长,至少一个月,长的达 3 年,因此消耗量不大。这种脂要求良好的机械安定性、氧化安定性；高温环境使用时要求耐温性好；潮湿环境使用时要求抗水性好。金属压力加工厂使用的主要脂型有以下几种：

(1)滚珠轴承润滑脂：滚珠轴承润滑脂是用蓖麻油钙钠混合皂稠化中等黏度矿油(46～68号)制成的润滑脂。其机械安定性较好，适用于一般电机轴承。我国制定了行业标准SH/T 0386—92。

(2)通用锂基润滑脂：这种脂的抗氧化安定性、耐温性、耐水性都比较好。如果用十二羟基硬脂酸锂基皂做稠化剂，制脂工艺掌握恰当，其机械安定性是很理想的。它的基础油是中等黏度矿油，一般不用于重负荷的部件。通用锂基润滑脂的技术指标可参看国标GB 7324—94。

(3)轧辊轴承润滑脂：由复合锂皂稠化高黏度的矿油制成，加有适当的极压剂，主要用于轧钢机轧辊辊颈四列圆锥滚子轴承。承受冲击载荷，要求该脂耐温、耐水、抗磨；用于冷轧机的还要求耐乳化轧制液冲淋。目前尚未建立统一的技术标准。

(4)齿轮箱润滑脂：用铝基脂或锂基脂制0号或00号润滑脂，再加入2%左右的MoS_2粉调配制成均匀的半固体状。主要用于齿轮箱、减速机，使用效果很好。一般要求主动轴转速在1450r/min以下。目前尚未建立统一的技术标准。

c 传动机构用脂

用于传动机构，如开式齿轮、联轴节、链条、钢丝绳等部件，这些机构一般都很粗糙，要求不严，采用一次性全损式润滑，定期涂抹补给，总消耗量不大。目前在这方面用脂很混乱，大部分用脂未达到技术要求。因此，在这里特别强调指出，传动机构用脂应当满足的质量要求，即具有良好的抗水淋性、耐磨性、耐温性、防锈性、黏附性，另外要求便于涂抹，通用性好，价格便宜。

d 特殊用脂

一些高精度的仪表、电子计算机超级轴承、阀门等部件使用的润滑脂，都属于特殊润滑脂，这些脂具有独特的技术性能，质量要求严格，品种不少，但其消耗量极微小。

2.1.3.3 添加剂

为了提高油品的质量和使用性能，在油品中掺配少量某些物质(加入量从百分之几到百万分之几)，就能够显著地改善油品的某些性能，这种物质就叫做添加剂。润滑油中使用添加剂的品种很多，而且还在继续不断地发展，性能也逐渐提高。目前常用的主要添加剂有以下几种。

A 清净分散剂

它是用来中和油品氧化后产生的酸性化合物，防止酸性化合物进一步氧化，并能吸附氧化物的颗粒，使之分散在油中。因此就可以抑制漆膜的生成，将已生成的积炭和漆状物从金属表面上洗涤下来，不至于结垢或沉积在金属表面上。清净分散剂主要有四种：烷基酚盐、磺酸盐、硫磷化聚异丁烯钡盐和无灰清净分散剂。这类添加剂加入油品时，油温需在100℃以下。添加量在1.5%～5%之间。

B 抗氧化剂

抗氧化添加剂可防止油品氧化变质。抗氧化剂加入油品中，可以减少油品吸取的氧气量，从而使油品与氧作用发生酸性化合物的生成率大大降低或减缓，阻止氧化反应，延长了油品的使用寿命。

抗氧剂多用在中低温度下运行的润滑油，如变压器油、汽轮机油、液压油、仪表油等。一般润滑脂使用的抗氧化添加剂为二苯胺或 α 萘胺，添加量约为 0.5%。

C 增黏剂

增黏剂加入油品中能影响油品的黏度。当温度升高时，增黏剂的分子便“舒展”开来，防止了润滑油的黏度降低。在温度低时，增黏剂溶解度减小，分子又开始“蜷缩”成紧密的小团，所以对黏度的影响小，不至于使润滑油在低温时黏度过于变大。

常用的有聚正丁基乙烯醚、聚异丁烯、聚甲基丙烯酸酯等，添加量为 0.2%～2.0%。

D 油性添加剂

油性添加剂是用来改善油品在边界摩擦时的润滑性能，保持最小的磨损和低的摩擦系数。这类添加剂都是极性分子，定向地吸附在金属摩擦表面，形成牢固的油膜。这类油品在承受较高的压力时油膜不易破坏，加强了边界润滑的效果。

油性添加剂一般在边界润滑时起作用，但不能起极压润滑作用。常用的油性添加剂有硫化鲸鱼油、硫化油酸、硫化棉籽油等。例如导轨油中加入 2%～10% 的硫化鲸鱼油，主轴油中加入 2% 硫化鲸鱼油，液压油及汽轮机油中加入硫化油酸 0.02%～0.2% 都能促进摩擦副在边界摩擦状态下的润滑效果。

E 极压添加剂

极压添加剂主要是含硫、磷、氯的有机极性化合物，这类化合物在常温时不起润滑作用，在高压高温下能与金属表面形成比较牢固的化合物膜。它比金属的熔点低，当金属面因摩擦而温度升高时，这层化合物膜就熔化了，生成光滑的表面，能减少摩擦和磨损。

常用的极压添加剂有氯化石蜡、亚磷酸二正丁酯、二硫化苄、硫化烯烃、硫化酮等，一般在温度为 200℃ 以上时才能起作用。

二硫化钼也是一种极压添加剂。把它加入润滑脂中使用效果很好，一般加入量为3%～5%。

F 防锈添加剂

防锈添加剂的作用原理与油性添加剂的原理相同，它能在金属表面生成吸附膜，隔绝氧气与金属的接触，从而达到防锈的目的。

目前使用的防锈添加剂种类很多，如金属皂脂肪族胺、磺酸盐、羟酸盐和硝酸盐等。最常用的是石油磺酸钡，添加量为 1% 左右。

G 抗泡剂

抗泡剂的作用是降低泡沫表面张力和泡沫吸附膜的稳定性，缩短泡沫存在的时间，但不能预防润滑油的生泡倾向。

常用的抗泡剂是二甲基硅油。由于二甲基硅油的黏度大，加入量又很微小，使用时需先用煤油进行稀释(煤油与二甲基硅油的比例为 9:1)，然后倒入润滑油中进行强烈搅拌。一般加入量为 0.0005%～0.001%。

2.1.3.4 固体润滑材料

A 概述

固体润滑材料就是加在摩擦副间用以降低摩擦和磨损的固体状态的物质。固体润滑材料包括金属材料、无机非金属材料和有机材料等。通常可分为固体粉末润滑材料、黏结或喷涂固体润滑膜、自润滑复合材料三大类。

随着工业技术的发展,固体润滑材料得到迅速的发展。固体润滑材料的适应范围比较广,在原子能工业、宇航和国防工业、电子工业、化学工业、机械工业、交通运输、食品工业、纺织印染等工业部门都已经得到了应用。我国是从20世纪60年代开始在冶金机械设备中应用固体润滑技术的。

a 固体润滑材料的优点

(1)免除了油脂的污染及滴漏。

(2)取消了供油脂所用的润滑油站及油路系统,节省了投资、降低了维修费用。

(3)适应比较广泛的温度范围。它可用于特殊的工况条件(如在具有放射性条件下能抗辐射、耐高真空、抗腐蚀)以及不适宜使用润滑油脂的场合。

(4)增强了防锈蚀能力,这对于潮湿气候的地区具有重要意义。

b 固体润滑材料的缺点

(1)固体润滑膜的寿命较短,保膜时不仅增加工作量,有时还要停车检查。

(2)其导入性不好,不易补充到摩擦表面。

c 对固体润滑剂的要求

理想的固体润滑材料应满足以下性能要求:

(1)较低的摩擦系数,在滑动方向要有低的剪切强度,而在受载方向则要有高的屈服极限。同时还要具有防止摩擦表面凸峰穿透的能力(即材料的物理性能是各向异性的)。

(2)附着力要强,要求附着力要大于滑动时的剪切力,以免固体润滑剂(或膜)从底材上或金属表面被挤刷(或撕离)掉。

(3)固体润滑材料粒子间要有足够的内聚力,以建立足够厚的润滑膜,以防止摩擦表面的凸峰穿透并能贮存润滑剂。

(4)润滑材料粒子的尺寸在低剪切强度方向应最大,这样才能保证粒子在滑动表面间能很好地定向。

(5)在较宽的温度范围内,能保持性能稳定而不起化学反应。

实际上要完全满足上述要求是不容易的。不同的固体润滑材料,具有不同的特殊性能,一般情况只能满足或达到上述要求的某一项或几项。因此,要根据摩擦副的不同工况,选用相宜的固体润滑材料。

B 固体润滑材料的种类

固体润滑材料的种类很多,但是理想而又优良的并不多。目前专用的较多,通用的较少。常见的有:石墨及其化合物、金属的硫化物(二硫化钼 MoS_2、二硫化钨 WS_2)、金属的氧化物(四氧化三铁 Fe_3O_4、氧化铝 AlO、氧化铅 PbO)、金属的卤化物(氯化铁 FeCl、氯化镉CdCl、碘化镉 CdI、碘化铅 PbI、碘化汞 HgI)、金属的硒化物(二硒化铌 $NbSe_2$、二硒化钨 WSe_2)、软金属(铅 Pb、锡 Sn、铟 In、锌 Zn、银 Ag)、塑料(聚四氟乙烯、聚苯、聚乙烯、尼龙-6 等)、滑石、云母、玻璃粉、氮化硼等。下面介绍常用的几种。

a 石墨

石墨是碳的同素异形体,外观呈黑色,有脂肪质滑腻感,分子结构为六方晶系的层状结晶构造,成鳞片状,层内的原子结合较强,层间的结合较弱,所以容易滑移;熔点3527℃,耐热性在大气中是454℃,对金属及橡胶均不起反应,在高温538℃下具有良好的润滑性能。石墨的劈开面在常温下,具有吸附气体的能力,这种气体吸附层,促进了石墨的润滑性。

b　氟化石墨

新发展的氟化石墨的摩擦系数在 27～344℃ 的温度范围内比石墨低；耐磨寿命比 MoS_2、石墨长；作为塑料基自润滑材料的固体润滑剂填入组分，用氟化石墨也比用石墨或 MoS_2 的效果更好，耐磨寿命更长。几种润滑膜的摩擦系数对比见表 2-3。

表 2-3　几种润滑膜的摩擦系数对比

温度/℃	石墨擦涂膜	氟化石墨擦涂膜	润滑脂膜	润滑脂 + 2% 石墨	润滑脂 + 2% 氟化石墨
27	0.19	0.12	0.14	0.15	0.13
93	0.19	0.13	0.12	0.17	0.13
215	0.11	0.11	黏-滑，测不出来	黏-滑，测不出来	0.13
260	0.48	0.10	黏-滑，测不出来	黏-滑，测不出来	0.12
320	0.53	0.10			0.15
344		0.11			0.08

c　二硫化钼（MoS_2）

外观呈黑灰略带蓝色，有滑腻感，分子结构为六方晶系的层状结晶构造，容易劈开成鳞片状，这种劈开是由于硫原子与硫原子相互结合面的滑移所产生的，其熔点为 1185℃，在大气中，在 349℃ 以下可长期使用，在 399℃ 开始氧化，仍可短期使用，423℃ 为快速氧化温度，氧化产物为三氧化钼 MoO_3 和二氧化硫 SO_2，这时已失去润滑作用。在 1098℃ 真空中，在 1427℃ 氩气中仍能润滑，在 －184℃ 低温或更低时也可润滑。二硫化钼能被浓硝酸、浓硫酸，沸腾浓盐酸、纯氧、氟、氯侵蚀。在其他的酸、碱、药品、溶剂、水、石油、合成润滑剂中不溶解，对周围的气体也是安定的。一般条件下，与金属表面不产生化学反应，也不侵蚀橡胶材料。MoS_2 中的硫原子与金属表面的附着、结合能力是相当强的，并能生成一层牢固的膜，这层膜应小于 2.5μm 以下，能够耐 2800MPa 以上的接触压力，能耐 40m/s 的摩擦速度。当接触压力高达 3200MPa 时，不会使金属接触表面发生粘着，摩擦系数根据使用条件不同，一般为 0.03～0.15。

d　聚四氟乙烯（PTFE）

聚四氟乙烯是一种工程塑料，也是全氟化乙烯的聚合物。它本身具有自润滑性，被誉为“塑料之王”，耐温性能（可达 250℃）和自润滑性在目前一般塑料中是最好的一种。因此可以代替金属制成某些机械零件或密封材料。也可以用各种金属或金属的氧化物或硫化物等作为填料掺入到聚四氟乙烯中用以改善其机械性能、导热率和线膨胀系数等指标。例如它与铜粉、石墨、二硫化钼混合制成的活塞环，用在空气压缩机上，可以不需另外再加入润滑剂，实现了无油润滑。经过试运转，情况良好，可以连续运行 8000h。

现在已大量地采用聚四氟乙烯来做密封材料，它对于难燃液压油磷酸酯有良好的耐蚀性能。

e　浇铸尼龙-6

浇铸尼龙-6 又称 MC 尼龙-6，它是一种很普通的工程塑料，具有一定的自润滑性。它是由聚内酰胺单体在催化剂的作用下经聚合而成的，可以浇铸成多种机械零件。它具有良好的抗拉强度和冲击韧性，但耐热性较差，一般只能在低于 100℃ 以下使用。大型轧钢厂的 1200 矫正机的大铜套，采用尼龙套后效果极佳，某厂钢板轧机的主联轴节的半圆瓦，采用尼龙瓦后，效果较好。

f 氮化硼(BN)

氮化硼是新型润滑材料之一，问世以来受到各国普遍重视。它近似于石墨的结晶和性质，因而有“白石墨”之称，在许多方面比石墨有更特殊的优越性，如石墨是导电体，而氮化硼是良好的绝缘体，这作为润滑材料来讲是很重要的；石墨在大气中只能用于温度在500℃以下的地方，而氮化硼则可用在900℃左右的高温；石墨易与许多金属反应而生成碳化物，氮化硼在一般温度条件下不与任何金属反应。总之，氮化硼不仅具有石墨的一些优点，而且在高温时还具有石墨所无法比拟的优越性能，如良好的加工性、耐腐蚀性、良好的热传导性、良好的润滑性及电绝缘性等。

高温时氮化硼仍保持良好的润滑性能，因此，氮化硼被认为是惟一耐高温的润滑材料。

氮化硼的晶体结构与石墨相似，属于六方晶系层状结构，但每层之间的硼与氮是交错地重叠着，呈白色薄片状，其结晶层间的结合力比层内的结合力弱得多，所以层与层之间容易滑移，故反映出良好的润滑性。

g 自润滑复合材料

自润滑复合材料与粘结固体润滑膜不同，它是两种或多种材料经过一定的工艺合成的整体材料，具有一定的机械强度、又具有减摩、耐磨和自润滑作用。用这种自润滑复合材料加工制成的机械零件，代替原来需要加入润滑剂的金属机械零件，这样在运行中就不需要再加入任何润滑剂，实现了自润滑或无油润滑。

常见的自润滑复合材料有金属基、石墨基和塑料基三大类。

金属基自润滑复合材料至少是含有一种以金属或合金为骨架的连续相和以润滑剂为分散相的材料。研究和发展这种材料的目的就是把金属材料与润滑材料结合起来，以便发挥这两种材料的优点。金属基自润滑复合材料品种很多、性能各有不相同，常见的有银基、铜基、镍基和铁基等。

石墨基自润滑复合材料作有很多缺点，如：强度较低、显脆性、导热性低、干燥气氛及高真空中不能使用；塑料基自润滑复合材料我国正在研制阶段。这里就不作详述了。

h 其他固体润滑剂

(1)玻璃粉：玻璃粉在450～2200℃温度范围内都具有润滑性能。作为高温润滑剂，在1200～2000℃挤压难熔金属时，特别受到重视。玻璃的润滑原理与MoS_2、石墨不同，它不是由于低剪切阻力的层状结构的内部滑移起润滑作用，而是由于玻璃粉剂在高温下熔融软化，且牢固地固着在金属表面，呈现良好的流体润滑性。再者玻璃在较大的温度范围内化学性能稳定，不与锻压或拉拔时的模具和坯料起化学反应，不与钢管穿孔机的顶杆顶头和管坯料起化学反应，并且隔热性良好。因此，用来作为热锻压的模具、热轧金属的穿孔机芯棒顶头、热拉拔模具等的润滑剂受到普遍重视和应用。

由于玻璃的成分不同，其耐热程度也不同。以磷酸盐为基的玻璃，超过400℃就熔融，并且固着在金属表面，可均匀延展；氧化铝/氧化硼基的玻璃，则在480～610℃范围内显示良好的润滑性；硅酸盐基的玻璃一般应用在1100℃以上的高温润滑。

玻璃润滑剂的使用方法有两种：一种是把玻璃润滑剂附着在坯料上，可以在坯料上涂以玻璃悬浮液、在熔融玻璃浴中加热、喷涂熔融玻璃或绕上玻璃纤维。为了确保模具和坯料间的润滑，在锻压或拉拔前，仍然还要对模具润滑。另一种方法是将玻璃润滑剂填入模具上，或在模具的表面喷涂上水玻璃、玻璃悬浮液等。当在锻压或热拔、热轧金属时,还应考虑金属坯料的高温氧化问题。

(2)氧化铅(PbO):为了解决高温轴承润滑的问题,采用 PbO 为基料并与某些固体润滑剂配成一定比例,按一定工艺条件制成的氧化铅基膜,便可以满足高温轴承的润滑问题。

2.1.3.5 金属压力加工机械设备和部件润滑材料的选用

金属压力加工的各种机械设备都具有一定的工作特性、摩擦表面的结构形状和环境条件等,在选择润滑材料时,必须适应这些特性和条件,才能保证机械设备处于良好的润滑状态,在机械设备的运转过程中,正确选择润滑材料,是有效组织润滑工作的重要环节。

A 润滑材料选择的一般原则

a 负荷大小

各种润滑材料都具有一定的承载能力,负荷较小时,可以选取黏度较小的润滑油;负荷愈大,润滑油的黏度也应该愈大。另外,重负荷时,还应该考虑润滑油的极压性能。如果在重负荷下润滑油膜不易形成,则选用锥入度(Cone Penetration)较小的润滑脂。

b 运动速度

机构转动或滑动的速度较高时,应选用黏度较小的润滑油或锥入度较大的润滑脂;机构转动或滑动的速度较低时,应选用黏度较大的润滑油或锥入度较小的润滑脂。

c 运动状态

当承受冲击负荷、交变负荷、振动、往复、间歇运动时,不利于油膜的形成,应选用黏度较大的润滑油。有时也可以选用润滑脂或固体润滑材料。

d 工作温度

工作温度较高时,应选用黏度较大、闪点较高、油性和氧化安定性较好的润滑油或滴点较高的润滑脂;工作温度较低时,则应选用黏度较小和凝点较低的润滑油或锥入度较大的润滑脂;当温度的变化较大时,应选用黏温性能较好的润滑油。

e 摩擦部件的间隙、加工精度和润滑装置的特点

摩擦部件的间隙越小,选用润滑油的黏度应越低;摩擦表面的精度越高,润滑油的黏度应该越低;循环润滑系统要求采用精制、杂质少和具有良好氧化安定性的润滑油;在飞溅和油雾润滑中多选用有抗氧化添加剂的润滑油;在干油集中润滑系统中,要求采用机械安定性和压送性好的润滑脂;对垂直润滑面、导轨、丝杠、开式齿轮、钢丝绳等不易密封的表面,应该采用黏度较大的润滑油或润滑脂,以减少流失,保证润滑。

f 环境条件

在潮湿环境下,应采用抗乳化和防锈性能良好的润滑油,或采用抗水性较好的润滑脂;在尘土较多和密封困难时,多采用润滑脂润滑;有腐蚀气体时,应选用非皂基润滑脂;环境温度很高时,则要考虑选择耐高温的润滑脂。

总之,由于润滑油内摩擦较小,形成油膜均匀,兼有冷却和冲洗作用,清洗、换油和补充加油都比较方便,所以除了部分滚动轴承、由于机器的结构特点和特殊工作条件要求必须采用润滑脂外,一般多采用润滑油。在稀油循环润滑系统和干油集中润滑系统中,应根据主要机构的需要来选择润滑材料的品种,以保证机器或机组最主要的性能。

各种机械的润滑点很多,加以综合归纳,主要是滑动轴承、滚动轴承、齿轮和蜗轮传动装置等典型摩擦副的润滑。此外还有各种机构和装置的润滑。下面分别叙述其对润滑的要求

和润滑材料品种的选择。

B　滑动轴承润滑材料的选择

滑动轴承的润滑关系到轴承的工作条件(速度、负荷、工作温度)、轴承的结构和周围环境情况等许多因素。当滑动轴承采用稀油润滑时,如果轴承设计正确,在处于液体摩擦的条件下,轴承磨损很微小。但轴承在实际工作过程中,不可避免地要产生启、制动,高速转动中发生的大量摩擦热量使油温上升、黏度下降、同时使轴受热膨胀引起间隙变小而造成油膜的破裂,以及润滑油中由污染而存在的机械杂质等,均会使轴承产生磨损。因此在选择滑动轴承的润滑油品种时,要考虑上述因素,合理选择润滑油。

选择润滑油的关键是确定润滑油的黏度。确定润滑油的黏度有公式计算法和试验法两种。用计算的方法来确定润滑油必需的黏度,比较困难,目前还缺乏甚为有实效的计算公式。而用试验法确定滑动轴承润滑油必需的黏度,与被试验油是否在相同的工况下进行试验以及试验的正确性有关。

在现场,选用滑动轴承润滑油时,一般根据实践经验进行选择。表 2-4～表 2-6 列出了在不同速度、不同载荷、工作温度及润滑方式下可用滑动轴承润滑油的黏度、品种和牌号。

表 2-4　轻、中载荷时滑动轴承润滑油的选择

轴承轴颈的线速度 /m·s^{-1}	工作条件:温度 10～60℃,轻、中载荷(轴颈压力＜3MPa)		
	润滑方式	适用黏度(50℃)/mm^2·s^{-1}	适用润滑油的品种与牌号
＞9	强制、油浴	4～15	10 号、15 号、75 号轴承油
9～5	强制、油环、油枪	10～20	15 号、32 号轴承油,32 号汽轮机油
	滴油	25～30	32 号、46 号轴承油,32 号、46 号汽轮机
5～2.5	强制、油浴、油环	25～35	32 号、46 号轴承油,46 号汽轮机
	滴油	30～35	46 号轴承油,46 号汽轮机
2.5～1.0	强制、油浴、油环	25～40	46 号、64 号轴承油,46 号汽轮机
	滴油、手浇	25～45	46 号、68 号轴承油,46 号汽轮机
1.0～0.3	强制、油浴、油环	30～45	46 号、68 号、100 号轴承油,46 号汽轮机油
	滴油、手浇	35～45	68 号、100 号轴承油
0.3～0.1	循环、油浴、油环	40～70	68 号、100 号、150 号轴承油
	滴油、手浇	40～75	
＜0.1	循环、油浴、油环	50～90	100 号、150 号轴承油
	油链	8～10(100℃)	
	滴油、手浇	65～100	150 号轴承油
		10～20(100℃)	100 号、150 号轴承油

滑动轴承一般多采用润滑油润滑,当工作条件困难(负荷高、速度低、环境温度高、潮湿、多尘)以及结构特点不宜使用润滑油时,才采用润滑脂润滑。滑动轴承在负荷大、转速低时,选用锥入度小的润滑脂。润滑脂的滴点一般选用高于工作温度 20～30℃,在水淋或潮湿环境下,选用钙基、铝基或锂基润滑脂。在高温下选用钙钠基润滑脂。表 2-7 列出了在不同负荷、速度、工作温度和环境条件下,选用滑动轴承润滑脂的品种。

表 2-5　中、重负荷时滑动轴承润滑油的选择

轴承轴颈的线速度/$m \cdot s^{-1}$	工作条件:温度 10~60℃,中、重载荷(轴颈压力 3~7.5MPa)		
	润滑方式	适用黏度(50℃)/$mm^2 \cdot s^{-1}$	适用润滑油的品种与牌号
2.0~1.2	循环、油浴、油环	40~50	68 号、100 号轴承油
	滴油	45~55	
1.2~0.6	循环、油浴、油环	40~70	68 号、100 号、150 号轴承油
	滴油	45~75	
0.6~0.3	循环、油浴、油环	65~75	150 号轴承油或工业齿轮油
	滴油、手浇	11~13(100℃)	100 号轴承油
0.3~0.1	循环、油浴、油环、油链	70~90	150 号轴承油
	滴油、手浇	75~100;12~14(100℃)	150 号轴承油
<0.1	循环、油浴、油环	85~120	150 号轴承油,150 号齿轮油
	油链	13~15(100℃)	150 号轴承油
	滴油、手浇	15~20(100℃)	150 号轴承油,220 号齿轮油

表 2-6　重、特重负荷时滑动轴承润滑油的选择

轴承轴颈的线速度/$m \cdot s^{-1}$	工作条件:温度 20~80℃,中、重载荷(轴颈压力 7.5~30MPa)		
	润滑方式	适用黏度(100℃)/$mm^2 \cdot s^{-1}$	适用润滑油的品种与牌号
1.2~0.6	循环、油浴	10~15	150 号轴承油
	滴油、手浇	12~18	
0.6~0.3	循环、油浴	15~20	150 号汽轮机油
	滴油、手浇	20~25	220 号齿轮油
0.3~0.1	循环、油浴	20~30	220 号齿轮油
	滴油、手浇	25~35	220 号齿轮油
<0.1	循环、油浴	30~40	460 号齿轮油
	滴油、手浇	40~50	680 号齿轮油

表 2-7　滑动轴承润滑脂的选择

单位载荷/MPa	轴的圆周速度/$m \cdot s^{-1}$	最高工作温度/℃	选用的润滑脂	备　注
≤1.0	≤1.0	75	3 号钙基润滑脂	1. 在潮湿、环境温度在 75~120℃的条件下,应考虑用钙钠基润滑脂; 2. 在水淋、潮湿和工作温度 75℃以下,可用铝基润滑脂; 3. 工作温度在 110~120℃时,也可用锂基或钡基润滑脂; 4. 干油集中润滑系统给脂时,应选用锥入度较大的润滑脂; 5. 压延机润滑脂冬夏规格可通用
1~6.5	0.5~5	55	2 号钙基润滑脂	
≥6.5	≤0.5	75	3 号、4 号钙基润滑脂	
1~6.5	0.5~5	120	1 号、2 号钠基润滑脂	
≥6.5	≤0.5	110	1 号钙钠基润滑脂	
1~6.5	≤1.0	50~100	2 号锂基润滑脂	
≥6.5	约 0.5	60	2 号压延机润滑脂	

C　滚动轴承润滑材料的选择

根据滚动轴承的工作条件，可以采用润滑油或润滑脂进行润滑，可以比较两者所具有的优缺点加以选择。润滑油在高速和高温下具有良好的稳定性（在长期运转中保持其润滑性能），摩擦系数小，使用条件方便（全部更换润滑油时可以不拆卸部件），具有一定的冷却能力，能够循环供油进行润滑。缺点是必须采用复杂的密封装置，经常加油，需增设输油装置。润滑脂能够可靠地填充于滚动体间的间隙，不需要特殊的密封装置，工作持续时间较长，一般在较长的周期内不需要更换和添加润滑脂。缺点是内摩擦较高，不宜用于高速条件，更换润滑脂时必须拆卸部件。所以在选择滚动轴承的润滑材料时，采用润滑油润滑有较好的润滑效果，但是对一般长期低速（小于4～5m/s）工作、经常停止工作和环境条件恶劣的滚动轴承，多采用润滑脂润滑。

可以根据负荷、工作温度和速度指数（轴承转速和内径的乘积），按黏度选择滚动轴承用的润滑油。表2-8给出了滚动轴承润滑油的选择。根据工作温度、速度指数和环境条件可按表2-9选择滚动轴承用润滑脂。

表2-8　滚动轴承润滑油的选择

轴承工作温度/℃	速度因数/$mm \cdot r \cdot min^{-1}$	轻、中负荷		重负荷或冲击负荷	
		适用黏度（50℃）/$mm^2 \cdot s^{-1}$	适用润滑油的品种和规格	适用黏度（50℃）/$mm^2 \cdot s^{-1}$	适用润滑油的品种和规格
－30～0	—	10～20	32号轴承油	12～25	32号抗磨液压油
0～60	＜15000	25～40	46号轴承油，46号汽轮机油	40～95	46号抗磨液压油
	15000～75000	12～20	32号轴承油，32号汽轮机油	25～50	32号HM油
	75000～150000	12～20	32号轴承油，32号汽轮机油	20～25	32号HM油
	150000～300000	5～9	7～10号轴承油	10～20	10号轴承油
60～100	＜15000	60～95	100号轴承油	100～150 15～24（100℃）	100号齿轮油
	15000～75000	40～65	68～100号轴承油	60～95	68～100号齿轮油
	75000～150000	30～50	46号轴承油	40～65	46～68号齿轮油
	150000～300000	20～40	32号轴承油，22号、30号汽轮机油	30～50	46号齿轮油
100～150		13～16（100℃）	150号轴承油	15～25（100℃）	220号齿轮油

D　齿轮和蜗轮蜗杆传动润滑材料的选择

金属压力加工设备中齿轮传动的类型多、数量大，润滑材料的消耗量很大。金属压力加工设备齿轮传动装置的工作特点是传动功率大、冲击性负荷大、工作速度低、环境恶劣（高温、多尘、潮湿等），因此，要求润滑油具有良好的抗磨性能、氧化安定性、抗乳化性、防泡沫性和防锈性等。在选择齿轮传动用润滑油时，应充分考虑载荷、速度、润滑方式等因素。如轻负荷时可选用非极压型齿轮润滑油，中等负荷和一般冲击时可选用中等极压型齿轮润滑油，

表 2-9 滚动轴承润滑脂的选择

轴承工作温度/℃	速度因数/mm·r·min^{-1}	干燥环境	潮湿环境
0～40	≤80000	2 号、3 号钠基润滑脂 2 号、3 号钙基润滑脂	2 号、3 号钙基润滑脂
	＞80000	1 号、2 号钠基润滑脂 1 号、2 号钙基润滑脂	1 号、2 号钙基润滑脂
40～80	≤80000	3 号钠基润滑脂	3 号锂基润滑脂、钡基润滑脂
	＞80000	2 号钠基润滑脂	2 号合成复合铝基润滑脂
＞80, ＜0		锂基润滑脂 合成锂基润滑脂	锂基润滑脂 合成锂基润滑脂

注：1. 滚动轴承在正常工作条件(温度不超过 50℃、有良好密封装置、环境没有灰尘和水)下，3～6 月换油一次，在繁重工作条件(温度超过 50℃、环境有尘土和水)下，要求定期添油，1～3 月换油一次；

2. 滚动轴承转速在 1500r/min 以内时，用正常填充量，装入润滑脂占轴承壳体容积 2/3，转速超过 1500r/min 时，用小填充量，占 1/3～1/2。

而重负荷和强烈冲击时(如轧钢机齿轮座)则应考虑选用全极压齿轮油；齿轮速度高时选用低黏度的润滑油，速度低时选用高黏度的润滑油；循环润滑时选用流动性好的润滑油，油浴润滑可选用流动性较差的润滑油等。然后再根据负荷、速度和温度等的具体数值按黏度选择润滑油的品种和规格。可参看表 2-10 闭式齿轮传动装置润滑油的选择。

开式齿轮润滑应选用易于黏附的高黏度润滑油，或采用润滑脂。低速低负荷的开式齿轮也可用经过过滤的旧油，负荷较大的可选用二硫化钼 9 号油膏，也可用 60％的过滤油加 40％的石油沥青混合制成的齿轮油脂润滑。可参看表 2-11。

根据蜗轮蜗杆传动的特点可知，普通蜗轮的啮合滑动面上不能形成动压油膜，因此应根据传递的功率和速度，选择具有适当抗磨性能的高黏度润滑油或润滑脂。

低速低功率的蜗轮，应选用汽缸油、齿轮油或润滑脂，如 680 号汽缸油；中速中功率的蜗轮，应选用蜗轮蜗杆油，如 460 号、680 号 CKE 蜗轮蜗杆油；高速高功率的蜗轮，应选用蜗轮蜗杆油，如 460 号、680 号 CKE/P 蜗轮蜗杆油。

E　专门机器和机构润滑材料的选择

金属压力加工厂大量的主机和辅机以及其他各种类型的专门机器，必须按其工作特点和要求来选择润滑材料。在润滑油产品中，有许多专门用途的润滑油品，因此，选择金属压力加工机械润滑材料时应该尽量采用专门的品种，或根据运动副的结构特点和工作条件，选用用途接近的润滑材料。

a　轧钢设备润滑材料的选择

轧钢设备的工作特点是高温、高压、环境条件恶劣，表 2-12 列出了轧钢设备部分系统润滑材料的选择。

b　起重运输设备润滑材料的选择

金属压力加工厂的起重运输设备种类繁多，大都常在重载、冲击、多尘的环境下间歇工作，因此应选用黏度稍大、油性较好的润滑材料。表 2-13 给出了起重运输设备润滑材料的选择。

c　锻压设备润滑材料的选择

表 2-10　闭式齿轮传动润滑油的选择

主轴转速 /r·min^{-1}	传递功率 /kW	润滑方法	减速比 10:1 以下		减速比 10:1 以上	
			运动黏度 (50℃)/mm^2·s^{-1}	适用润滑油	运动黏度 (50℃)/mm^2·s^{-1}	适用润滑油
1000～2000	<7.5	飞溅或循环	30～45	49 号机械油,50 号工业齿轮油	40～60	50 号机械油,50 号工业齿轮油
	7.5～25		40～70	50 号机械油,50 号工业齿轮油	50～80	50 号、70 号机械油,50 号、70 号工业齿轮油
	25～40		60～80	70 号机械油,11 号汽缸油,70 号工业齿轮油	80～120	90 号机械油,90 号、120 号工业齿轮油
	>40		75～95	70 号、90 号机械油,11 号汽缸油,70 号、90 号工业齿轮油	100～150	120 号、150 号工业齿轮油
300～1000	<15	飞溅	65～70	70 号机械油,11 号汽缸油 70 号工业齿轮油	70～80	70 号机械油,11 号汽缸油,70 号工业齿轮油
		循环	40～50	40 号、50 号机械油,50 号工业齿轮油	45～60	50 号机械油,50 号工业齿轮油
	15～40	飞溅	70～90	70 号、90 号机械油,11 号汽缸油,70 号、90 号工业齿轮油	80～110	90 号机械油,90 号工业齿轮油
		循环	50～70	50 号、70 号机械油,50 号、70 号工业齿轮油	60～90	70 号、90 号机械油,11 号汽缸油,70 号、90 号工业齿轮油
	40～55	飞溅	80～140	90 号机械油,90 号、120 号工业齿轮油	110～200	20 号齿轮油,24 号汽缸油,150 号、200 号工业齿轮油
		循环	70～90	70 号、90 号机械油,11 号汽缸油,70 号、90 号工业齿轮油	90～130	90 号机械油,90 号、120 号工业齿轮油
	>55	飞溅	140～170	24 号汽缸油,20 号齿轮油,150 号工业齿轮油	200～260	30 号齿轮油,28 号轧钢机油,200 号、250 号工业齿轮油
		循环	90～130	90 号机械油,120 号工业齿轮油	130～160	20 号齿轮油,150 号工业齿轮油
<300	<22	飞溅	90～110	90 号机械油,90 号、120 号工业齿轮油	150～180	20 号齿轮油,24 号汽缸油,150 号工业齿轮油
		循环	65～80	70 号机械油,70 号工业齿轮油	120～140	20 号齿轮油,120 号、150 号工业齿轮油
	22～55	飞溅	110～180	24 号汽缸油,20 号齿轮油,150 号工业齿轮油	180～260	30 号齿轮油,28 号轧钢机油,200 号、250 号工业齿轮油
		循环	80～130	90 号机械油,90 号、120 号工业齿轮油	140～200	30 号齿轮油,24 号汽缸油,28 号轧钢机油,200 号、250 号工业齿轮油
	55～90	飞溅	180～210	24 号汽缸油,28 号轧钢机油,30 号齿轮油,200 号工业齿轮油	270～320	28 号过热汽缸油,250 号工业齿轮油
		循环	130～160	20 号齿轮油,150 号工业齿轮油	220～250	30 号齿轮油,28 号轧钢机油,200 号、250 号工业齿轮油
	>90	飞溅	210～260	28 号轧钢机油,30 号齿轮油,38 号过热汽缸油,200 号、250 号工业齿轮油	340～430	52 号过热汽缸油,350 号工业齿轮油
		循环	170～200	24 号汽缸油,30 号齿轮油,28 号轧钢机油,200 号工业齿轮油	260～300	38 号过热汽缸油,250 号、300 号工业齿轮油

表 2-11　开式齿轮润滑油、脂的选择

工作温度/℃	滴油润滑时适用润滑油	涂抹润滑时适用润滑脂
0～30	40 号、50 号机械油	1 号、2 号、3 号钙基润滑脂，2 号铝基润滑脂
30～60	50 号机械油，50 号工业齿轮油	3 号、4 号钙基润滑脂，2 号铝基润滑脂，石墨钙基润滑脂
＞60	90 号机械油，90 号工业齿轮油，11 号汽缸油	4 号、5 号钙基润滑脂，2 号铝基润滑脂，石墨钙基润滑脂

表 2-12　轧钢设备部分系统润滑材料的选择

轧钢设备部分系统	适用润滑材料
循环润滑系统	28 号轧钢机油
干油集中润滑系统	压延机润滑脂、1 号合成复合铝基脂
液压系统	20 号、30 号机械油，20 号、30 号液压油
主电机轴承循环润滑系统	30 号汽轮机油
开式齿轮	石墨钙基脂
油膜轴承	460 号以上油膜轴承油

表 2-13　起重运输设备润滑材料的选择

设　备　名　称			适　用　润　滑　材　料
桥式起重机的大车小车（蜗轮减速机除外）	减速机	起重量＜10t(＜50℃)	40 号、50 号机械油，50 号工业齿轮油
		10～15t(＜50℃)	70 号机械油，70 号工业齿轮油，11 号汽缸油
		＞15t(＜50℃)	70 号、90 号机械油，70 号、90 号工业齿轮油，24 号汽缸油
		各种起重量(＜0℃)	50 号机械油，车辆油
		各种起重量(＞50℃)	38 号、52 号过热汽缸油
	滚动轴承	正常温度下	2 号、3 号钙基润滑脂
		高温下	锂基润滑脂，二硫化钼润滑脂
电动、手动起重机，链式起重机，提升机	人工润滑		40 号、50 号机械油
	滚动轴承		2 号、3 号钙基润滑脂
带式、链式、斗式等各种运输机	人工润滑		40 号、50 号机械油
	滚动轴承		2 号、3 号钙基润滑脂
	链　索		40 号、50 号机械油
	开式齿轮		石墨钙基润滑脂
卷扬机	滚动轴承		2 号、3 号钙基润滑脂
	滑动轴承		30～70 号机械油

锻压设备包括锻锤、压力机以及冲剪和剪板机等。这类设备的冲击较大，通常选用黏度较大的润滑油。锻压设备润滑材料的选择见表 2-14。

d　钢丝绳润滑的选择

为了提高钢丝绳的使用寿命，必须选用适用钢丝绳的润滑材料，如表 2-15 所示。

表 2-14 锻压设备润滑材料的选择

设备名称			适用润滑材料
锻锤	空气锤	汽缸	50号机械油，11号汽缸油
		轴承	1号钙钠基润滑脂
	蒸汽锤、蒸空两用锤	汽缸	11号、24号汽缸油
		轴承	3号、4号钙基润滑脂
	弹簧锤、杠杆锤		40号、50号机械油
	模锻锤		11号、24号、38号汽缸油
	平锻锤		50号机械油，2号钙基润滑脂
压力机	机械锻压机		50号机械油，2号钙基润滑脂
	水压机		40号、50号机械油，30号汽轮机油
	油压机		30号汽轮机油，20号、30号、40号机械油，2号钠基润滑脂
	摩擦压力机		20号、30号机械油，2号钙基润滑脂
	曲轴压力机、偏心压力机		30号机械油，2号钙基润滑脂
其他	剪板机、冲剪机		40号、50号机械油
	冲床		40号、50号、70号机械油，2号钠基润滑脂
	冷锻机		20号、30号、40号机械油

表 2-15 钢丝绳润滑材料的选择

工作条件	使用设备	适用润滑材料
低速、重负荷钢绳	起重机、电铲等	38号过热汽缸油，钢丝绳油
高速起重钢绳	卷扬机、电梯	11号、24号汽缸油
高速、重负荷牵引钢绳	矿山提升斗车、锅炉运煤车	38号过热汽缸油，钢丝绳油
中高速、轻中负荷牵引钢绳	牵引机、吊货车	11号、24号汽缸油
无运动、工作在潮湿或化学气体环境中的钢绳	支承或悬挂用钢绳	钢丝绳润滑脂

2.2 稀油润滑

在工程习惯上，通常称润滑油润滑为稀油润滑。

根据润滑材料供往润滑点的方式，可划分为分散润滑和集中润滑。如果在润滑点附近设置独立的润滑装置对摩擦副进行润滑，称为分散润滑；由一个润滑装置同时供给几个或许多润滑点进行润滑，称为集中润滑。

根据对摩擦副供油的性质，又可分为无压润滑和压力润滑、间歇润滑和连续润滑；根据对润滑剂的利用方式可分为流出润滑和循环润滑。无压润滑时，润滑油的进给是靠润滑油自身的重力或毛细管的作用来实现的；而压力润滑则利用压注或油泵实现润滑油的进给。经过一定的时间间隔才进行一次的润滑称为间歇润滑；在机器整个工作期间连续供应润滑油，或按预先调整好的一定的和相同的时间间隔供应润滑油，称为连续润滑。如果供给的润滑油进行润滑后即排出消耗，称为流出润滑；如供给的润滑油可以反复循环使用，则称为循环润滑。

各种机器、机构摩擦部件的润滑，都是依靠专门的润滑装置来完成的，凡实现润滑材料的进给、分配和引向润滑点的机械和装置都称为润滑装置。

2.2.1 常用单体润滑装置

2.2.1.1 油环

油环用于滑动轴承润滑。油环套在旋转的轴颈上,随轴而转动,将盛在轴承贮油槽内的润滑油带到轴颈顶部后,进入轴承间隙,然后从轴承中流出,又流回贮油槽。

按带动油环的方法,油环润滑装置可分为自由式和固定式;按油环结构形式可分为整体式和可分式。

(1)自由式。油环自由地悬挂在轴上,靠摩擦力带动而旋转,如图 2-7 所示。

(2)固定式。油环固定在轴上,随轴一起转动。通常也称为油轮润滑,如图 2-8 所示。

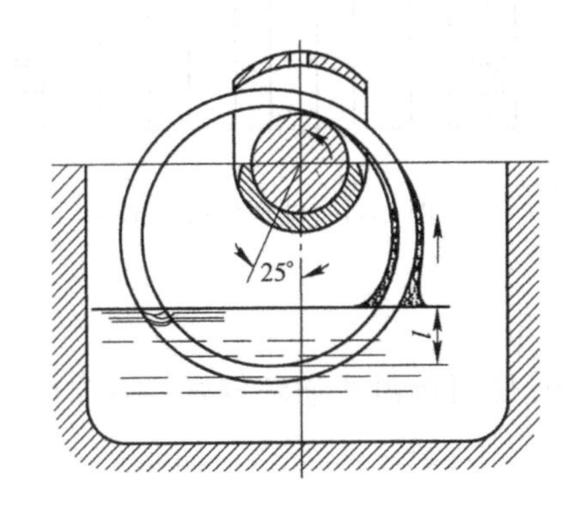

图 2-7 油环润滑

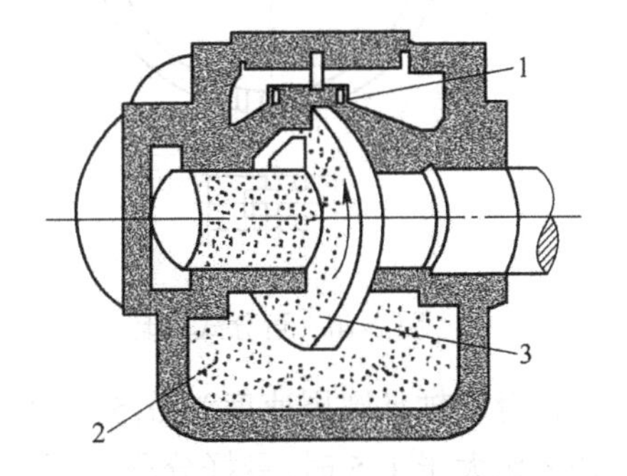

图 2-8 油轮润滑

1—刮油器;2—油池;3—油轮

当轴转速较低,油黏度较大,使用自由式油环不易带起油,此时可以采用油链润滑。如图 2-9 所示。

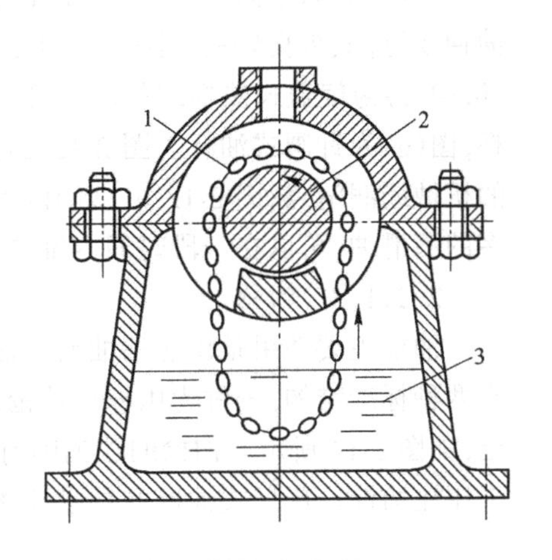

图 2-9 油链润滑

1—油链;2—旋转油泵;3—油池

油环润滑的优点是油环润滑装置制造简单,工作可靠,不必经常观察使用情况,油是循环使用,所以耗油量小,而且轴颈一开始转动就能自动给油。固定式即油轮润滑,其优点是在低转速和使用高黏度油的情况下给油可靠。

油环润滑的缺点是这种润滑方式只能用来润滑轴颈直径为 10mm 以上的水平放置的滑动轴承,机械做摆动运动时不能采用。由于冷凝作用,轴承的贮油槽可能会积聚潮气或冷凝水混入油中,对润滑不利。可分式油环,如图 2-10 所示,在工作时有分开的危险,在油环两个半环的接合处有可能要发生跳动,这种情况会使润滑装置受到损伤。

油轮润滑的缺点是轴承的轴向尺寸大,轴瓦被油轮分隔为两部分。

油链润滑的缺点是由于油链在轴颈上的接触角大,所以不得不削去一部分下轴瓦;因为链条可能与轴发生撞击,所以对轴有磨损;当轴的转速高时,因链条对油的搅动,油会起泡沫。

油环的截面形状有各种形状，如图 2-11 所示。油环内表面开有纵向环形沟槽。矩形截面油环的带油效果最好，其中以矩形截面光滑油环用得最广泛。由于半圆形和梯形截面的油环，在贮油槽中与油的接触面比较小，所以可在高转速下使用。圆形截面的油环带油量最小。当采用高黏度油时，则应用在环圈的内表面开轴向沟槽的油环，以增大轴与油环的摩擦力，便于多带油。

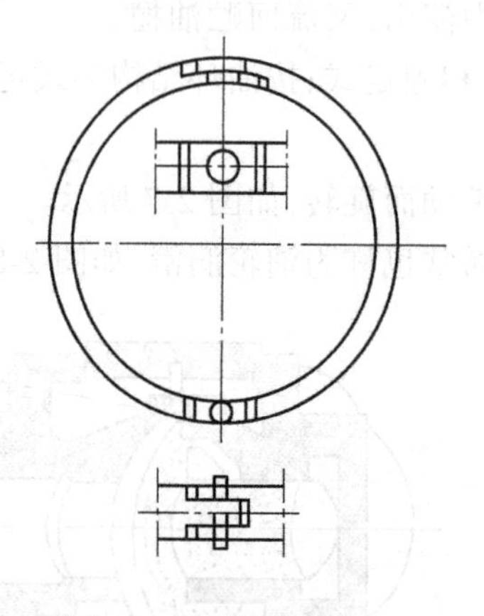

图 2-10　可分式油环

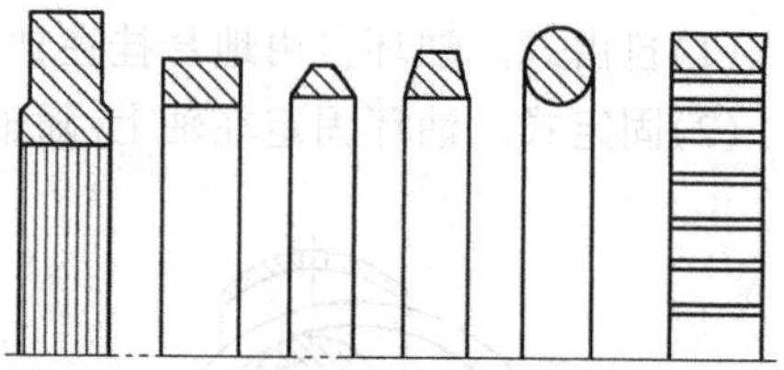

图 2-11　油环的截面形状

在滑动轴承圆周速度为 0.5～32m/s 的范围内，使用自由式油环较好。当轴承长度与直径之比大于 1.5 时，最好分段装两个油环。

2.2.1.2　油杯

不同结构、不同部位、不同工作特点的润滑点，应采用相适应的油杯进行润滑，这是一种简便易行，效果良好的方法。如图 2-12 所示，图(a)为直通式压注油杯，图(b)为接头式压注杯，图(c)为旋盖式油杯，图(d)为压配式压注杯，图(e)为旋套式注油杯，图(f)为弹簧盖油杯，图(g)为针阀式油杯。图 2-12(a)、(b)、(c)、(d)、(e)几种一般用于低速轻载和间歇工作的机械或润滑点；图 2-12(a)、(b)两种主要用于干油润滑；图 2-12(f)、(g)两种一次可注入较多的润滑油，可以在一段时间内维持连续供油，可以用于转速稍高、负载稍大的机械。

2.2.1.3　油枪

油枪主要功用是压注稀油或干油到油杯或润滑部位。根据油枪的结构不同，我国油枪有两种标准结构，一种为压杆式油枪，如图 2-13 所示。另一种为供油量 $100cm^3$ 的手推式油枪，如图 2-14 所示。油枪的注油嘴有两种型式，一种是 A 型用以压注干油，另一种是 B 型用来压注稀油。压杆式油枪的技术性能见表 2-16。

2.2.2　稀油集中润滑系统

2.2.2.1　概述

随着机械化、自动化程度的不断提高，润滑技术由简单到复杂，不断更新发展，形成了集中润滑系统。集中润滑系统具有明显的优点：可保证数量众多、分布较广的润滑点及时得到润滑，同时将摩擦副产生的摩擦热带走；油的流动和循环将摩擦表面的金属磨粒等机械杂质带走并冲洗干净；能达到润滑良好、减轻摩擦、降低磨损和减少易损件的消耗、减少功率消耗、延长设备使用寿命的目的。但是集中润滑系统的维护管理比较复杂，调整也比较困难。

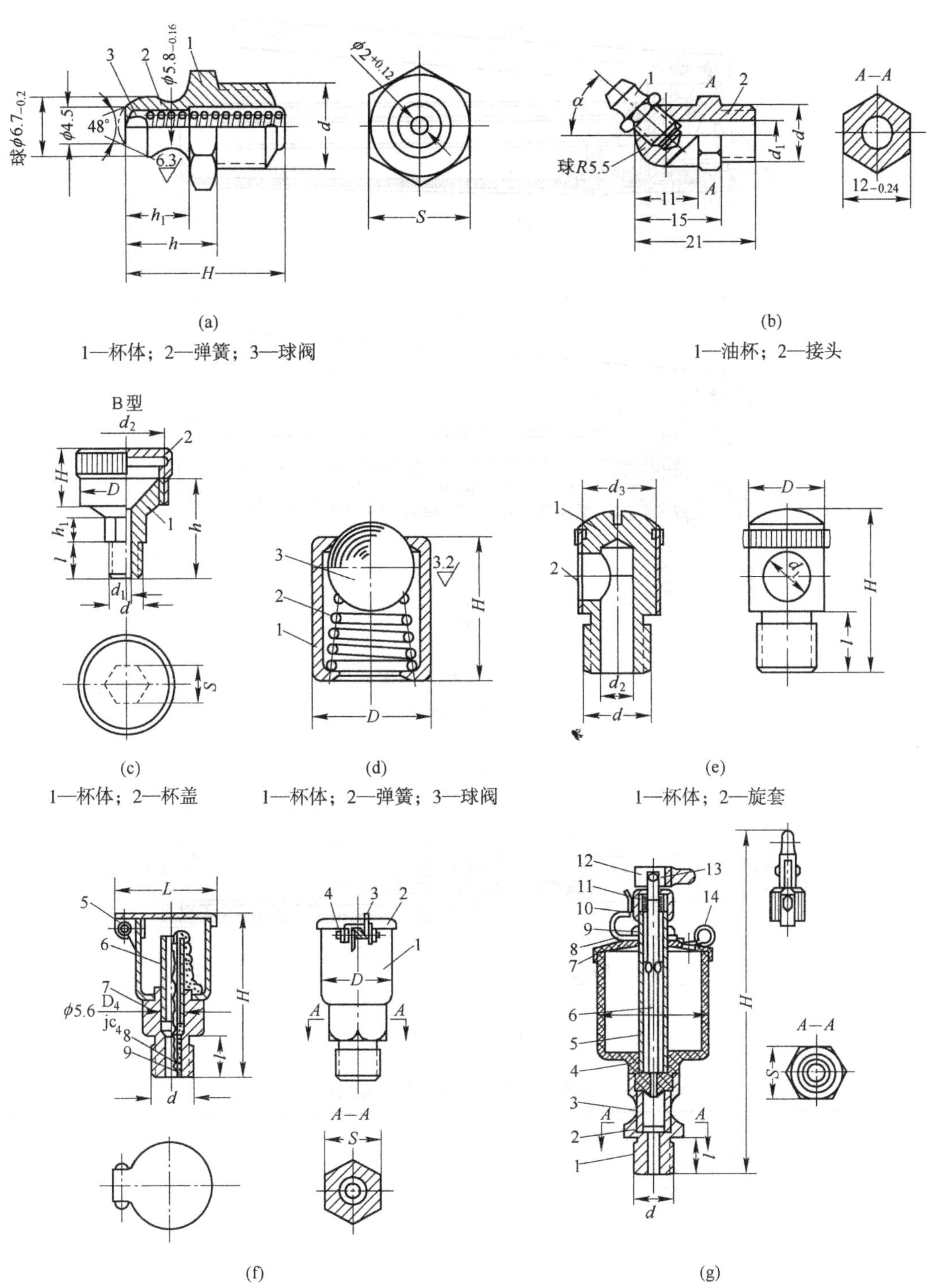

(a) 1—杯体；2—弹簧；3—球阀

(b) 1—油杯；2—接头

(c) 1—杯体；2—杯盖

(d) 1—杯体；2—弹簧；3—球阀

(e) 1—杯体；2—旋套

(f) 1—杯体；2—盖；3—弹簧；4—铰接销钉；5—铰链插销座；6—油芯管；7—接头；8—油芯；9—纱钩

(g) 1—接头；2—垫圈；3—透视管；4—杯体；5—中心管；6—针阀；7—盖；8—爪形闩；9—扁螺母；10—调节螺母；11—弹簧；12—开关头；13—铆钉；14—油孔盖

图 2-12 油杯

(a)直通式压注油杯；(b)接头式压注杯；(c)旋盖式油杯；(d)压配式压注杯；(e)旋套式注油杯；(f)弹簧盖油杯；(g)针阀式油杯

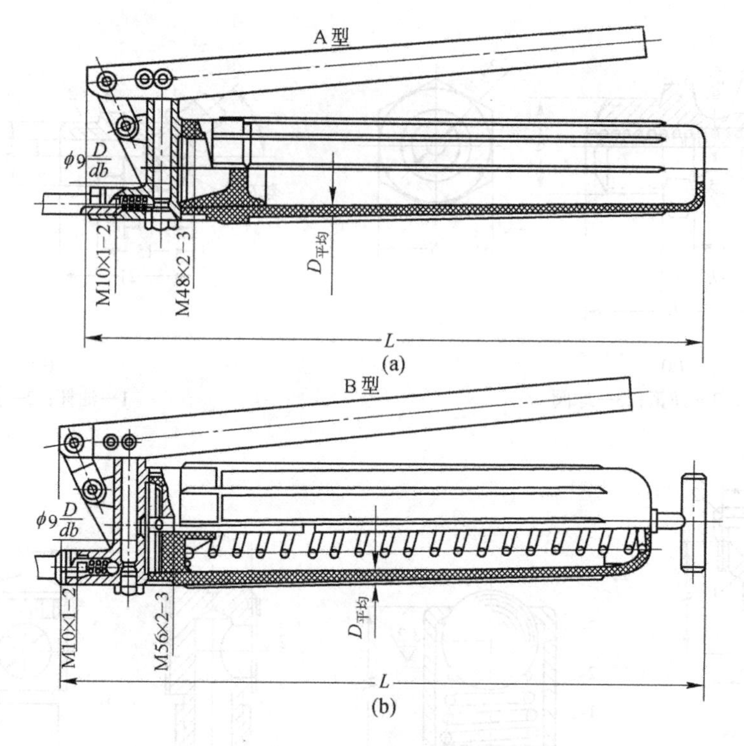

图 2-13　压杆式油枪

(a)A 型;(b)B 型

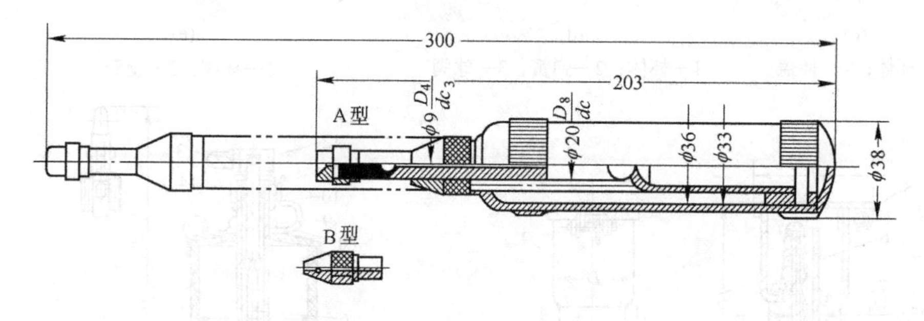

图 2-14　手推式油枪

表 2-16　压杆式油枪的技术性能(GB1164—74)

压杆式油杆		容积 /cm^3	压力 /MPa	出油量 /cm^3	出油筒直径 $D_{平均}$/mm	长度 L/mm	标记示例
A 型	真空式	200	14	0.8	40	280	供油量 200cm^3 压杆式油枪(A 型) 油枪(A 型)200cm^3GB1164—74
		300	14			330	供油量 300cm^3 压杆式油枪(A 型) 油枪(A 型)300cm^3GB1164—74
B 型	弹簧式	300	14		50	350	供油量 300cm^3 压杆式油枪(B 型) 油枪(B 型)300cm^3GB1164—74

注:表中尺寸符号可参看图 2-13。

每一环节出现问题都可能造成整个润滑系统的失灵，甚至停产。所以还要在今后的生产实践中不断加以改进。

在整个润滑系统中，安装了各种润滑设备及装置，各种控制装置和仪表，以调节和控制润滑系统中的流量、压力、温度、杂质滤清等，使设备润滑更为合理。为了使整个系统的工作安全可靠，应有以下的自动控制和信号装置。

A 主机启动控制

在主机启动前必须先开动润滑油泵，向主机供油。当油压正常后才能启动主机。如果润滑油泵开动后，油压波动很大或油压上不去，则说明润滑系统不正常。这时，即使按下操作电钮主机也不能转动，这是必要的安全保护措施。控制联锁的方法很多，一般常采用在压油管路上安装油压继电器，控制主机操作的电气回路。

B 自动启动油泵

在润滑系统中，如果系统油压下降到低于工作压力(0.05MPa)，这时备用油泵启动，并在启动的同时发出示警信号，红灯亮、电笛鸣，值班人员应根据示警信号立即进行检查并采取措施消除故障。待系统油压正常后，备用泵即停止工作。

C 强迫停止主机运行

当备用油泵启动后，如果系统油压仍继续下降(低于工作压力)(0.08～1.2MPa)，则油泵自动停止运行并发出信号；强迫主机也停止运行，同时发出事故警报信号。

D 高压信号

当系统的工作压力超过正常的工作压力0.05MPa时，就要发出高压信号，值班人员应立即检查并消除故障。

启动备用油泵、强迫主机停转等，常采用电接触压力计及压力继电器来进行控制。

E 油箱的油位控制

油箱的油位控制常采用带舌簧管浮子式液位控制器。当油箱油位面降到最低允许油位时，液位控制器触点闭合，发出低液位示警信号，同时强迫油泵和主机停止运行。当油箱油位面不断升高(可能是水或其他介质进入油箱内)，达到最高油液位面时，则发出高液位示警信号，工作人员应立即检查，采取措施，消除故障。

F 油箱加热控制

在寒冷地区或冬季作业时，应加热油箱中的润滑油，润滑油温度一般维持在40℃左右，以保持油的流动性。为控制加热温度应装有自动调节温度的装置。

G 系统自动测温装置

系统中有关部位的温度在运行中都要进行定时测量，以便掌握运行情况。如油箱、排油管、进、出冷却器的油温和水温，都要随时测量。为此，采用了温度自动测量装置。常用的测量装置是热敏元件和电桥温度计，只需扭动操作盘上的转换开关，就可测出各部位的温度。

H 过滤器自动启动

当油流进出过滤器的压差大于0.05～0.06MPa时，过滤器被阻塞。应自动启动过滤器，以清除圆盘式过滤器内滤筒周围的杂质。通常用点接触差式压力计来控制，当压差减小(或恢复到允许压差范围)后，就切断电源自动停止滤筒清刮。

稀油集中润滑系统根据不同的供油制度分为灌注式，即润滑油通过油泵把油送到摩擦部件的油池(槽)，一次灌至足够量，油泵即停止工作。当润滑油消耗需要添补、更新时，则再启动油泵供给或人工灌注，例如油环润滑，密封式减速箱的齿轮润滑等。自动循环式，即油泵以一定压力向摩擦副压送润滑油，润滑后，沿回油管回到润滑站的油箱内，这样润滑油不断循环使用。

由于润滑系统采用的动力装置（油泵装置）型式不同，目前各厂实际使用的有回转活塞油泵、齿轮油泵、螺杆油泵、叶片油泵等装置供油的稀油集中润滑站。

根据组成稀油站各元件布置形式的不同，基本上分两种型式：

一种是整体式结构，各润滑元件都统一安装在油箱顶上，其特点是体积小，安装布置比较紧凑，适用于分散的单机润滑。在出厂前已整体装配并包装好，用户提货后，不用再一件件组装。只要直接固紧在地脚螺丝上，接好管路，清洗后即可使用。但这种油站能力较小，一般在125L/min以下。因为各元件组装较紧凑，所以在检修、拆卸时稍有不便。

另一种是分散布置形式，根据设计要求，油站各组成元件分别布置在地下油库的地基基础上。其优点是检查、维修方便，供油能力较大，一般250L/min以上供油量的油站都采用这种分散布置形式。

耗油量不大的单体设备润滑系统，通常安装在该设备旁或附近的地坑中；重要的润滑系统如主电机轴承的集中润滑系统、轧钢设备主机及其机组用的集中润滑系统，则安装在车间地平面以下的地下油库内。也有将数个润滑系统的油站，集中放在一个较大的地下油库内便于统一管理和检查维护。

2.2.2.2 齿轮油泵供油的循环润滑系统

钢铁企业的许多机组、机械制造业的某些金属切削机床，普遍采用齿轮泵供油的循环润滑系统。目前这套系统已经逐步标准化、系列化。

图2-15是带齿轮泵的，供油能力较小（16～125L/min）、整体组装式的标准稀油站（XYZ-16型～XYZ-125型）系统图。如果稀油站和所润滑的机组供油管路和回油管路相连接，就组成了稀油集中循环润滑系统。图2-16是供油能力较大（250～1000L/min）、分散安装式的标准稀油站（XYZ-250型～XYZ-1000型）系统图。

这类带齿轮油泵的稀油润滑站，其供油能力不同，规格也不同。它的技术性能如表2-17所示。各种规格的稀油站工作原理都是一样的，由齿轮泵把润滑油从油箱吸出，经单向阀、双筒网式过滤器及冷却器（或板式换热器）送到机械设备的各润滑点（如果不带板式换热器，则经过滤器后，就直接送往润滑点）。油泵的公称压力为0.6MPa，稀油站的公称压力为0.4MPa（出口压力）。当稀油站的公称压力超过0.4MPa时，安全阀自动开启，多余的润滑油经安全阀流回油箱。

润滑油为汽轮机油、32～68号轴承油、工业齿轮油等，一般50℃时的运动黏度为20～350mm^2/s。

正常工作时，一台齿轮泵工作，一台备用。有时由于某种原因（如各机组设备都在最大能力下运转）耗油量增加，一台油泵供油不足，系统压力就下降。当下降到一定值时，通过压力调节器（整体式稀油站）或电接触压力计（分散式稀油站）自动开启备用泵，与工作油泵一起工作，直到系统压力恢复正常，备用泵就自动停止。

双筒网式过滤器的两个过滤筒，其中一个工作，一个备用。在过滤器的进出口处接有差式压力计，当过滤器前后的压力差超过0.05MPa时，则由操纵工换向、更换清洗过滤筒。

冷却器的进出口装有差式压力计，用来检查与控制在进冷却器前与出冷却器后的冷却

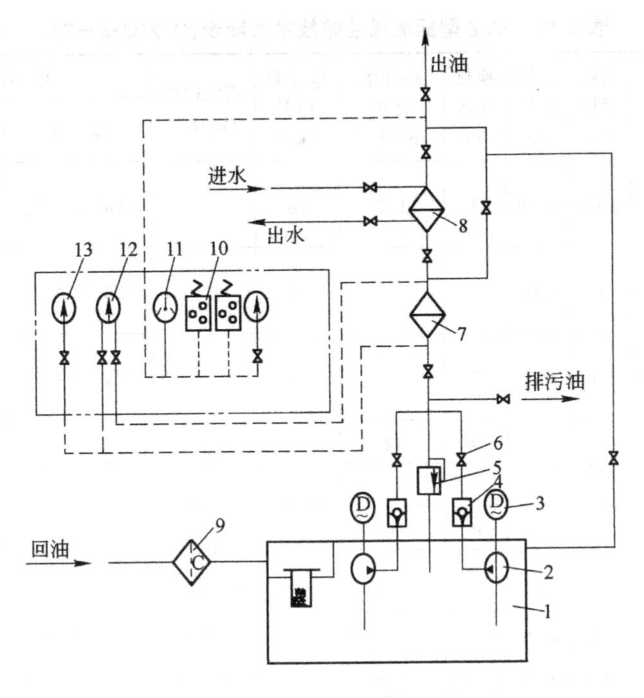

图 2-15　XYZ-16 型～XYZ-125 型稀油站系统图

1—油箱；2—齿轮泵；3—电机；4—单向阀；5—安全阀；
6—截断阀；7—网式过滤器；8—板式冷却器；9—磁性过滤器；10—压力调节器；
11—接触式温度计；12—差式压力计；13—压力计

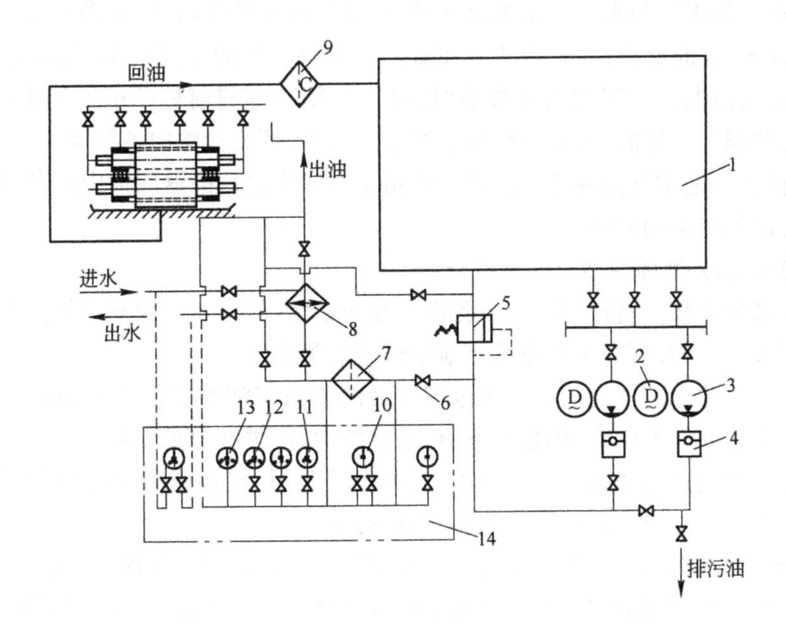

图 2-16　XYZ-250 型～XYZ-1000 型稀油站系统图

1—油箱；2—电动机；3—齿轮泵；4—单向阀；5—安全阀；
6—截断阀；7—网式过滤器；8—板式冷却器；9—磁过滤器；10—差式压力计；
11—压力计；12—电接触式压力计；13—电接触温度计；14—仪表盘

表 2-17　XYZ 型标准稀油站技术性能表(Q/ZB355－77)

型　号	公称油量 /L·min^{-1}	油箱容积 /m^3	过滤面积 /m^2	换热面积 /m^2	冷却水耗量 /m^3·h^{-1}	电热器功率 /kW	蒸汽耗量 /kg·h^{-1}	电动机 型　号	电动机 功率/kW / 转速/r·min^{-1}	质量 /kg
XYZ-16	16	0.63	0.08	3	1.2	18		JO2-12-4-T_2	$\frac{0.8}{1380}$	880
XYZ-25	25									
XYZ-40	40	1	0.08	5	3	18		JO2-22-4-T_2	$\frac{1.5}{1410}$	1130
XYZ-63	63									
XYZ-100	100	1.6	0.2	7	6	36		JO2-32-4-T_2	$\frac{3}{1430}$	1507
XYZ-125	125									1600
XYZ-250	250	6.3	0.52	24	12		100	JO2-42-4	$\frac{5.5}{1440}$	4143
XYZ-250A										3296
XYZ-400	400	10	0.83	35	20		160	JO2-51-4	$\frac{7.5}{1450}$	5736
XYZ-400A										4393
XYZ-630	630	16	1.26	30×2	30		250	JO2-61-4	$\frac{13}{1460}$	9592
XYZ-630A										7121
XYZ-1000	1000	25	1.93	35×2	50		400	JO2-71-4	$\frac{22}{1470}$	12155
XYZ-1000A										9338

注:1. A 为不带冷却器的稀油站;

2. 本标准稀油站不带压力箱,用户自行设计。

水的压差变化。如果冷却水中的杂质阻塞了冷却器,压力差将增大(直接反映在压差表上),降低了冷却效果,这时必须检修、清洗冷却器。根据对油温的不同要求,可以用调整冷却水流量方法来控制油温。当不使用冷却器时,可以关闭冷却器前后两端油和水的进、出口阀门,并打开旁路阀门。这时,润滑油可以不经过冷却器,而直接输向各润滑部位。

在油箱回油口处装有回油磁过滤器。它用于对润滑之后的返回油中夹杂的细小铁末进行磁性过滤,以保持油的清洁。

综上所述,XYZ 型稀油站有如下特点:

(1)设有备用油泵,一台工作,一台备用。在正常情况下,一台油泵运行。遇有意外情况时,备用油泵投入工作,可对主机连续不断地供送润滑油。

(2)过滤器放在冷却器之前。油通过过滤器的能力与油的黏度有关,黏度大,通过能力差,反之通过能力好。温度高,则黏度下降,通过能力好,过滤效果也较佳。

(3)采用双筒网式过滤器。一个筒工作,一个筒备用,轮换使用,换向不需停车,清洗方便,不影响过滤工作,结构紧凑,接管简单,不设旁路。

(4)采用板式换热器。结构简单,体积小,效率比列管式冷却器提高一倍左右。

(5)回油口设有磁过滤器。可将回油中的细小铁末吸附过滤,保证油的清净。

(6)设有站内回油管路。为保持润滑油清净,可以进行站内循环过滤;当所润滑的机组需要停车检修时,则可借站内回油管路,把系统压油管道中的油引回油箱。

(7)配有仪表盘和电控箱。所有显示仪表均装在仪表盘上,两只普通压力表用来直接观察油泵及油站出口油压;两个压力调节器(或电接点压力表)实现油压自控;两个差式压力表分别测量双筒网式过滤器的油压降及冷却器的油压降;一个电接点温度计用来观察和控制油温。

2.3 干油润滑

在工程习惯上,通常称润滑脂润滑为干油润滑。干油润滑密封简单,不易泄漏和流失,在稀油容易泄漏和不宜稀油润滑的地方,特别具有优越性。金属压力加工机械设备许多摩擦副中采用了干油润滑。例如:轧钢厂轧机轴承座与机架窗口的平面摩擦副;矫直机矫直辊轴承,剪切机组的某些摩擦副;辊道组的轴承;各种冶金起重机上的某些润滑点等。按润滑方式干油润滑可分为分散润滑和集中润滑。分散润滑主要是利用油杯进行人工加脂,本节重点叙述干油集中润滑系统。

2.3.1 干油集中润滑系统的分类

干油集中润滑系统就是以润滑脂作为摩擦副的润滑介质,通过干油站向润滑点供送润滑脂的一整套设备。其分类方法不尽相同,目前一般的分类方法是:

(1)根据往润滑点供脂的管线数量分为:

1)单管线(单线)供脂的干油集中润滑系统;

2)双管线(双线)供脂的干油集中润滑系统。

(2)根据供脂的驱动方式分为:

1)手动干油集中润滑系统;

2)自动干油集中润滑系统。由于动力源不同,又可分为:电动与风动两类。

(3)根据双线供脂管路布置方式分为:

1)流出(端流)式干油集中润滑系统;

2)环式(回路式)干油集中润滑系统。

(4)根据单线供脂时压脂到润滑点的动作顺序分为:

1)单线顺序式;

2)单线非顺序式;

3)单线循环式。

2.3.2 干油集中润滑系统

2.3.2.1 手动干油集中润滑系统

A 手动干油集中润滑系统

手动干油集中润滑系统如图 2-17 所示,由手动干油站、干油过滤器、给油器、输脂主管和支管等组成。从干油站用手动压出的润滑脂经过过滤器过滤后,经主管输至给油器,由给油器依次供给各摩擦副。手动干油润滑系统,适用于润滑点数量较少、不需经常加油或较分散的润滑点处,也常用于不需经常加油的单台设备的润滑。

当人工摇动手柄时(见图 2-17),油站 1 内的干油,经干油过滤器 2,沿输脂主管 I 送到给油器 3,各给油器在压力油脂的作用下,根据预先调整好的量,把润滑脂经输脂支管分别送到各润滑点。继续摇动手柄,所有给油器供脂动作完毕,此时润滑脂在输脂主管 I 内受到挤压,压力就要升高,当压力计压力达到一定值时(一般为 7MPa),说明润滑系统供送润滑脂

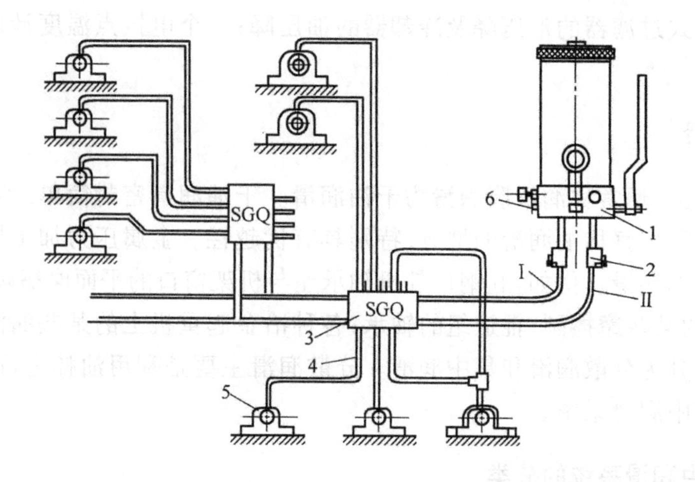

图 2-17　手动干油集中润滑系统

1—手动干油泵站；2—干油过滤器；3—双线给油器；4—输脂支管；
5—轴承副；6—换向阀；Ⅰ、Ⅱ—输脂主管

的所有给油器都已工作完毕，可以保证润滑脂定量地送到各润滑点了，然后停止手柄的摇动，并放回到原来位置上。在压送油脂的过程中，压力润滑脂是建立在输脂主管Ⅰ内。而输脂主管Ⅱ则经过换向阀内的通路和贮油器连通，也就是说管Ⅱ内的压力已卸除，管Ⅱ内的润滑脂可沿管Ⅱ往回挤到贮油筒。最后，干油站的换向阀 6 从左边移向右边换向。换向后，输脂主管Ⅰ经换向阀的通路和贮油筒相连，这时原来管Ⅰ内的高压就消除了。经过一定时间后(即摩擦副的加脂周期)，人工继续摇动干油站的手柄，第二次向摩擦副供给润滑脂，此时，因换向阀 6 已经换向，所以压送出的润滑脂这次又由输脂主管Ⅱ输送，经各给油器仍按定量供到各润滑点。在这个过程中，输脂主管Ⅰ(因与贮油筒相通)内没有压力，在管Ⅰ内的多余的润滑脂则被挤回到贮油筒。当输脂管Ⅱ中的压力升高到一定数值(一般为 7MPa)时，说明所有给油器已按定量供脂到各润滑点了，于是停止摇动手柄，进行换向(即把换向阀 6 从右端移到左端极限位置)，这就是手动干油集中润滑系统的整个供脂工作过程。

B　手动干油集中润滑装置

(1)手动干油站

手动干油站是一种单机集中润滑供脂装置。图 2-18 为 SGZ-8 型手动干油站外形图。

其工作原理如图 2-19 所示，贮油器 7 中的脂是注油阀 4 注入的，在活塞 8 自重的压力作用下迫使储油器中的脂充满柱塞油泵的油缸空腔。手摇动压油手柄，压油手柄轴上的齿轮 1 随手柄转动，通过齿轮和齿条传动带动压油柱塞 2 左右往复运动。油缸中的润滑脂在柱塞压力推动下，顶开单向阀 3 经换向阀 5 的通道进入主油管Ⅱ(图上换向阀在右极端位置)，当给油器已依次向各润滑点供脂完毕，油管中油压上升，达到某一额定值(一般为 7MPa)时，说明全部给油器均已工作完毕，停止压油。下一次给油时，先将手动换向阀 5 压到左极端位置，使换向阀换向，则主油管Ⅰ与压油回路相通，而主油管Ⅱ与储油器相通，主油管Ⅱ泄压，主油管Ⅰ供油。摇动手柄重复上述过程。

(2)给油器

给油器是干油集中润滑系统的一个重要元件，它的作用是保证每个需要润滑的摩擦副得到定量供脂。给油器按供送油脂的管线数分为单线供脂和双线供脂；按供脂时给油器的

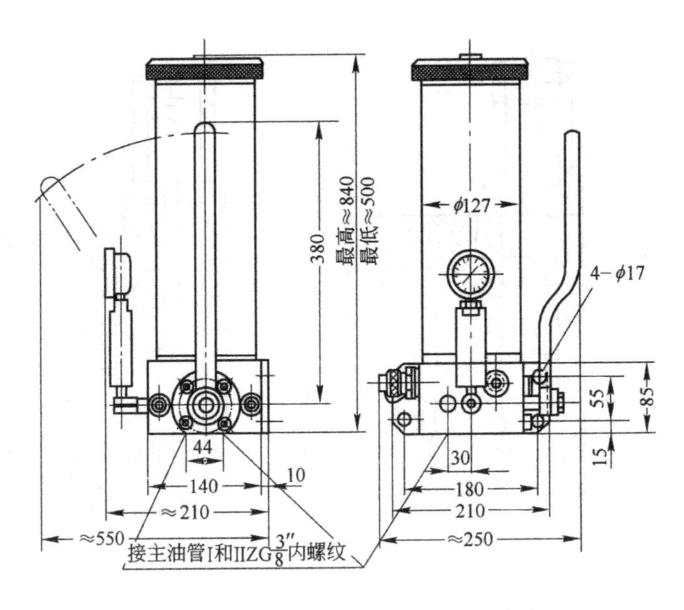

图 2-18　SGZ-8 型手动干油站外形图

动作顺序分为循序式和非顺序式。目前应用最多的是双线非顺序式给油器,其工作原理如图 2-20 所示。当输脂主管压送来的润滑脂经过下面的输油管通路 11 至油腔 10 时,润滑脂将推动配油柱塞 8 向上移动,直到上端极限位置,即经过通路 2 流入油腔 1 中,同时推动压油柱塞 3 上移到上部极限位置。当压油柱塞向上移动时,就将油腔上部的润滑脂(由上一次工作循环时压进来的)经过通路 4 和至润滑点通路 9 送至润滑点。这是一个工作循环。于是从输油主管送进来的压力润滑脂经输油管通路 11 送到下一组给油器的柱塞腔,如图 2-20(a)所示。当润滑系统输送润滑脂换向后,即由另一条输脂主管经过输油管通路 7 压入润滑脂,推动配油柱塞 8 向下移动到下面极限位置,同时将压油柱塞油腔 1 内的润滑脂(由上一次工作循环送入的)经过通路 2 和至润滑点通路 9 压至润滑点,如图 2-20(b)所示。这时,又完成一个工作循环。指示杆 5 和压油柱塞 3 相连接。指示杆用以指示出压油柱塞压送润滑脂的动作情况。润滑系统的所有给油器的指示杆动作完毕后,都应在同一位置上(即所有的指示杆都伸出来或缩进去)。倘若其中有某个给油器的指示杆,在输脂管换向之后还没有动作,则说明这个给油器未能供送润滑脂到润滑点,应及时检查并排除故障。给油器在供脂范围内,用调节螺钉 6 微调压油柱塞行程 H 的大小,以得到合适的供油脂量。

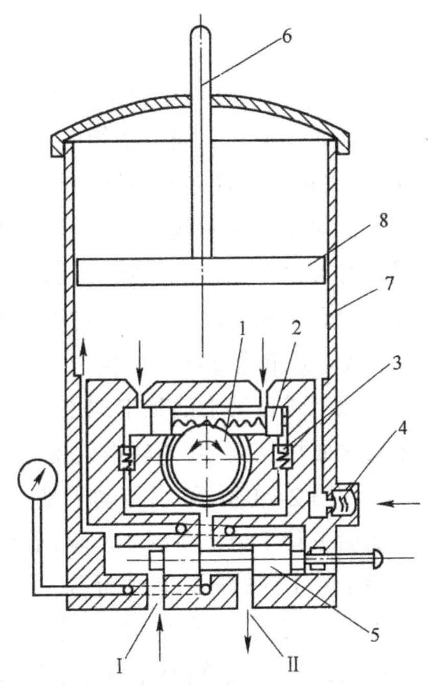

图 2-19　SGZ-8 型手动干油站工作原理图
1—齿轮;2—柱塞;3—单向阀;4—注油阀;
5—换向阀;6—油位指示杆;7—贮油器;
8—活塞;Ⅰ、Ⅱ—主油管

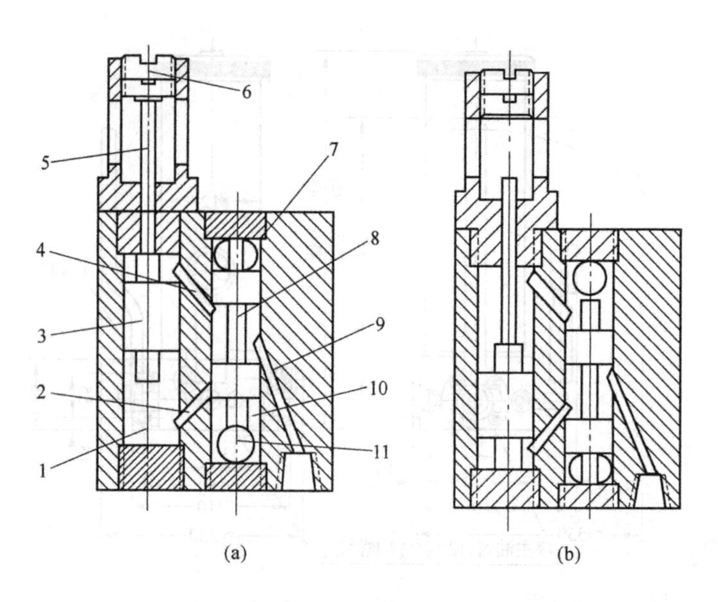

图 2-20 SJQ 型双线单点给油器的构造及工作原理

1—油腔；2、4—通路；3—压油柱塞；5—指示杆；6—调节螺钉；7、11—输油管通路；8—配油柱塞；9—至润滑点通路；10—油腔

2.3.2.2 自动干油集中润滑系统

自动干油集中润滑系统是由自动干油润滑站、两条输脂主管、通到各润滑点的输脂支管、在主管与支管之间相连的给油器、有关的电器装置、控制测量仪表等组成。

自动干油集中润滑系统，按供脂管路布置分为流出式（端流）与环式（回路）两种。根据润滑的机组布置特点、运转工艺要求、润滑点分布及数量等不同的具体情况，可分别选择相适应的润滑系统，以满足不同机组工作时对润滑提出的要求。

A 流出式自动干油集中润滑系统

流出式自动干油集中润滑系统，可供给较多的润滑点和润滑点分布区域较大的范围。尤其是面积长条形（如轧钢设备中的辊道组）的机器（见图 2-21）。

如图 2-21 所示，由电动干油站 1 供送的压力润滑脂经电磁换向阀 2，通过干油过滤器 3 沿输脂主管 I 经给油器 4 从输脂支管 5 送到润滑点（轴承副）6。当所有给油器工作完毕后，输脂主管 I 内的压力迅速提高，这时装在输脂主管末端的压力操纵阀 7，在润滑脂液压力的作用下，克服了弹簧力，使滑阀移动，推动极限开关接通电信号，使电磁换向阀换向，转换输脂通路，由原来的输脂主管 I 供脂改变为输脂主管 II 供脂。与此同时，操作盘上的磁力启动器的电路断开，电动干油站的电机停止工作，干油柱塞泵停止往系统内供脂。按照加脂周期，经过预先规定的间隔时间后，在电气仪表盘上的电力气动控制器使电动机启动，油站的柱塞泵即按照电磁换向阀已经换向的通路向输脂主管 II 压送润滑脂。当润滑脂沿输脂主管 II 输送时，另一条输脂主管 I 中的润滑脂的压力卸荷，多余的润滑脂，经过电磁换向阀返回到贮油筒内。电磁换向阀的作用是使油站输送的压力润滑脂由一条输脂主管自动转换到另一条输脂主管。

B 环式自动干油集中润滑系统

环式自动干油集中润滑系统，如图 2-22 所示。是由带有液压换向阀的电动干油站、输

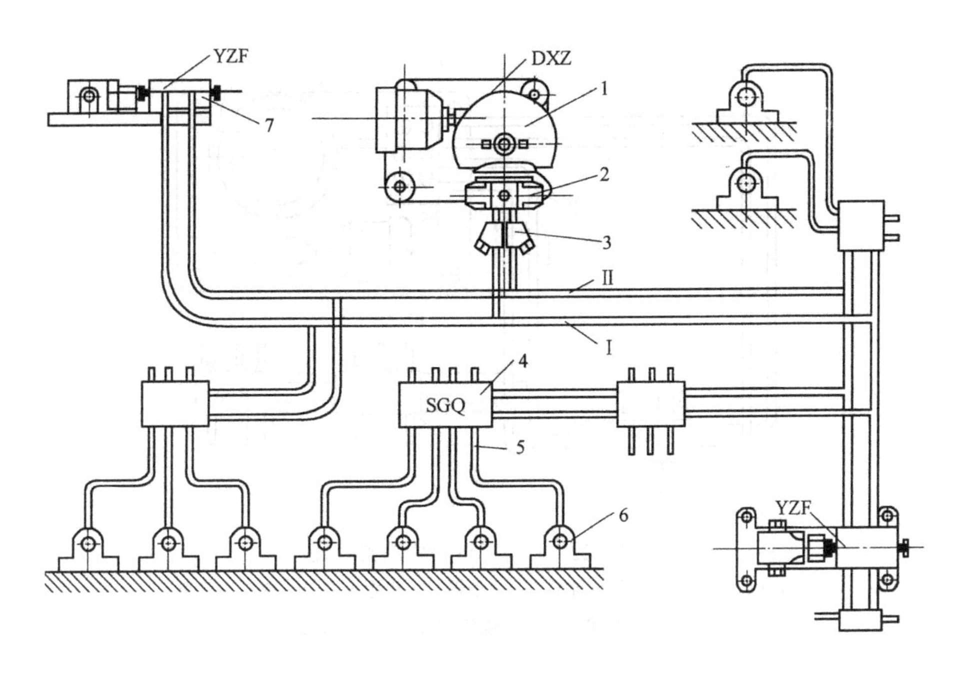

图 2-21　流出式干油集中润滑系统

1—电动干油站；2—电磁换向阀；3—干油过滤器；4—给油器；5—输脂支管；
6—轴承副；7—压力操纵阀；Ⅰ、Ⅱ—输脂主管

脂主管及给油器等组成。它属于双线供脂。这种环式布置的干油集中润滑系统，一般多用在机器比较密集，润滑点数量较多的地方。其工作原理是以一定的间隔时间(按润滑周期而定)，由电动机 6 经蜗轮蜗杆减速机 5 带动柱塞泵 7，将润滑脂由贮油筒 1 吸出，并压到液压换向阀 2，从换向阀 2 出来经干油过滤器，压入输脂主管Ⅰ或Ⅱ内，压力润滑脂由输脂主管Ⅰ压入给油器 3，使给油器 3 在压力润滑脂作用下开始工作，向各润滑点供给定量的润滑脂。当系统中所有给油器都工作完毕时，油站的油泵仍继续往输脂主管Ⅰ内供脂，输脂主管Ⅰ的润滑脂不断地得到补充，只进不出，相互挤压，使管内油脂压力逐渐增高，整个系统的输脂路线形成一个闭合的回路。在油脂压力作用下，推动液压换向阀 2 换向，也就是使润滑脂的输送由原来输脂主管Ⅰ转换为输脂主管Ⅱ。在换向的同时，液压换向阀的滑阀伸出端与极限开关 4 电气连锁，切断电动机 6 的电源，泵停止工作。在液压换向阀未换向之前，在输脂主管Ⅰ的输脂过程中，另一条输脂主管Ⅱ则经过液压换向阀 2 的通路与油站贮油筒 1 连通，使输脂主管Ⅱ的压力卸荷。换向后，具有一定压力的输脂主管Ⅰ，经过液压换向阀 2 内的通路与油站贮油筒连通，则输脂主管Ⅰ的压力卸荷。

当按润滑周期调节好的时间继电器启动时，接通油站电动机电源，带动柱塞泵工作，使润滑脂从换向以后的通路送入输脂主管Ⅱ，经给油器 3，从输脂支管送到润滑点。在供脂过程中，因主管Ⅰ沿液压换向阀的通路与贮油筒相通，所以压力卸荷。当系统中所有给油器都工作完毕时，主管Ⅱ中的压力增高，在压力作用下，又推动液压换向阀换向，在换向的同时，因液压换向阀的滑阀伸出端与极限开关电气连锁，则切断电动机电源，干油站停止供脂。油站时间继电器定期启动，这就是环式自动干油集中润滑系统的工作原理。

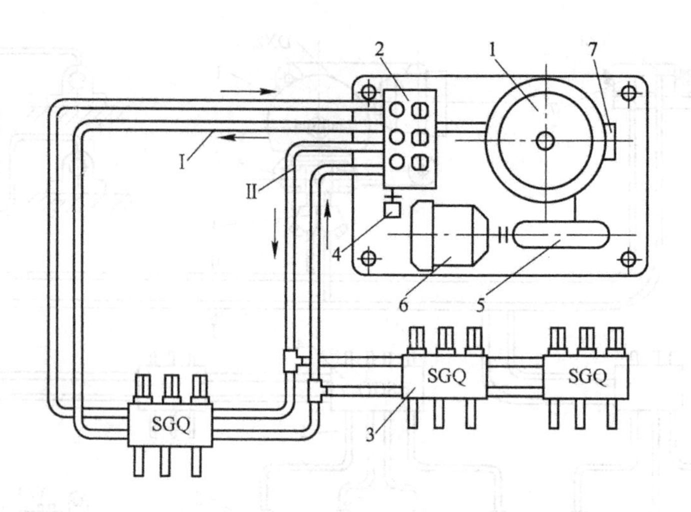

图 2-22　环式干油集中润滑系统

1—贮油筒;2—液压换向阀;3—给油器;4—极限开关;5—蜗杆减速机;
6—电动机;7—柱塞泵;Ⅰ、Ⅱ—输脂主管

2.4　油雾润滑、油气润滑、干油喷射润滑和固体润滑简介

2.4.1　油雾润滑

2.4.1.1　概述

油雾润滑是最近发展起来的一种新型高效的润滑方式。适用于封闭的齿轮、蜗轮、链条、滑板、导轨以及各种轴承的润滑。目前,在冶金企业中,油雾润滑装置大多用于大型、高速、重载的滚动轴承等的润滑,如偏八辊冷轧机的支撑辊轴承。

油雾润滑的优点是:

(1)油雾能弥散到所有需要润滑的部位,可以获得良好而均匀的润滑效果。

(2)压缩空气质量热容小、流速高,很容易带走摩擦产生的热量,对摩擦副的散热效果好,因而可以提高高速滚动轴承的极限转速,延长其使用寿命。

(3)大幅度降低润滑油的消耗。

(4)由于油雾具有一定压力,对摩擦副起到良好的密封作用,避免了外界杂质、水分的侵入。

(5)较稀油集中润滑系统结构简单,动力消耗低,维护管理方便,易于实现自动控制。

油雾润滑的主要缺点是:

(1)在排出的压缩空气中,含有少量的浮悬油粒,污染环境,对操作人员健康不利。所以需增设抽风排雾装置。

(2)不宜用在电机轴承上。因为油雾侵入电机绕组将会降低绝缘性能,缩短电机使用寿命。

(3)油雾的输送距离不宜太长,一般在 30m 以内较为可靠,最长不得超过 80m。

(4)必须具备一套压缩空气系统。

由于油雾润滑的上述缺点,在一定程度上限制了它的使用范围。但它的独特优点,则是其他润滑方式所无法比拟的。所以在金属压力加工设备上,将会获得越来越广泛的应用。

我国已试制成功了油雾润滑装置,并已形成系列。图 2-23 为 WHZ-12 型、WHZ-40 型油雾润滑装置的外形图。

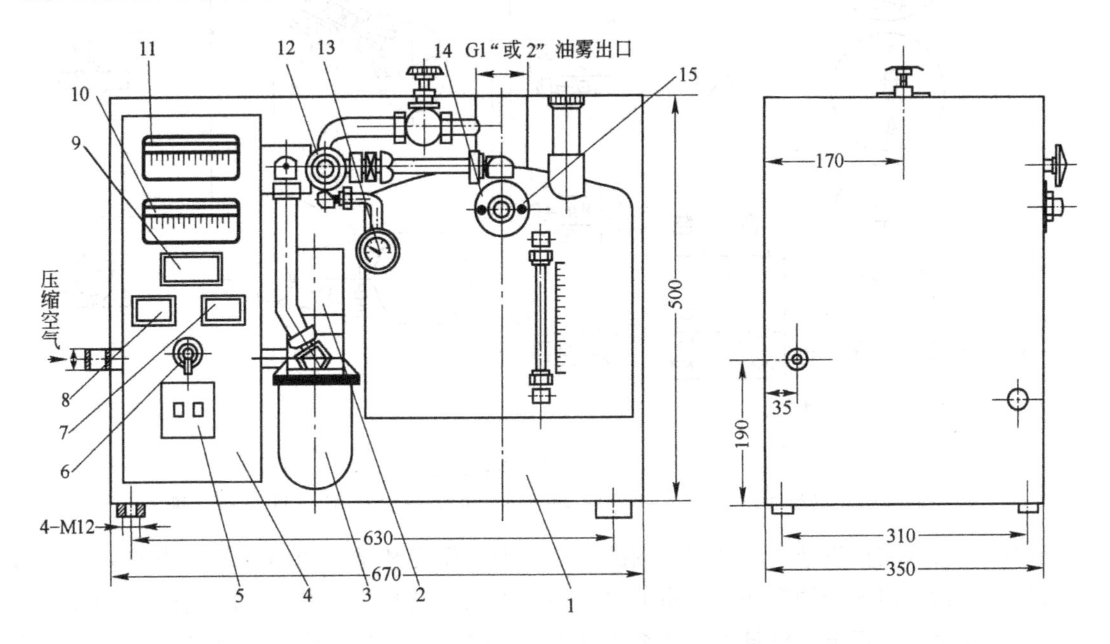

图 2-23　WHZ-12 型、WHZ-40 型油雾润滑装置外形图(打开前箱盖板)

1—油雾发生器;2—电磁阀;3—分水滤气器;4—电气仪表盘;5—主令开关;6—操纵开关;7、9—红灯;8—绿灯;10—温度指示调节仪;11—膜合式微压计;12—减压阀;13—空气压力表;14—油量调节针阀;15—油雾压力调节针阀

2.4.1.2　油雾润滑系统的组成及工作原理

如图 2-24 所示,一个完整的油雾润滑系统应包括:分水滤气器 1、电磁阀 2、调压阀 3、油雾发生器 4、油雾输送管道 5、凝缩嘴 6 以及控制检测仪表等。分水滤气器用来过滤压缩空气中的机械杂质和分离其中的水分,以得到纯净、干燥的气源;调压阀用来控制和稳定压缩空气的压力,使供给油雾发生器的空气压力不受压缩空气网路上压力波动的影响。为了保证油雾润滑系统的正常工作,在贮油器内还设有油温自动控制器、液位信号装置、电加热器和油雾压力继电器等。

需要特别指出的是,由油雾发生器送往摩擦副的干燥油雾,尚不能产生润滑所需的油膜。因此,在润滑点前必须安装相应的凝缩嘴。凝缩嘴的工作原理是当油雾通过凝缩嘴的细长小孔时,一方面由于油雾的密度突然增大,使油雾趋于饱和状态;另一方面高速通过的油雾与孔壁发生强烈的摩擦,破坏了油雾粒子的表面张力,油雾结合成较大的油粒而投向摩擦表面,形成润湿的油膜。凝缩嘴中有一个或几个具有一定直径和长度的小孔,因供油能力不同而有不同规格。

油雾发生器是油雾润滑装置的核心部分,其工作原理如图 2-25 所示。压缩空气由阀体 2 上部输入后,迅速充满阀体与喷油嘴 3 之间的环形间隙,并经喷油嘴 3 圆周方向的 4 个均布小孔 a 进入喷油嘴内室,压缩空气沿喷油嘴中部与文氏管 4 之间狭窄的环形间隙向左流动(喷油嘴内室右端不通),由于间隙小,气流流速很高,使喷油嘴中心孔的静压降至最低而

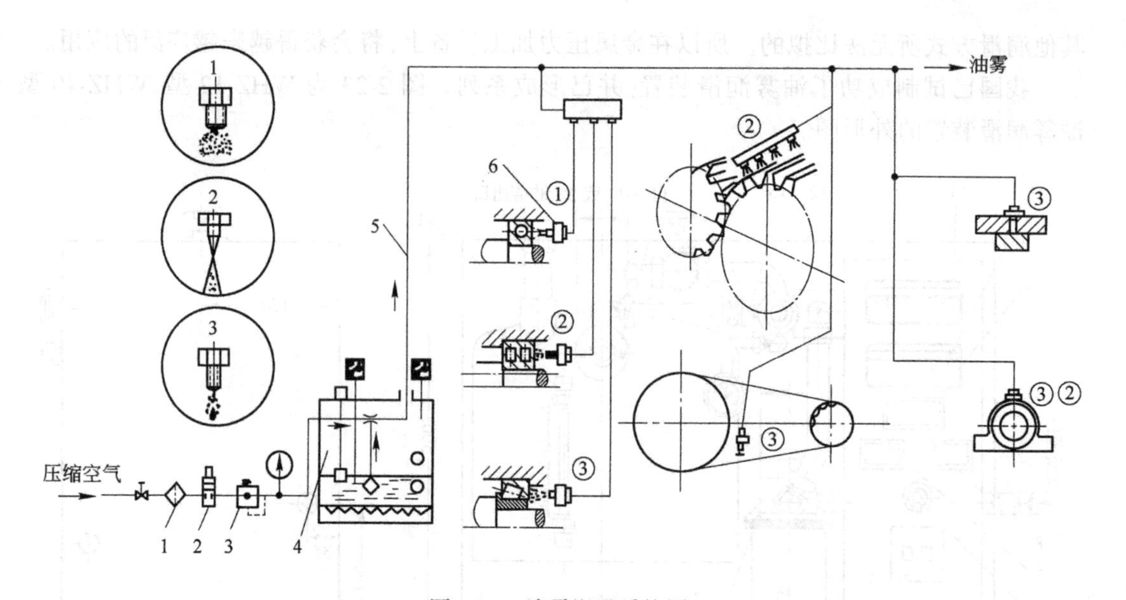

图 2-24　油雾润滑系统图

1—分水滤气器；2—电磁阀；3—调压阀；4—油雾发生器；5—油雾输送管道；6—凝缩嘴

形成真空度，即文氏管效应。此时罐内的油液在大气压力和输入压缩空气压力的共同作用下，便通过过滤器 5 沿油管压入油室 b 内。接着进入喷油嘴中心孔，在文氏管 4 的中部(雾化室)与压缩空气汇合。油液即被压缩空气击碎形成不均匀的油粒，一起经喷雾头 1 的斜孔喷入油罐。其中较大的油粒，在重力的作用下坠入油池中；细微的(2μm 以下)油粒随压缩空气送至润滑部位。为了加强雾化作用，在文氏管的前端还有 4 个小孔 c，一部分压缩空气经小孔 c 喷出时再次将油液雾化，使输出的油雾更加细微均匀。

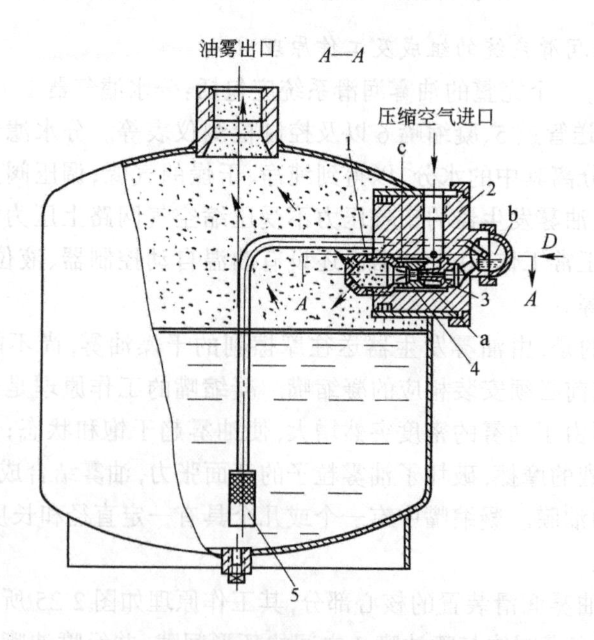

图 2-25　油雾发生器结构及工作原理图

1—喷雾头；2—阀体；3—喷油嘴；4—文氏管；5—过滤器

油室 b 的前端装有密封而透明的有机玻璃罩，以供操作人员随时观察润滑油的流动情况。进入玻璃罩的油液量，并不等于油雾管道输出的油量。实际上只有可见油流的 5%～10%变成了油雾输出。

2.4.1.3 油雾润滑装置的操作与调整

A 油雾润滑装置的操作

油雾润滑装置在启动前，应先检查油位是否正常，若发现油位过低，可启动加油泵或打开贮油罐顶部的油塞，人工注入规定牌号的润滑油，直至符合规定油位为止；将温度指示调节仪的动作温度调到规定温度，然后合上主令开关，并将电气操纵开关拧在“Ⅰ”位上；接着打开手动进气阀(安装在分水滤气器前)，调节调压阀，使供气压力保持在规定范围内；并注意排除分水滤气器中的冷凝水。油雾润滑装置即投入工作状态。

为了保证最远润滑点的油雾压力不低于 2×10^{-3}MPa，一般应使油雾发生器的出口压力保持在 5×10^{-3}MPa 以上。

B 油雾的调节

如图 2-26 所示，针阀Ⅰ调节供油量的大小，针阀Ⅱ调节输出的油雾压力。针阀Ⅰ和针阀Ⅱ分别经孔道与 F、E 与压缩空气入口及油室 b 相通。当两个针阀都关闭时，输出的油雾压力最小，而油雾中油的含量为最大。当需要增大油雾压力时，可适当地打开针阀Ⅱ。此时，输入的压缩空气一部分沿垂直方向进入文氏管将油液雾化；另一部分则沿水平方向经孔道 E 直接进入油罐。通过针阀Ⅱ的压降较通过文氏管的压降小，因而使罐内的压力上升，同时输出的油雾压力也增高，输出的空气量也加大。随着针阀Ⅱ开启度的变化，即可获得相应的油雾压力。油雾压力的调节也可接调压阀 3(见图 2-24)，改变气源压力，此时，发生器的油雾压力和空气消耗量均随供气压力的高低成正比例的增减。但其变化是大幅度的，灵敏度低且不易保持稳定，所以一般不采用此法。

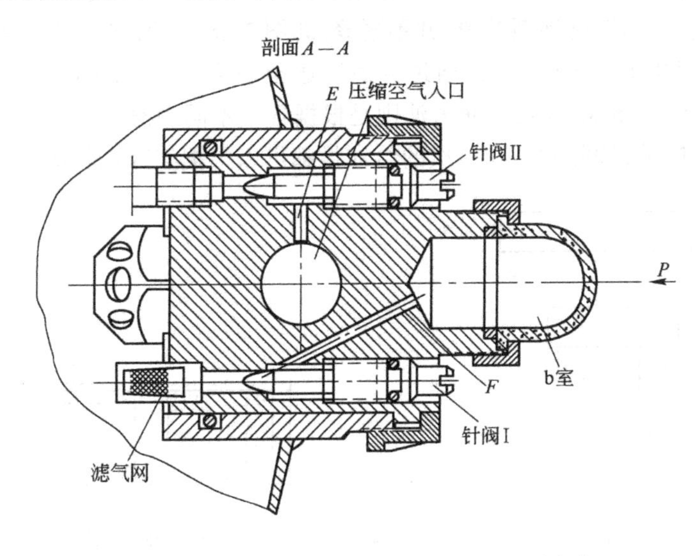

图 2-26 油雾调节装置(图 2-25 的 A—A 剖面)

当需要调节输出油量时，可旋动针阀Ⅰ。在针阀完全关闭时，进入油室 b 中油量的大小，完全决定于文氏管形成的真空度，即决定单位时间内通过文氏管的压缩空气流量。当流量为恒定值时，油的输出量为最大。若逐渐打开针阀Ⅰ，罐内的油雾压力通过滤气网、针阀

Ⅰ、孔道 F 反馈到油室 b，这一压力将会阻止进入油室 b 的油流入。因此调节针阀Ⅰ的开启度，便可改变油室 b 中的真空度的大小，从而控制输出油量。

2.4.2 油气润滑

2.4.2.1 概述

油气润滑也是最近发展起来的一种润滑方式，它与油雾润滑相似，都是以压缩空气为动力将稀油输送到润滑点，与油雾润滑不同的是它利用压缩空气把油直接压送到润滑点，不需要凝缩，凡是能流动的液体都可以输送，不受黏度的限制。空气输送的压力较高，在 0.3MPa 左右。适用于润滑滚动轴承，尤其是重负荷的轧机轧辊轴承。

油气润滑具有如下优点：

(1)不产生油雾，不污染周围环境。

(2)计量精确。油和空气可分别精确计量，按照不同的需要输送到每一个润滑点，因而非常经济。

(3)与油的黏度无关。凡是能流动的油都可以输送，不存在高黏度油雾化困难的问题。

(4)可以监控。系统的工作状况很容易实现电子监控。

(5)特别适用于滚动轴承，尤其是重负荷的轧机轧辊轴承，气冷效果好，可降低轴承的运行温度，从而延长轴承的使用寿命。

(6)耗油量微小。

2.4.2.2 油气润滑系统及工作原理

A 油气润滑的工作原理

油气润滑的原理，如图 2-27 所示，压缩空气由进气管 1，润滑油由进油管 2 同时进入油气混合器 3，将润滑油吹成油滴，附着在管壁上形成油膜，油膜随着气流的方向沿管壁流动，在流动过程中油膜层的厚度逐渐减薄，并不凝聚，如图 2-28 所示，进入特波油路分配阀 4，将油气混合体分配到几个输出管道，并通过管道输送至润滑点。压缩空气以恒定的压力(约 0.3～0.4MPa)连续不断地供给，而润滑油则是根据各个不同润滑点的消耗量由供油系统定量供给，供油是间断的，间隔时间和每次的给油量都可以根据实际消耗的需要量进行调节。

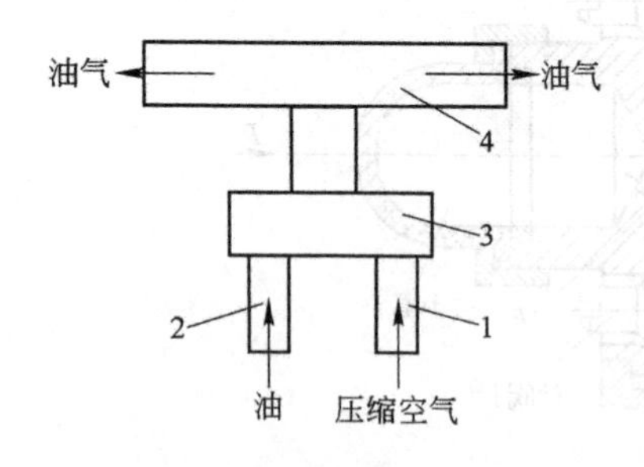

图 2-27 油气润滑原理

1—进气管；2—进油管；3—油气混合器；4—特波油路分配阀

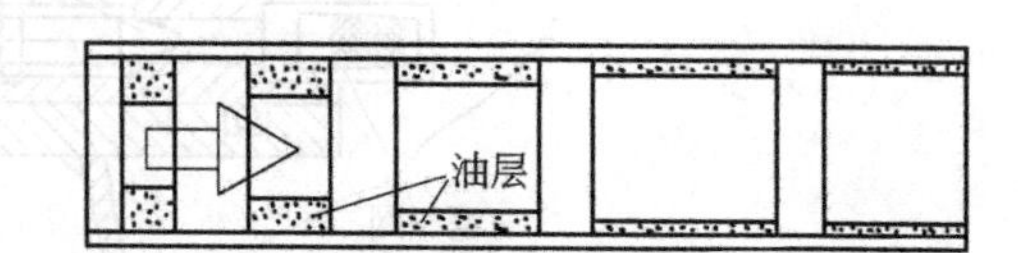

图 2-28 油层流动示意图

B 油气润滑系统

油气润滑系统大体可划分为：供油、供气、油气混合三大部分。图 2-29 是四重式轧机轴承(均为四列圆锥轴承)的油气润滑系统图。

a 供油部分

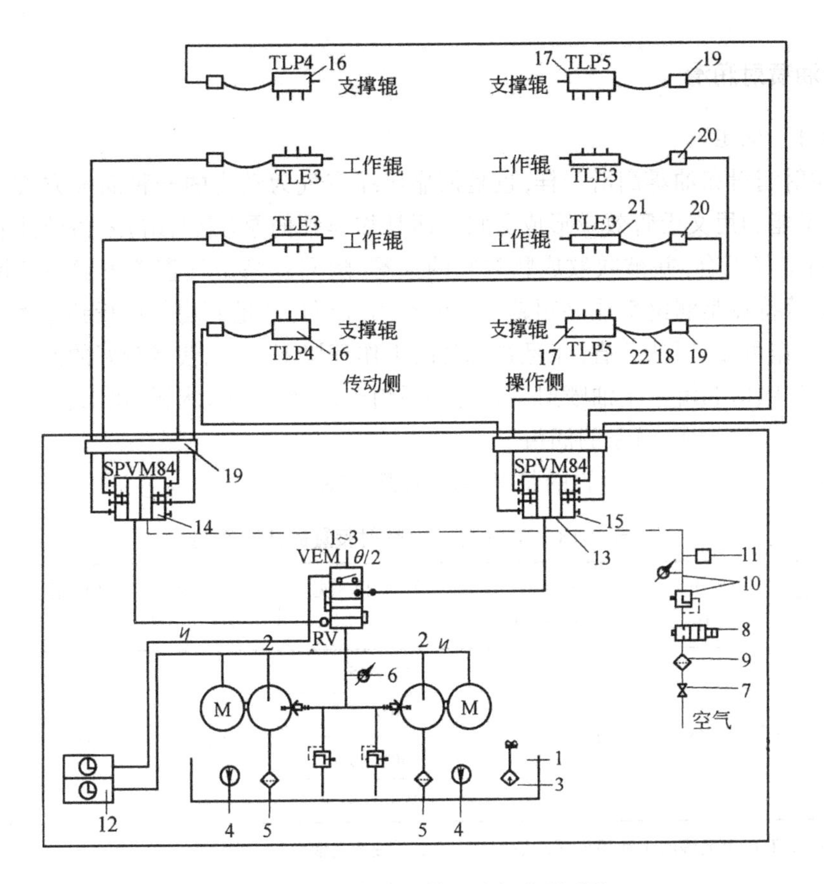

图 2-29　四重式轧机轴承油气润滑系统

1—油箱；2—油泵；3—油位控制器；4—油位镜；5—过滤器；6—压力计；7—阀；8—电磁阀；9—过滤器；10—减压阀；11—压力监测器；12—电子监控装置；13—步进式给油器；14、15—油气混合器；16、17—油气分配器；18—软管；19、20—阀；21、22—软管接头

这部分由油箱、油泵、步进式给油器等组成，都是根据系统的供油量选定的。油泵两台，一台工作，一台备用，通过电子监控装置启动或停止。油泵的排量一般都较低，而压力较高。步进式给油器由片式给油器组合而成，其工作压力一般在 2～4MPa，有多种排油量规格。步进式给油器排出的油输送到油气混合器去，如果其中有一个排油口堵塞，则整个步进式给油器停止工作，可以通过检测装置发出警报信号，同时给油器每工作一个循环也可通过电子控制装置使油泵停歇一定时间后再次启动。

b　供气部分

供给的压缩空气应该是清洁而干燥的，必须先经过油水分离及过滤。当油气润滑启动时，压缩空气由电磁阀接通，经过减压，使排出的气压为 0.3～0.4MPa，并在排气管线上装有压力监测器，以保证工作中有足够的气压。

c　油气混合部分

油气混合部分是使油和气在混合器中能很好地吹散成油滴，均匀地分散在管道内表面，油气混合器亦有多种规格的供给量可供选用。如果供给的润滑点在两个以上，油气混合物还必须经油气分配阀适量地供给每个润滑点。

2.4.3 干油喷射润滑

2.4.3.1 概述

干油喷射润滑和油雾润滑一样，也是依靠压缩空气为动力的一种润滑方式。由于干油黏度太大，不能利用文氏管效应形成雾状。而是靠单独的泵（干油站）来输送油脂。油脂在喷嘴与压缩空气汇合，并被吹散成颗粒状的油雾，随同压缩空气直接喷射到摩擦副进行润滑。它的显著特点是润滑剂能够超越一定的空间，定向、定量而均匀地投到摩擦表面。不仅使用方便、工作可靠，用油节省，而且在恶劣的工作环境下，也能获得较好的润滑效果。这种润滑方法简称喷射润滑。干油喷射装置特别适用于冶金、矿山、水泥、化工、造纸等行业的大型开式齿轮以及钢丝绳、链条的润滑。

国产 GWZ 型干油喷射装置的技术性能见表 2-18。

表 2-18　GWZ 型干油喷射装置的技术性能

型号规定	喷嘴数	空气压力/MPa	每个喷嘴每循环给油量/L	喷涂范围（长×宽）/mm^2	油膜厚度/mm	喷嘴间距/mm	单位面积给油量/$g\cdot cm^{-2}$
GWZ-2	2	0.45	1.5～5	200×65	0.5	135	0.045
GWZ-3	3			320×65			
GWZ-4	4			450×65			
GWZ-5	5			580×65			

注：标记示例：具有两个喷嘴的干油喷射润滑装置，GWZ-2 干油喷射装置。

2.4.3.2 结构与工作原理

GWZ 型干油喷射润滑系统如图 2-30 所示，由手动干油站、双线给油器、控制阀、喷嘴等主要组件组成。

润滑脂从手动干油站 1 送出，经给油器 2 到达控制阀 3，在油脂压力作用下顶开控制阀中的单向阀，使压缩空气和润滑脂分别从上下孔道进入喷嘴 4，然后喷向润滑部位。

双线给油器起定量给油的作用。

2.4.3.3 干油喷射润滑装置的安装

干油喷射装置的使用效果与正确的安装有很大关系。首先，应使摩擦副需要润滑的范围全部包含在喷射带内。如安装一个喷嘴不能满足要求时，需用几个喷嘴组合起来，以达到所需要的润滑面积。

由实验得知，空气压力在 0.45MPa 时；润滑面上的油膜直径 $d=150$mm；喷嘴与被润滑面间的距离为 200mm；喷嘴间距 $a=135$mm 的情况下，其润滑状况最佳。

对于齿轮润滑，喷嘴的安装位置应通过计算，才能确定其最佳工作位置。

由实验得知：当压缩空气压力为 0.45MPa；喷嘴至齿轮节圆与喷嘴中心线交点的距离为 200mm；喷嘴中心线与节圆的交角为 30°；喷嘴喷射圆锥角 $\theta=41°$时，是最理想的工作状态。

正确的喷嘴安装位置，不但能起到良好的润滑作用，而且还能节省润滑脂的消耗。

2.4.3.4 干油喷射润滑系统的操作维护注意事项

在新安装或经过检修后的传动装置投入运转前，都要在被润滑的表面上均匀地涂抹一

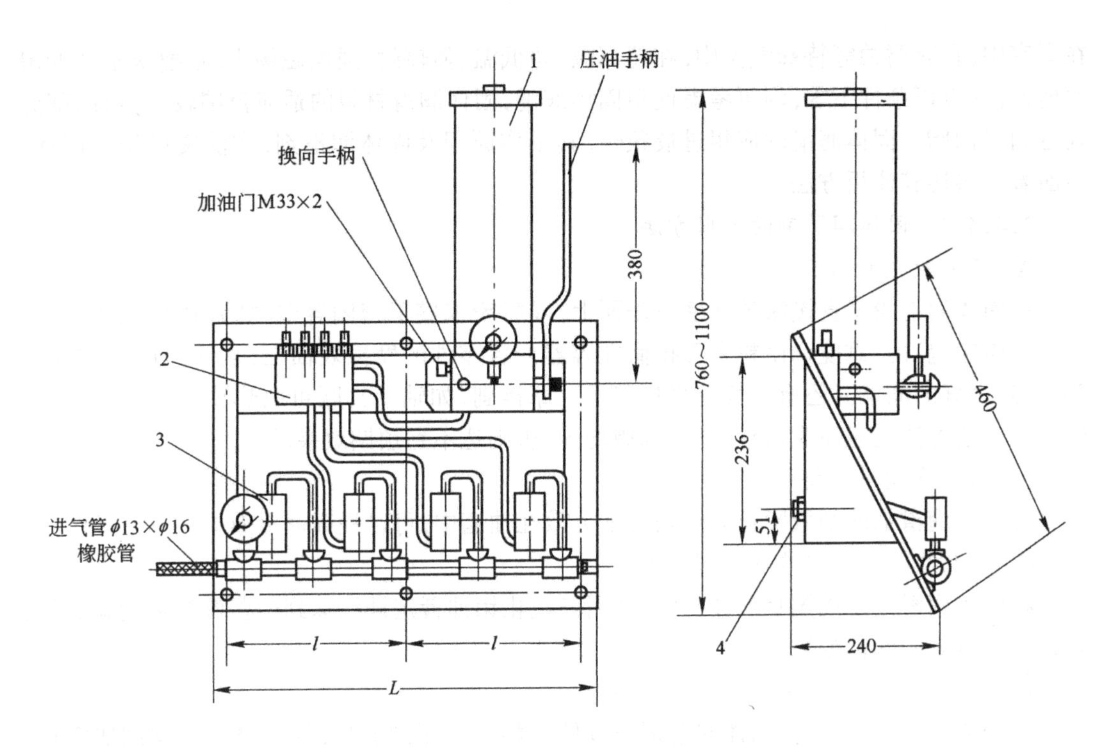

图 2-30　GWZ 型干油喷射润滑装置图

1—手动干油站；2—双线给油器；3—控制阀；4—喷嘴

层与喷射装置所喷射的相同的润滑脂。因为在第一次运转时，干油喷射系统还不能立即提供充分的润滑脂，需要用人工预涂。使用喷射装置时，还应当注意以下几点：

(1)使用的油脂必须是经过过滤的、质地均匀的、锥入度适当的油脂。油脂中混入杂质，不但影响雾化效果，甚至有堵塞喷嘴的危险。为了便于雾化，一般需在润滑脂中加入 20%左右的高黏度润滑油(如轧钢机油、汽油机油等)，其锥入度不低于 300。如要加强耐磨性，可在油脂中加入适量的二硫化钼，或使用标准牌号的二硫化钼润滑油膏。

(2)压缩空气必须保证足够的压力(即不低于 0.45MPa)。空气应保持清洁和干燥。有条件时，最好在进气管路中装设分水滤气器、空气调压阀、油雾发生器，以延长控制阀和喷嘴的使用寿命。

(3)手动干油站的最大工作压力应保持在 7MPa 以下。新安装的干油喷射装置，使用前整个系统应充满油脂。

(4)贮油筒要保持足够的润滑脂，不允许抽空。否则空气进入系统，影响喷雾。

(5)要定期检查被润滑的齿轮齿面是否得到充足的润滑脂，喷嘴的角度是否有变化等。如需调节油量，可拧动给油器上的调节螺丝进行调整。

(6)整个喷射装置必须定期清洗，确保系统畅通灵活。对开式齿轮传动，也应根据现场工作条件，适时清除残留在齿面上的积垢。

2.4.4　固体润滑

2.4.4.1　概述

固体润滑也是一种新兴的润滑技术，在不能或不便使用油脂润滑的机械或部位，例如，在真空中，在有腐蚀等特殊气氛中，在超高温、超低温、强辐射、强电磁场中，在要求永久润滑的地方，在极压条件下等，均可考虑使用固体润滑，固体润滑材料的适应范围较广，可以部分代替润滑油脂。固体润滑的应用进展很快，其工作原理及固体润滑剂，在前文已作了阐述。下面着重讲述其使用方法。

2.4.4.2 固体润滑剂的使用方法

A 直接使用粉末

把固体润滑粉末直接涂敷在摩擦表面上，或将粉末盛于密闭容器(如减速机壳体内、汽车后桥齿轮包)内，靠搅动使粉末飞扬撒在容器内各零件的摩擦表面上，从而形成固体润滑膜，达到良好的润滑。还有用气流将粉末送入摩擦副(如轴承)，既可散热冷却、也有润滑的效果。上述方法均应注意用量适度、弥撒均匀，否则达不到预期效果。

B 添加在润滑油脂中

把固体润滑剂的细微颗粒设法均匀地分散在油脂中，可以提高润滑效果。

C 将固体润滑剂制成糊状或油膏状

将固体润滑剂制成糊状或油膏状，如用二硫化钼油膏定期涂抹到一些圆柱齿轮减速机，可以起到良好的润滑效果。

D 利用固体润滑剂制成自润滑零件

以粉末冶金的办法，把固体润滑剂与零件材料混合压制成形，经过烧结处理制成零件，或将固体润滑剂作为填充剂渗入到塑料、金属及合金等中制成复合材料，用以代替金属零件。

E 黏结固体润滑膜

近年来，利用黏结剂(可以是有机的，也可以是无机的)将固体润滑剂黏结在摩擦副表面的技术有了很大发展。常用的有机黏结剂包括酚醛、环氧树脂、硅树脂等，可以用涂敷、刷抹、喷涂等方法，来黏结固体润滑剂。待干燥后形成一层牢固的润滑膜。新型的树脂(如聚酰亚胺、聚苯骈噻唑、聚苯骈咪唑等)也已成功地用在固体润滑膜上。无机黏结剂包括：硅酸钠、硅酸钾、硼酸酐、硼砂、磷酸钠、磷酸钾等。它们可以单独或混合使用。黏结剂应同时对摩擦的金属表面和干膜中的各种组分(如固体润滑剂)都要具有强的黏结性。一般说来加了黏结剂以后，摩擦系数总比未加的大一些，这是因为膜层内的剪切阻力比未加黏结剂时的大。因此，每一种黏结剂，它与固体润滑剂之间都有一个最佳的配比。

最近已成功地应用了等离子喷涂技术来黏结固体润滑膜。它是采用一种专门的双口复式喷枪，黏结剂处于喷枪的高温区，固体润滑剂处于低温区，这样既可以使耐温性较差的固体润滑剂，如 MoS_2、TaS_2、WS_2 及某些润滑性的聚合物粉末等，避免因黏结而受高温作用变质，从而提高了固体润滑膜的质量；同时又使喷涂和硬化能在同一短时间内完成，不至使被涂膜的零件的机械性能因过热而遭到破坏。

F 直接将固体润滑剂涂敷在零件表面上

随着固体润滑剂的广泛使用，固体润滑剂的使用方法也有了很大发展，除了上面介绍的几种方法，还可将固体润滑剂直接涂敷在零件表面(不用黏结剂)，其涂敷的方法很多，主要有：振动涂膜法；物理溅射法；离子涂膜法；将固体润滑剂的粉末分散在挥发性的溶剂中，或者制成气溶胶，刷抹或喷涂在零件表面上，待溶剂挥发后即留下一层固体润滑膜。

2.4.4.3 固体润滑应用举例

A　干膜润滑

在零件摩擦表面采用固体润滑剂，使其形成一层干的或半干的润滑膜，起到减摩作用的方式就叫做干膜润滑。

近十几年来，在一些设备的摩擦副表面已采用 MoS_2，实现了干膜润滑，从而代替了稀油润滑。现在大量使用干膜润滑的设备是圆柱齿轮减速机。1964 年国内冶金设备上开始试用干膜润滑。实践证明：干膜润滑确实具有许多优越性。但是干膜润滑在某些场合仍存在一些问题，有待进一步解决。

目前在圆柱齿轮减速器（如 JZQ 型和 ZL 型减速器）采用干膜润滑较为广泛，其润滑的工艺大体分为 4 个程序：第一步对零件进行表面处理；第二步喷涂干膜成膜剂；第三步涂保膜油膏；第四步运行检查。

a　零件表面处理

目的是除去零件表面的一层油脂，使表面生成一层特殊的膜层，这层膜能与喷涂的润滑干膜有良好的粘结能力。零件表面处理的方式有磷化法、硝化法、盐酸处理、磷化膏处理、氧化处理（有色金属采用此法）等。

b　喷涂干膜成膜剂

根据一定配方制成的固体润滑干膜成膜剂，按一定的工艺工序均匀地将一定厚度的干膜喷涂到零件摩擦表面，使之粘结牢固，并起良好润滑作用。可以用一般油漆喷枪，也可以用毛刷，注意喷涂均匀。

c　涂保膜油膏

干膜润滑寿命低，不能单独在摩擦部位使用，更不能承受强烈的冲击性载荷，所以，必须在已喷涂了干膜成膜剂的摩擦表面再涂敷一层保膜油膏。保膜油膏的涂敷方法一般多采用毛刷沾涂。也可采用喷射式装置或设计专用喷嘴。

d　运行检查

因为干膜破裂后不能自行补充，必须人工再次涂敷保膜油膏进行保膜，因此，要特别注意运行检查。目前运行检查仍凭经验，尚未形成科学的测试方法，有待进一步研究。

B　粉尘式润滑

粉尘式润滑又称扬尘润滑，就是把固体润滑剂粉末装入封闭的齿轮箱中，利用齿轮运转时的搅动作用，使粉末飞扬起来，落入各摩擦部位进行润滑。粉尘式润滑已经在汽车底盘的变速箱和后桥牙包中得到试用，取得良好效果。在冶金设备上也逐渐开始试验，现用得最多的是齿轮减速机。

粉尘润滑的最大特点是能连续地落在运行齿轮的齿面上，解决了自动补膜问题，不必表面处理和人工补膜，施工和维护比较简单。

C　润滑块润滑

固体润滑块是用固体润滑剂和油脂做成长方形块状物，直接装在轴颈上面。轴承转动产生摩擦热，润滑块与轴颈的接触部分因温度升高逐渐熔化进入轴承间隙。为了保持滑块与轴颈的良好接触，可在润滑块的上面加一定负荷。运行中润滑块逐渐消耗，在快消耗完之前，应及时换上新润滑块。

2.5 典型零部件的润滑

2.5.1 滚动轴承的润滑

滚动轴承是使用十分广泛的一种重要的支承部件,属于高副接触。由于滚动轴承中的滚动体与外滚道间的接触面积十分狭小,接触区内的压力很高,因而对油膜的抗压强度要求很高。在滚动轴承的损坏形式中,往往由于润滑不良而引起轴承发热、异常的噪声,滚道烧伤及保持架损坏等。因此,必须十分注意选择滚动轴承的润滑方式和润滑剂。

2.5.1.1 滚动轴承润滑的方式及选择

A 滚动轴承润滑方式

滚动轴承润滑方式有:灌注式润滑、集中加脂润滑、油雾、油气润滑等。灌注式润滑又分:稀油润滑,脂润滑,空毂润滑等。

B 润滑方式选择

选择滚动轴承的润滑方式与轴承的类型、尺寸和运转条件(如轴承的载荷、转速及工作温度等)有关。一般滚动轴承的润滑既可以用润滑油也可以用润滑脂(在某些特殊情况下有采用固体润滑剂的)。从润滑的作用来看,油具有很多优点,在高速下使用非常好。但从使用的角度出发,脂具有使用方便、不易泄漏、有阻止外来杂质进入摩擦副的作用等优点。目前,在滚动轴承中有80%是采用润滑脂来润滑的。而且,随着润滑脂和轴承的改进,特别是一批高性能的合成润滑脂及其他新品种润滑脂的问世,滚动轴承使用润滑脂润滑的比例还会上升。当然,近年来油雾润滑、油气润滑等新颖的润滑方式的发展,使润滑油润滑产生了新的前景。

一般来说,润滑点分散、运行速度较低时应用灌注式润滑;润滑点很多,加脂周期短,难于用手工加脂的部位,应采用集中加脂润滑;滚动轴承高速、重载时宜选用油雾或油气润滑。表2-19对润滑油和润滑脂用于滚动轴承润滑的性能做了比较。

表2-19 润滑油与润滑脂使用性能的比较

特　性	润滑油	润滑脂
转　速	各种转速都适用	只适用于低中转速
润滑性能	良好	良好
密　封	要求严格	简单
冷却性能	良好	差
更　换	容易	比较麻烦

2.5.1.2 滚动轴承用润滑油脂的选择

滚动轴承用润滑油,不但要求有合适的黏度,而且要有良好的氧安定性和热氧化安定性,不含机械杂质和水分;滚动轴承用润滑脂的选择主要是确定锥入度、稠化剂和添加剂的类型。选择滚动轴承用润滑油或润滑脂的一般原则可参考表2-20。滚动轴承润滑油、脂具体油品的选择,前文已述。

2.5.1.3 轧钢机轧辊滚动轴承的润滑

轧钢机的支撑辊和工作辊轴承都有使用滚动轴承的。过去它们的润滑都是采用润滑脂

表 2-20　选择滚动轴承润滑油、脂的一般原则

影响选择的因素	润　滑　油	润　滑　脂
温度	当油池温度超过 90℃ 或轴承温度超过 200℃ 时，可采用特殊的润滑油	当温度超过 120℃ 时，要用特殊润滑脂。当温度升高 200～220℃ 时，润滑的时间间隔要缩短
速度因数①（dn 值）	dn 值＜450000～500000	dn 值＜300000～350000
载荷	各种载荷直到最大	低到中等
轴承类型	各种轴承	不用于不对称的球面滚子止推轴承
壳体设计	需要较复杂的密封和供油装置	较简单
长时间不维修	不可以用	可用。根据操作条件，特别要考虑温度
集中供给（同时供给其他零部件）	可用	选用泵送性能好的润滑脂，但不能有效地传热，也不能作为液压介质
最低的扭矩损失	为了获得最低功率损失，应采用有清洗泵或油雾装置的循环系统	如填装适当，比采用油的损失还要低
污染条件	可用，但要采用有过滤装置的循环系统	可用，正确设计，可防止污染物的侵入

①dn 值＝轴承内径（mm）×转速（r/min），对于大轴承（直径大于 65mm）用 $n \cdot d_m$ 值（d_m＝内外径的平均值）。

润滑。对于不经常换辊的轴承，将它与集中干油系统相连，自动供给润滑脂；对于经常换辊的轴承，则采用灌注式润滑。轴承箱中全部充满润滑脂，防止冷却水进入。通常使用压延机脂、极压锂基脂，极压复合锂基脂、轧辊润滑脂。在低速轧制时，轴承的温升还不是太高，但是轧制速度提高以后，轴承温升较高。将润滑方式改为油雾润滑之后可获得满意的效果。所用的润滑油，精制程度较深，黏度亦较高，一般选用 150～300 号齿轮油。油雾润滑的耗油量较低，经济效益也较好。目前国外有不少线材轧机、带钢轧机的轴承均已采用油雾润滑。我国武钢引进的 1700mm 带钢轧机冷轧双机架平整机的工作辊轴承的润滑也采用了油雾润滑；武钢冷轧厂五机架轧机工作辊轴承采用了油气润滑。

2.5.2　轧钢机主联轴节的润滑

2.5.2.1　轧钢机主联轴节的工作条件

十字滑块式万向联轴节是轧钢设备必不可缺少的部件，其工作条件极为恶劣。半圆铜滑块在严重的冲击载荷和极大的压力下工作（连杆的偏斜角常常大于 12°），滑块的平面和圆弧表面磨损严重。此外整个联轴节还遭受着灰尘、铁鳞、水分和高温的侵袭。显然，在这样恶劣的工作条件下，保持良好润滑是非常必要的。那么如何采取最有效的办法，对滑块表面实施润滑，这个问题至今还没得到圆满的解决。其原因是两联轴节之间的空间很小，有的几乎只剩余几十毫米的缝隙。联轴节的外形尺寸较大，主连杆的尺寸也很长，要想在连杆上打眼钻孔极为困难。

2.5.2.2　轧钢机主联轴节使用的润滑剂

轧钢机主联轴节滑块用的润滑油脂通常为：极压锂基脂、压延机润滑脂、半流体极压润滑油、石墨钙基脂等。

2.5.2.3　轧钢机主联轴节的润滑方法

轧钢机主联轴节的润滑方法，正从人工加油向自动给油润滑发展，滑块的使用寿命也从

过去的以周(星期)计,提高到以年计。下面简要介绍几种常用的润滑方法。

A 人工加油

根据轧钢机的作业率,每运行 2h 最好加油一次,如果时间不允许,至少 4h 也应加油一次。在主联轴节的附近安装一台手动油站。联轴节上的两个滑块都有加油孔,把每一个滑块上的加油孔集中连接起来,安装一个快速接头,固定在联轴节上随轴一起旋转。加油时,把油站上的软管用快速接头与联轴节上的加油接头连接起来,即可往滑块表面加油。两个联轴节 4 个加油点,大约 10～15min 就可以加油完毕,若是两人配合,加油时间还可缩短。这种加油方法受到轧机作业时间的限制,往往不能按时加油。另外,加油操作也比较危险,操作不当,还容易把固定在联轴节上的加油管甩掉。

B 滴油润滑

在联轴节的上方装一油桶,并对正联轴节装一小管,往联轴节上不断地滴旧机油。这种方法是行之有效的,但耗油量较大,油甩失也多。这种润滑方式只能用黏度较低的油,黏度稍大就流不进滑块表面,都被甩失。

C 压力喷油

在联轴节的周围装上喷油嘴。这些喷油嘴对着联轴节,并以较大的压力往滑块喷油,这样油就比较容易进入滑块表面。在联轴节的下部装有集油槽,被甩出的油,顺着回油管流回油箱,以备再用。整个联轴节需用外罩密封起来的。这一套循环系统的建设费用很大,同时还要有能够容纳这套系统的空间。一般选用极压齿轮油,其黏度不能过大,否则循环和流进滑块表面都有困难。

D 保护套润滑

用耐油橡胶做成一个圆筒套在联轴节外面。在橡胶筒的中部装一个带有螺丝帽(罩)的小管,以便于从小管加注润滑剂。橡胶筒罩在联轴节上,两端用钢箍扎住,然后灌入半流体极压润滑油,这样滑块可以获得良好的润滑,寿命可以大幅度提高。保护套润滑的优点是可以延长滑块的寿命,保持周围环境清洁,节约润滑油脂;缺点是换辊和检查联轴节比较困难,更换轧辊时增加了拆、装保护套的工作量。

E 掌端润滑器

在连杆上安装一套小型润滑器。它有贮脂容器、压脂泵,并由凸轮推动泵工作。凸轮固定在轴承座上,润滑器随轴旋转,每转一圈,泵工作一次,泵压出的脂经过管路及油孔送到滑块表面。这种润滑方式十分可靠,可以定期往贮脂容器里添加润滑脂(极压锂基脂)。只是润滑器制造比较困难。

F 滑环供油

在主轴上装有滑环,静环和动环之间要有良好的密封。滑环的结构形式如图 2-31 所示,能实现自动给油润滑。

2.5.3 轧钢机油膜轴承的润滑

2.5.3.1 油膜轴承润滑系统概述

轧钢机油膜轴承属于滑动轴承的一种,只不过在结构设计上有它独特之处。它是专门用于轧钢机轧辊轴承的。油膜轴承是利用动压润滑原理进行润滑,靠轴承元件的相对运动来形成油膜。油膜形成之后,金属表面之间的摩擦就变为油膜内部分子间的摩擦,形成液体

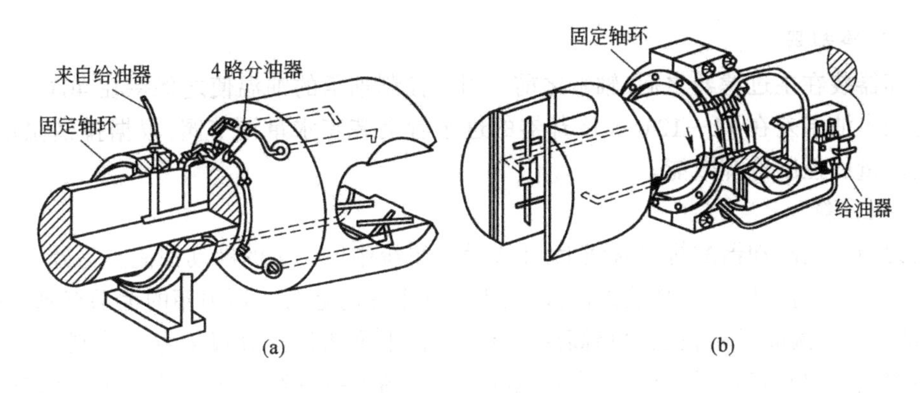

图 2-31 滑环润滑装置

(a)4 路分配供脂;(b)2 路分配供脂

润滑状态,摩擦系数一般只有 0.001～0.003。

油膜轴承的润滑系统如同轴承本身一样重要,不正确的设计和维修会导致轴承寿命急剧缩短,不正确的润滑系统和润滑不良也会导致同样的结果。油膜轴承的润滑系统是一个循环供油系统,专门为油膜轴承提供润滑。多机架连轧机,由于速度等参数不同,要选用不同牌号的油。因此,有可能采用两个以上润滑系统。油膜轴承的润滑系统,其结构形式基本相同,所不同的是设备能力的大小。系统的油压一般控制在 0.24～0.38MPa,进入轴承时油压减低为 0.1～0.15MPa,进入轴承时的油温必须控制在 40±5℃,轴承排油出口处的油温不应超过 60℃。轧机与润滑系统有连锁装置。润滑系统未开动,轧机不能启动;润滑系统供油中断时,轧机应立即停车。还设有低压、高压、高温和事故信号。

A 油泵

采用两台定量油泵,一台工作,一台备用。运行中,如果系统压力下降到 0.08MPa,则自动启动备用油泵,并同时发出信号。压力恢复正常后,备用泵又自动停止工作。油泵上带有安全阀,并把它调定在 0.45MPa。

B 油箱

一般都采用两个分开的油箱,一个工作,一个沉降,交替使用。油箱的设计应考虑到在油循环使用之前,要有 40～50min 的沉降时间,以便清除外来的机械杂质并平衡油温。因此,油箱的容积一般选用油泵每分钟排量的 40 倍大小。油箱中装有蒸汽管或电热组件,用以提高油温。同时装有温度调节器,使油温控制在一个恒定值。油箱里还装有浮动吸入管,确保油泵吸入的油液始终是清洁的。油箱内装有液位指示器,当油箱内液面过低时,可以发出警报信号;油箱外装有玻璃管液位指示器。在正常情况下,油箱的油位面至少要保持油箱高度的 2/3。建议油箱每周轮换使用一次,要把停止使用的油箱的油温加热到 75℃,让它沉降,然后排除底部的杂质和水分。也可以用离心净油机来处理。

C 主过滤器

油泵排出的油,首先经过主过滤器。通常采用双篮式过滤器,它上面装有快速倒换开关,在油泵满排量不停泵时,可接通任一过滤篮投入工作。过滤篮是网状结构,用铜丝或不锈钢丝制成,网眼为 100 目(1 目 = 0.00147mm)。有的在网中装有磁性元件。若过滤网堵塞,压差大于 0.05MPa,即发出示警信号,这时操纵快速倒换开关,可使另一个滤网投入工作,同时拆除并清洗已堵塞的过滤网。

D　油冷却器

冷却器装在主过滤器之后，轴承之前。用来控制轴承的油温使之保持在40℃。冷却器可保持进出油温差在11～12℃。冷却器的进水管上装有水量调节阀，根据排油温度，自动调节进水量以控制冷却效能。

E　压力箱

压力箱装在冷却器的排出管线上，用以消除系统中所产生的脉动油流。另外，当润滑系统发生故障时，可以向轴承继续供油，以便维持一个短时运行。压力箱的上部充满压缩空气(下部是油)，油液面保持在压力箱高度的1/3。备用泵和低压警报信号的控制元件装在压力箱的空气端，利用箱内的空气压力来控制。压力箱上装有安全阀，调定在0.52MPa。

F　安全阀

安全阀安装在主过滤器与冷却器之间，其作用是保持系统的压力固定，调定在0.25～0.35MPa(一般调定在0.25MPa)。

G　轧机机架减压阀

每一个机架上都装有一个减压阀，因各机架距离油站的位置不等，管路的阻力也不一致，为了使进入轴承的油量保持恒定，要用减压阀来调节。调节是根据各机架处的系统管路中油流来进行调定的。调定后固定下来，在正常工作时不必再作调整。调整后，低压端的压力控制在0.035～0.175MPa。

H　轧机机架立管辅助过滤器

油在进入轴承之前，为确保油质清洁，应过滤一次。过滤器装在轧机机架旁边的立管内。过滤器为网状，用100目的铜丝网或不锈钢丝网制成。

I　旁通阀

旁通阀接在轴承的供油管路和回油管路之间。用于轧机启动之前，使整个润滑系统的输油管路中能得到热油(即为了保证油的黏度要求，必须提供具有一定温度的润滑油)循环，另外，当立管辅助过滤需要更换过滤网时，也需打开旁通阀，使油液经回油管路送回油箱。当轧机操作时，此阀总是关闭。

J　轴承的供油喷油嘴

每一个轴承都有一个喷嘴。喷嘴和减压阀相配合，能够供给轴承一定量的油。喷嘴有几种规格。在测定了所需供油量，并根据供油量调定之后就不得随意调动，一般没有经过专业技术人员的允许，不许拆卸或更换。

K　机架立管上的仪表

在每一个机架旁的立管上，都装有一组仪表，有一个压力计，一个温度计和一个低压警报信号开关。

L　主过滤器的反吹装置

每个过滤器上都装有1/8英寸快速接头，与压缩空气管相连，用以进行反吹清洗过滤网。

M　水分检测器

水分检测器安装在回油管路上，如果油中进入的水分超过一定的量，则发出警报信号。

2.5.3.2　润滑系统的冲洗程序

润滑系统安装以后，不可避免地要有一些杂质残存在管路系统之中，例如灰尘、泥沙及氧化铁皮(管路焊接,管壁锈蚀造成的),这些杂质对轴承极为不利,必须把它清除干净,有两种冲洗方法,一种是循环油冲洗法,油温在60～65℃,通过管路循环冲洗一个相当长的时间。另一种是化学清洗,包括酸液冲洗,碱液中和,清水冲洗,然后用油冲洗。如果管路内壁锈蚀严重,必须采用化学清洗方法。

任何一种冲洗方法都必须在冲洗前做好下述准备工作:

(1)拆开轴承上所有的管路,并且重新连接供油管及排油管,使循环油不经过轴承。

(2)拆开所有减压阀、仪表和其他阀隔开。

(3)把油箱内部清洗干净。

(4)冷却器上安装一旁通管路,冲洗油流不经过冷却器。

(5)检查整个系统的低位点和死角,因为在这些部位上容易滞留杂质。

用循环油冲洗管路应当遵循以下原则和步骤:

(1)清洗油箱,除掉氧化铁皮、锈渣和杂质(不要忽略油箱的顶盖),不要用能掉下纤维的棉纱去擦洗油箱。

(2)检查浮动吸入管是否灵活。

(3)试验蒸汽加热管路,如有泄漏要立即修补。

(4)检查油泵的运转方向。检查主过滤器及辅过滤器的油流情况。通过辅过滤器的不同流向,可以从网篮的内侧或外侧,把脏物过滤出来。通过主过滤器的不同流向,可以从网篮的外侧或内侧,把脏物杂质过滤下来。如果根据油流的流向使脏物被阻附在过滤网篮外侧,可以用压缩气反吹,把脏物从过滤网篮的外侧吹掉,使之沉积在过滤器的底部,定期排放掉。

(5)关闭压力箱的进油阀。

(6)关闭冷却器的进出阀,打开旁通阀。

(7)拆掉每一个机架上的减压阀,并用一段临时中间管连接。

(8)如果机架旁立管的排油阀没有安装,可用最大尺寸的软管,去掉立管的排气帽,用软管与轴承排油管的端部相连。

(9)除去(8)项所说的以外,检查一下,供油喷嘴都不安上,并堵死排油管上开口。然后通入0.4MPa压缩空气进入压力箱,检查整个管路的泄漏情况,从油箱到仪表的连接处都不应泄漏。

(10)装入冲洗油,约装到油箱容积的一半。用32号轴承油。检查浮动吸入管,其操作要灵活。

(11)主过滤器两端的压差,应调定为0.035MPa,防止损坏过滤网;系统的压力控制阀不要工作。

(12)利用浮动吸入管,开动油泵,进行循环冲洗,油温控制在60℃。

(13)开动两台泵,对所有的管道进行冲洗,连续冲洗不应少于48h,一直冲洗到过滤网内没有可见脏物为止。冲洗过程中,不断地用小锤捶击管路,并周期性的清洗过滤器,特别要注意清洗管路的低点和死角。可以使油泵一停一开,产生冲击性油流,以增强冲洗效果。

(14)完成系统冲洗后,再对每一台轧机进行分别冲洗。首先冲洗离油库最近的一个机架,把这个机架减压阀前的闸阀打开,把供油到其他机架去的闸阀关闭。通过双油泵送油冲洗，直到过滤器的网中没有可见脏物为止。冲洗时间最少不得少于2h。用同一方法对每一机架逐一进行清洗，冲洗时间都不应少于2h。

(15)完成系统及各机架冲洗之后，然后排除全部冲洗油，清洗油箱低点和堵头，所有关闭了的阀门都要拆卸清洗，过滤网都要拆卸清洗。

(16)油箱装满规定牌号的油膜轴承油，把油温控制在40℃(越接近越好)。重复步骤13、14，冲洗到过滤器网中没有可见脏物为止，冲洗时间不应少于4h。

(17)最后一次冲洗，过滤网都要彻底清洗干净，再把中间临时管路拆卸，装上减压阀。打开通往压力箱的阀门，装上供油喷嘴，装上立管所有供油管路。

(18)压力箱充油液面的高度必须为压力箱高度的1/3，系统压力调节阀应调定在0.25MPa。

此时，整个系统就可测定供给轴承的供油量。

2.5.3.3 测定供油量

测定供油量的目的是使系统按润滑点(轴承)的需要，准确地供给(规定温度范围)油量。而且必须在系统循环清洗合格之后，才能测定供油情况。常用的测定工具有：一支温度计，一个秒表和两个清洁容器，其中一个容器的容量为一个径向轴承每分钟所需的最大流量的25%～30%。容器应有刻度记号。另一个容器的容量是5L左右，它是用来检查供给止推轴承的油流量。每一机架都是测定最上面的一个轴承，因它离油库较远。需要测定的径向轴承和止推轴承的供油量，根据情况应分别在机架的两边进行。

在测定之前，润滑系统必须调整好，调好之后，应将系统关闭，准备进行测定。

把要测定轴承的径向供油管拆下，并把它插入已经拆下通风帽的立管内。如果推力轴承有单独的供油装置，可将它拆卸后插进轴承排油管的三通里。需要检查定量喷嘴的尺寸和位置是否正确。

在进行系统测定时，可打开机架的旁通阀，加快油的循环速度，以加热系统的管路。油流经过旁通阀而压力下降，同时定量喷嘴也加大了旁通流量使压力迅速下降。在轧机操作时，测定供油量，必须关闭旁通阀。只把径向供油软管抬起来，把温度计插入油流中就可以了。此温度计应与立管上的温度计进行校核，以确保其精度。

2.5.3.4 油膜轴承的静压润滑

静压润滑的原理，前面已经讲过了。现在把它用于油膜轴承，就能够保证在低速、停车、启动时有良好的油膜存在，这就是理论上所说的动静压联合应用。在低速、停车、启动时用静压润滑，高速运行时用动压润滑。动静压润滑油膜轴承是用一个润滑系统供油，用同一种润滑油，只不过是在原有润滑系统中再增添一套静压润滑系统装置。对于油膜轴承的结构来说，没有什么改变，只是在油膜轴承的承压面上增设一个供油孔和静压油腔。高压油送入油膜轴承，在轴颈和轴衬之间强制地产生了一层油膜，油膜把轴颈与轴衬分隔开，从而保证可靠的液体润滑。在轧机启动之前，先开静压系统。当轧机转速达到73.5m/min时，静压系统自动停止。如果轧机转速降低到73.5m/min以下，静压泵又自动开启。静压系统必须有一套可靠的液压元件及保护装置。高压泵的正常供油压力在70MPa以上，短时高压可达140MPa。泵的排油量很小，每分钟几升至十几升。高压阀是一个关键性的元件，当静压泵停止时，阀必须完全密闭，否则油会倒流破坏静压油膜，造成轴承润滑不良。

2.5.3.5 油膜轴承用的润滑油

油膜轴承使用专用的油膜轴承油，用油量很大。20 世纪 70 年代的带钢厂，油膜轴承油的用量约占总用油量的 1/3 多。可见油膜轴承油是一个比较重要的油品。油膜轴承油的技术要求，前文已做了详细的叙述。这里应指出的是油膜轴承油要定期取样化验，建议每月取样一次，如果发现油质有问题，要根据具体情况及时处理。只要维护合理，油膜轴承油可以长期运行不需更换。

2.5.4 桥式起重机的润滑简介

金属压力加工厂，大量使用着各种桥式起重机(天车)。下面对桥式起重机的润滑部位及所使用的润滑剂进行简单介绍。

(1)大车传动部分：

1)传动轴轴承一般都是滚动轴承，用 2 号钙基脂或锂基脂灌注润滑，定期清洗换油脂；

2)齿轮联轴节用 1 号压延机脂及高黏度传动机构用油润滑；

3)齿轮减速机用 150 号工业齿轮油灌注飞溅式润滑，定期换油，及时补加；

4)电机轴承用 2 号钙钠基脂灌注润滑，定期清洗换油脂；

5)液压抱闸用 45 号变压器油。

(2)大车走行部分：

1)车轮轴承用 2 号锂基脂灌注润滑，定期换油脂；

2)减速机用 150 号工业齿轮油灌注式飞溅润滑；

3)开式齿轮用开式齿轮油涂抹润滑，定期加油。

(3)小车传动部分：

1)立式减速机用 150 号工业齿轮油灌注式飞溅润滑，最好用防漏油；

2)齿轮联轴节用 1 号压延机脂及高黏度传动机构用油润滑；

3)电机轴承用 2 号钙基脂灌注润滑；

4)液压抱闸用 45 号变压器油。

(4)小车走行部分：车轮轴承用 2 号锂基脂。

(5)卷扬部分：

1)主卷和辅卷减速机用 150 号工业齿轮油，定期换油和补加；

2)卷筒轴承用 2 号锂基脂灌注润滑；

3)定滑轮轴承用 2 号锂基脂灌注润滑；

4)动滑轮和吊钩轴承用 2 号锂基脂灌注润滑；

5)卷扬电机轴承用 2 号钙钠基脂灌注润滑；

6)卷扬开式齿轮用开式齿轮油涂抹，每 3 天补涂一次；

7)钢绳用钢绳油刷涂，如连续运行每 7 天补涂一次。

金属压力加工厂内所用的桥式起重机，与冶金专用起重机相比，其工作环境和使用条件并不十分恶劣。如果使用性能良好的优质润滑脂，轴承可以运行一个检修周期。当达到检修周期时，轴承即随着清洗并换油脂。如果天车工作繁重，润滑点不多，注油时间并不长可以定期用油枪注入油脂。实践证明，这种方法是良好的。若设置集中干油润滑站，显然增加了维护上的麻烦。

2.6 金属压力加工工艺润滑简介

2.6.1 轧钢过程的工艺润滑

在轧钢过程中，为了减少轧辊与轧材之间的摩擦力，降低轧制力和功率消耗，使轧材易于延伸，控制轧制温度，提高轧制产品质量，必须在轧辊和轧材接触面间加入润滑冷却剂，这一过程就称为轧钢工艺润滑。在轧钢生产中，工艺润滑如何，对轧制力能消耗、产品质量、轧辊磨损情况以及生产效率等方面，都有很大的影响。尤其在轧钢生产朝着连续、高速、大型与自动化方向发展的今天，选择有效的工艺润滑剂和有效的润滑方法，就显得更为重要。

下面对热轧、冷轧钢材的工艺润滑作简单介绍。

2.6.1.1 热轧工艺润滑

A 热轧钢板的工艺润滑

a 工艺润滑对钢板热轧过程的影响

长期以来，人们把钢材热轧中用于冷却轧辊的水看做润滑介质。这是由于水的应用在一定程度上降低了轧制力能参数，从而表现出润滑作用，例如，在热轧钢板时，水能使轧制力降低 3%～8%，并增加金属的延伸率，降低摩擦系数。

但是只使用水作冷却润滑剂已远远不能满足优质、高产、低能耗的生产要求。为此，在 20 世纪 60～70 年代，美国、前苏联、中国及日本等国，都相继成功地将热轧工艺润滑技术应用于板带轧制生产。工艺润滑对钢板热轧过程的影响主要体现在以下几个方面：

(1)改善轧辊的表面状况，使轧辊磨损减轻。在热轧条件下工作辊与带钢和轧辊冷却水接触而生成 Fe_3O_4、Fe_2O_3 等硬度很大的氧化物，此氧化物粘在轧辊表面，使轧辊生成黑暗色的表面，即“黑皮”，“黑皮”是造成轧辊异常磨损的重要原因。应用工艺润滑后，可以防止轧辊表面“黑皮”的产生，也能使生成了“黑皮”的轧辊面变为具有金属光泽的表面，从而提高了轧辊的使用寿命。

另外，工艺润滑剂能降低轧辊表面的工作温度，同时形成覆盖在轧辊表面的保护性油膜从而起到减磨作用。

(2)改善热轧钢板的表面质量。工艺润滑可以改善轧辊的表面状况和磨损，从而改善了带钢的表面质量，提高了带钢的平坦度，减少了其表面的氧化铁皮，使其在冷轧前通过酸洗机组的速度大大提高，酸的消耗量也可减少 5%左右。

(3)可以降低轧辊的单位消耗，提高生产率。工艺润滑后，轧辊的消耗能降低 10%～50%，由于降低了轧辊的消耗，提高了轧辊每换一次辊的轧出量，减少了换辊次数，因而也提高了生产率。

(4)使轧制压力降低，易于实现轧制薄规格带钢，并节省能量。由于工艺润滑可以降低变形区的摩擦系数，从而可降低轧制压力 10%～25%；对于老式的热轧机组，如果精轧入口厚度不变，则可加大压下量，容易轧制薄规格带钢；降低了轧制压力，就可节省电能。

(5)使轧制时的温度制度改变。热轧时，在轧辊与轧件接触界面上存在的润滑层起着阻碍轧件向轧辊传热的作用，这不仅降低了轧辊表面温度，使轧辊表面摩擦减少，同时也减少了轧件的温降，这在一定程度上影响到轧制过程的温度制度。试验表明，在热精轧机组的全部轧机上合理的采用工艺润滑，可使轧件温度比普通轧制时高 20～60℃。由于轧件温降的减少,就可能降低金属的预加热温度或扩大坯料轧制范围。

b 热轧钢板的工艺润滑剂及其供给方法

目前,热轧钢板所使用的工艺润滑剂以矿物油为主,其中,正常结构的石蜡烃基矿物油应用较广泛;最近,又开发出高级脂肪酸的醇酯。

为了提高矿物油的综合使用效果,常需在矿物油中加入一些添加剂。由于热轧时轧辊磨损问题非常突出,常需添加含有极少量磷、硫、氯的有机化合物,使其与金属表面反应生成熔点高并与金属表面结合牢固的化合物,以起到防黏降摩与减少轧辊磨损的作用。

热轧工艺润滑的效果,除受润滑油本身性质的影响外,还和润滑油的供给方法等有关。常用的给油方法有:

(1)直接涂油。用三层除水用的毛毡贴在一起,在中间一层内埋入喷油管,润滑油由泵送入毡面,流出的油在毡上沿宽度方向渗开,由毡涂到支撑辊或工作辊上。其优点是耗油量小;缺点是油毡的调整更换困难,油毡烧损弯曲后宽度方向上的油膜不均匀,影响带钢咬入。

(2)直接喷油。用泵直接送油,通过喷嘴喷到支撑辊或工作辊上。其优点是调整更换方便,操作灵活;缺点是上下辊的润滑差别大,宽度方向上喷油不均匀,喷嘴易堵塞等。

(3)预先油水混合喷涂。在油箱内,油水按比例搅拌混合,由泵直接喷涂到轧辊上,冷却水用刮水器除去。其优点是耗油量极少,供油停油容易,油在轧辊上附着性好;缺点是需要一套供油系统,设备费用高,在管路中水油易分离,废水中油水分离困难。

(4)将油注入水中。利用雾化原理将油混入水中,通过混合器使油与轧辊冷却水混合,然后喷涂到支撑辊上,利用支撑辊与工作辊接触碾压,在工作辊上形成均一油膜。其优点是喷油量少且油量易调整,稳定性好,供油停油迅速,油嘴不易堵塞,宽度方向上供油均匀;缺点是上下辊喷油量相同时,上下辊润滑效果差别较大。目前国外采用最普遍的就是这种方法。

在实际热轧钢板生产中,具体条件的不同,所使用润滑的类型、成分以及使用方法也各不相同。然而,不管哪种情况,在采用工艺润滑剂之后,都可以取得明显的技术经济效益。表 2-21 列出了国外一些厂家使用工艺润滑剂的有关情况。

表 2-21 国外一些典型工厂使用热轧工艺润滑剂情况

轧机、工厂、国家	工艺润滑剂	润 滑 方 法	使 用 效 果
1720mm、英国钢铁公司、英国	1.5%~2.5%水-脂肪油混合物	向支承辊雾化喷射	降低支承辊磨损 10%的,减少工作辊重车量 40%~50%
1525mm、发雷尔城冶金工厂、美国	4%~5%水-油混合物或脂肪酸+添加剂的乳化液;纯油	经冷却水集管自动向轧辊喷射	提高轧机生产率 5%~10%,改善带钢表面质量,减少氧化铁皮,提高酸洗速度 15%

B 热轧型钢及钢管的工艺润滑

型钢及钢管是钢材两大类轧制产品。由于它们在变形方式上有其独特性,因此在润滑剂的组成成分与供给方法等方面,与热轧钢板有一定程度的差别。

型钢轧制过程具有高温、高压以及高摩擦等恶劣条件集中作用于局部孔型的特点。孔型的严重磨损和损坏,不仅影响产品尺寸的精度,而且使生产效率下降,生产成本增高。为此,选择有效的轧槽润滑保护剂,一直是型钢生产中极为重要的问题。

生产实践表明,在型钢热轧中最有效的润滑剂是同时具有冷却与润滑作用的皂胶乳液和油-水乳化液。使用这些冷却-润滑剂时,轧辊的磨损量要比水冷却减少50%～60%,轧槽表面粗糙度也得到明显改善,并可减缓龟裂纹形成、表面氧化、石墨化和表层剥落等过程。表2-22列出了运用这类冷却-润滑剂的实例及使用效果。

表2-22 热轧型钢时使用润滑剂的情况

润滑剂	轧机、产品	耗油量/$L\cdot h^{-1}$	使用效果
合成油和水乳化液混合比为1:50～1:100	厚板;工字钢	1或乳化液50～100	提高轧制生产率40%; 提高轧辊使用寿命30%～80%; 降低轧制扭矩10%; 改善轧材表面质量
10%肥皂液;8%～10%矿物油乳化液	550mm型钢轧机,末架U_{10}和U_{12}工字钢	100～200	提高孔型寿命50%～350%; 降低电能消耗8%～10%
乳化液或肥皂液	650mm型钢轧机,$U_{16}U_{18}U_{20}$,角钢160mm×160mm×10mm	1800	提高孔型寿命50%～120%; 孔型腰部130%～190%,腿部30%～90%; 降低轧制力10%; 改善轧材表面质量

采用标准的皂胶溶液以及油-水乳化液做润滑剂时,随着润滑剂浓度的增加,摩擦系数开始急剧下降,而后逐渐稳定。当浓度超过一定范围时,再增加润滑剂的浓度,对摩擦系数已没什么明显影响。因此,实际生产中一般采用浓度为8%～10%的乳化液和浓度为1%的皂胶水做润滑剂。

有些工厂还使用合成蜡基的热轧固体润滑剂,当它与旋转的轧辊接触时很容易在轧槽表面涂上一层薄而均匀的油膜;也有些工厂用水-石墨悬浮液作工艺冷却-润滑剂;在轧制温度不太高时,可以使用矿物油和脂肪酸,还可以采用硅酮油或有机硅酸作润滑保护剂。

工艺润滑剂在热轧钢管生产中应用较早。现在,不仅在轧管机上,而且在穿孔机、精整机、连续轧管机组、周期式轧管机上也使用了工艺润滑剂。工艺润滑剂的使用,不仅大大减少了制品表面与辊面之间的摩擦磨损,而且使顶头与芯棒等部位的恶劣工作条件得到了改善,从而提高了钢管的内表面质量。润滑剂也使管坯与顶头或芯棒容易脱离,从而提高了生产效率。

热轧钢管用的几种典型工艺润滑剂有:石墨+食盐润滑剂;盐类润滑剂,较成熟的是以氯化物和磷酸盐为主的盐类润滑剂。由于上述各类润滑剂的冷却性能受到限制,近年来用芯棒或芯头式轧管机热轧不锈钢一类管坯时常用非水溶型(全油型)或重油系、水溶性油系(水-油分散型)以及石墨系(水中分散型)这三类润滑剂。

2.6.1.2 冷轧工艺润滑

A 冷轧工艺润滑的意义

冷轧通常是用热粗轧、精轧后得到的经过酸洗和退火处理的钢卷作坯料,用多辊轧机轧成厚度为0.8～0.01mm的薄板。现代冷轧机的轧制力已达到数万牛顿,而轧制速度则接近42m/s。显然,金属在这样高速的变形过程中,一方面由于金属内部分子间的摩擦必然产生大量的热能;另一方面,被轧制的钢材在延伸时,对轧辊表面有相对滑动,在很高的轧制压力和轧制速度下,这种相对滑动也同样转化为巨大的摩擦热。在无良好的冷却润滑的情况下,这两种有害的热能将引起轧辊和带钢的温度迅速上升，使轧辊辊形变化、强度及表面硬度降低。

可见，在冷轧过程中，辅以充分的冷却润滑液是一个不可忽视的重要环节。而且越来越显示出工艺润滑的效能，甚至成为冷轧技术进一步发展的关键问题之一。

B 冷轧工艺润滑剂

a 对冷轧工艺润滑剂的基本要求

(1)适当的油性。即在极大的轧制压力下，仍能形成边界油膜，以降低摩擦阻力和金属的变形抗力；但是还要考虑到轧辊与钢材之间必须要有一定摩擦力，才能使钢材咬入轧辊，摩擦系数过低，将会打滑。所以润滑性能必须适当。

(2)良好的冷却能力。即能最大限度地吸收轧制过程中产生的热量，达到恒温轧制，以保持轧辊具有稳定的辊形，使带钢厚度保持均匀。

(3)对轧辊和带钢表面有良好的冲洗清洁作用。以去除外界混入的杂质、污物，提高钢材的表面质量。

(4)良好的理化稳定性。在轧制过程中，不与金属起化学反应，不影响金属的物理性能。

(5)退火性能好。现代冷轧带钢生产，在需要进行中间退火时，采用了不经脱脂清洗而直接退火的生产工艺。这就要求润滑剂不因其残留在钢材表面而发生退火腐蚀现象(在钢材表面产生斑点)。

(6)过滤性能好。为了提高钢材表面质量，某些轧机采用高精度的过滤装置来最大限度地去除油中的杂质。此时，要避免油中的添加剂被吸附掉或被过滤掉，以保持油品质量。

另外还要求，抗氧化安定性好，防锈性好，不应含有损害人体健康的物质和带刺激性的气味，油源广泛，易于获得，成本低等。

b 冷轧工艺润滑剂的品种

冷轧工艺润滑用全油或用乳化液的都有。乳化液具有良好的冷却能力，因其中水的成分多，水的密度比油大 2 倍，导热系数比油大 4 倍，蒸发潜热则比油大 10 倍，所以能在极短的时间(几十分之一秒)内吸收大量的热。而油的润滑性能好，能降低轧制力，延长轧辊寿命，并易获得良好的带钢表面质量。但其冷却能力较差，成本亦高。因此在大型高速的冷轧机上，采用乳化液的较为普遍，而在中、小型多辊轧机上，或成品厚度很薄，且对钢板表面粗糙度要求很高(如轧制不锈钢带及镀锡钢带)，则多用全油作工艺润滑剂。两种润滑剂的使用，视产品的材质规格而定。

工艺润滑油可用植物油(如棕榈油、蓖麻油、棉籽油、菜籽油、橄榄油等)或动物油(如牛油、猪油、羊油、骨油等)以及矿物油。润滑性能均优于乳化液，而其中尤以植物油最佳，动物油次之，矿物油则较差(见表 2-23)。动、植物油来源有限，成本较高，且使用寿命低于矿物油。为提高轧制油的理化性能和使用寿命，一般尚需加入抗氧、抗磨、抗泡等类添加剂。

C 冷轧工艺润滑系统

冷轧工艺润滑系统的供液量，是根据轧机的规格、轧制速度、钢材品种等因素由设计人员计算确定。在实际工作中，也可以根据主电机的额定功率来估算，一般采用的经验数值为 2～3L/kW。但随着轧制速度的提高，目前都有增长的趋势，有些高速轧机已达到 6L/kW。这与轧机机械传动润滑系统比较起来，供液量是相当大的，常超过轧机机械传动润滑系统供油量的 5 倍以上。

表 2-23 不同润滑剂的轧制摩擦系数

润滑剂	轧制速度/$m \cdot s^{-1}$			
	<3	<10	<20	>20
	摩擦系数			
乳化液	0.14	0.12~0.1		
矿物油	0.12~0.1	0.10~0.09	0.08	0.06
棕榈油	0.08	0.06	0.05	0.03

注:表中摩擦系数指使用磨光或抛光质量良好的轧辊而言。

冷轧工艺润滑系统的另一个特点是要求较高的过滤精度。一般要求达到 15μm 以下,有些精密轧机甚至需达到 1μm。显然,采用一般机械传动稀油润滑系统的过滤元件,在容量和精度两方面都远远不能适应轧钢工艺润滑的要求,而需设计专门的过滤装置。这可以说是冷轧工艺润滑系统的核心部分。

冷轧工艺润滑系统常见的几种过滤方法有:

(1)静压式过滤。在过滤过程中,对过滤的油液无需另外施加压力。

(2)硅藻土过滤。硅藻土是一种多孔状的白色粉状物质,其化学成分主要由 SiO_2 和 Al_2O_3 组成,此外还含有少量的 CaO、MgO、Fe_2O_3 等。硅藻土的化学稳定性好,在油液中不起任何反应,是一种高精度的理想的过滤介质。

(3)磁性过滤。磁性过滤装置用于清除油液中的钢铁末屑,而不受过滤精度的限制。

(4)平床式纸质过滤。平床式纸质过滤国外称霍夫曼(Hoffman)过滤,常用于乳化液润滑冷却系统中,根据过滤过程中压差形成的方式不同,又分为重力式和真空式,但都以滤纸作为过滤层。

2.6.2 挤压过程的工艺润滑

挤压变形与其他变形方式相比,具有金属变形所需压力特别大,金属与变形工具接触面积大、接触持续时间长,以及在变形过程中不能连续导入润滑剂等特点。因此,在挤压生产中,采用有效的工艺润滑剂,对于减少力能消耗,改善金属塑性流动条件,提高制品质量以及减少工磨具的磨损与损坏,更有其特别重要的经济意义。

2.6.2.1 润滑在挤压变形中的作用

金属挤压变形过程大体可分为填充挤压、开始挤压、稳定挤压以及终了挤压 4 个阶段。在挤压过程中使用工艺润滑剂的目的之一,就是希望减少变形金属与挤压筒、模具以及穿孔针接触面上的摩擦阻力。当金属与筒壁及模壁之间存在较大摩擦阻力时,锭坯周边区域的金属质点流动困难,而中心区金属质点流动快,其结果,当挤压到某种程度时,周边(尤其是表层)的金属会流入挤压制品的中心,形成对制品性能影响极坏的"挤压缩尾"缺陷。在实际生产中可以采取严禁润滑挤压垫片,并在垫片端面上车削一些环状沟纹或把挤压垫片的平端面改成凸球面等加大端面摩擦阻力的措施,但是最根本的方法还是采用有效的润滑剂。

在热态或温热态挤压金属中,采用有效的工艺润滑剂,可对挤压工模具起到热防护作用,一方面可避免工模具温升过高,从而保证它们的使用强度,减少使用过程中损坏的可能性;另一方面,可减少锭坯与工模具相接触的表层金属的温降,从而减少内外层金属流动的不均匀性，进而可减少由于不均匀变形所造成的有害影响，如制品扭曲、表面开裂等。由于挤压时热接触时间较长，因此，润滑剂在挤压中的热防护(隔热)作用要比在热模压中更为重要。

2.6.2.2 热挤工艺润滑

在热挤、热锻钢材以及黏性较大易受气体污染的钛材和其他稀有金属材料时广泛采用了玻璃润滑剂。这是因为玻璃受热时，有从固态逐渐变成熔融状态的特性，能较好地润湿并黏附于热金属的表面，与变形金属一起流动，并在变形金属表面形成完整的流体膜。这种玻璃膜既有润滑作用，又可在加热及热挤压过程中避免金属的氧化或减轻其他有害气体的污染，同时，还具有热防护剂的作用。

玻璃润滑剂通常要求具有以下特性：

(1)玻璃的熔体黏度随温度变化小，黏温性能好。

(2)化学稳定性好，与钢材等金属不起化学反应。

(3)对钢等金属材料有较好的润湿与吸附性，具有良好的润滑性。

(4)导热系数小，隔热性能好，对工模具能起到良好的热防护作用。

玻璃润滑剂的制备与涂敷方法，对其使用效果有直接影响。通常应根据被加工材料的表面性质及温度等条件，改变玻璃润滑剂的配料。常用涂敷玻璃润滑剂的方法有浸渍法、喷涂法、涂刷法、热坯料滚粘法。

2.6.2.3 冷挤和温挤钢件时的工艺润滑

冷挤与热挤相比，温度较低，即使在连续工作条件下，由变形热效应与摩擦导致的模具温度也不超过 200～300℃，这对工艺润滑来说是有利的。但要在室温下使处于凹模内的金属产生必要的塑性流动，就势必须要比热挤大得多的挤压力，压力一般达 2000～2500MPa，甚至更大。同时，这种高压持续时间也较长。由于冷挤压使变形金属产生强烈的冷作硬化，又会导致变形抗力的进一步提高，所有这些都要求润滑剂具有更高的耐压能力。

在冷挤压生产实际中，应用的润滑方法有磷化-皂化处理，草酸盐处理及涂敷硬脂酸锌粉末和二硫化钼油剂等。目前，低碳钢冷挤广泛采用的润滑方法是进行磷化-皂化处理。磷化处理，就是将经过除油清洗、表面洁净的钢件置于磷酸锰铁盐或磷酸二氢锌水溶液中，使金属铁与磷酸相互作用，生成不溶于水且牢固结合的磷酸盐膜层，其成分主要是磷酸铁和磷酸锌。由于磷化膜本身的润滑性能不理想，因此，还需进行皂化处理。皂化就是利用硬脂酸钠或肥皂作润滑剂，使之与磷化层中的磷酸锌反应生成硬脂酸锌，硬脂酸锌在挤压时将起到主要的润滑作用。对于不锈钢和一般碳素钢可进行草酸盐处理。

温挤，或称温热挤压，是在冷挤压基础上发展起来的一种成型工艺。与冷挤压相比，温挤具有挤压力较低，制品尺寸精度、表面粗糙度以及机械性能较差，对工艺润滑剂的耐热与防黏抗磨性能要求更高等特点。

能适用于作温挤润滑剂的基本材料有：石墨、二硫化钼、氮化硼、氧化铅及玻璃。

生产实践经验表明，在 450℃以下温挤碳钢和合金结构钢，在 600℃以下温挤碳钢、合金结构钢、模具钢及高速工具钢时均可采用石墨或二硫化钼油剂，但在挤压前坯料应进行磷酸盐处理；在 350℃以下温挤不锈钢时，可与冷挤一样，毛坯采用草酸盐表面处理后用氯化石蜡 85%加二硫化钼 15%作为润滑剂。

2.6.2.4 铜及铜合金材挤压的工艺润滑

铜及铜合金管、棒、型、线材挤压工艺润滑有自身的特点和要求。

一般认为,在600℃以上时,紫铜锭坯表面的氧化层具有自润滑的性质,因此,紫铜在750~950℃的温度下可以不加润滑剂而顺利地进行挤压。但自润滑挤压的制品表面质量较低,而且工模具磨损较大。由于铜合金中含有其他元素,如黄铜中含有锌,铝青铜中含有铝等,因此在挤压时需要工艺润滑。挤压铜及铜合金时常使用的润滑剂有:沥青、机油加鳞片状石墨粉、轧钢机油加鳞片状石墨粉、石油沥青加鳞片状石墨加煤油、玻璃粉及水玻璃等。

在实际生产中,除绝对禁止润滑挤压垫片端面以避免挤压型、棒材时形成过长"缩尾"外,其他部位均可进行润滑。

对于挤压筒壁,除难挤合金或刚投入使用的新挤压筒外,视挤压机的能力以及对制品质量的要求,可以不进行润滑。

在挤压铝青铜一类管材时,为改善内表面质量,对穿孔针必须采用有效的防黏减磨润滑剂,而且在涂抹时应有足够流动性。现场研究表明,使用石油沥青62%+鳞片状石墨33%+煤油5%作穿孔针的润滑剂,并配合使用穿孔针针垫,可以较有效地减少穿孔针黏附金属,延长穿孔针使用寿命以及消除管材内表面划伤与起泡等缺陷。

2.6.3 拉拔过程的工艺润滑

与挤压变形过程相比,拉拔变形过程具有润滑剂易于导入接触接口的优点,由于拉拔是在夹具所施拉力作用下迫使金属通过模孔而变形,变形区内金属承受径向与周向压应力、纵向拉应力,当制品在模孔出口断面上的拉伸应力数值超过材料的强度极限时,就会出现拉断现象。因此,在拉拔生产中也应采用有效的工艺润滑剂和润滑方法。此外,在拉拔过程中,由于变形金属与模具之间的相对滑动速度较大,变形热效应与摩擦热效应使模具温升特别显著,所以,要求润滑剂不但具有良好的润滑性还应具有良好的冷却性能。

2.6.3.1 拉拔过程的工艺润滑剂及润滑方法

拉拔所用的润滑剂必须在拉拔过程中具有润滑与冷却两种作用,既要保证拉拔后的线材具有良好的表面与内部质量,尽可能延长模子的寿命,又必须不污染制品和环境,并不在模口结焦。

拉拔生产中所用的润滑剂种类有:全油型润滑油、乳化液、皂化液、润滑脂、粉状润滑剂(肥皂粉、拉丝粉、石墨及二硫化钼粉等)等。他们各自适用的金属类型见表2-24。

表2-24 拉拔用润滑剂种类及其适用的金属类型

润滑剂	钢	紫铜、黄铜	青铜	轻金属	钨、钼
润滑油	+	+	+	+	–
乳化液	+	+	(+)	+	–
皂化液	+	+	–	–	–
润滑脂	+	+	+	+	–
肥皂粉、拔丝粉	+	(+)	+	(+)	–
石墨、二硫化钼	+				+

注:+为推荐使用;(+)为限制使用;–为不用。

为进一步提高润滑油、脂等润滑剂的耐压抗磨性能，常需加入一定数量的极压添加剂。

在选择拉拔润滑方法及润滑剂种类时，应综合考虑工艺条件和拉拔材料的性质，通常应配合下列措施：

(1)拉拔前，在坯料表面制备与基体结合牢固、质软多孔、可起到润滑载体的覆层。

(2)改进模子结构与材料，如金刚石模、硬质合金模拉拔时的摩擦系数比同样条件下的钢模要小。

(3)对高强度、高熔点金属材料可进行热拉或温拉。

(4)使用旋转模或旋转拉拔工具。

(5)使用超声振动拉拔以及增大变形区润滑膜厚度的强制润滑方法。

2.6.3.2 拉制钢丝时的表面处理膜与润滑剂

由于钢种繁多、性能各异，钢丝的品种、规格以及用途很广，因此在配制或选用润滑剂时必须考虑的因素也较复杂。例如，拉拔镀锌钢丝时，要求润滑剂的熔点低一些，易于清洗，以保证镀锌顺利进行，提高镀锌钢丝的表面质量；在进行高强度焊丝拉拔时，要求拉后表面残存润滑剂具有防腐蚀的能力，在焊接时不产生飞溅；不锈钢冷加工硬化显著，因此，拉拔前坯料的表面润滑处理成为十分关键的问题。

A 钢丝拉拔前的表面处理

表面处理膜作为拉制钢丝时润滑剂的载体是很重要的。没有表面处理膜，润滑剂就难以均匀地附着在钢丝表面上。表面处理膜一般有以下几种：

(1)石灰处理膜。这是在酸洗后的中和过程中兼带进行的。把酸洗后的湿线放置在空气中，形成锈膜后再浸涂石灰，反应形成处理膜。此法简便，但易产生粉尘，污染生产环境。

(2)硼砂处理膜。用于高碳钢丝，膜的黏附性好，不易剥落，处理时不污染生产环境，但吸潮性大，不适于湿度大的地区和季节。

(3)磷酸盐膜。这种处理膜具有黏附牢、耐高压和高温、防止高温粘着、减少膜耗以及使拉制的钢丝具有防锈性等特点。

(4)草酸盐膜。主要用于不锈钢制品的拉拔过程。

(5)金属镀膜。高碳钢丝可以镀铜，使拉拔制品表面美观防锈，不锈钢丝可以镀铜、镀镍、镀铅等。

(6)树脂膜。适用于不锈钢丝拉拔。可克服使用草酸盐膜时变形程度有限以及金属镀层难去除等问题。

B 拉拔钢丝工艺润滑剂

拉拔钢丝的工艺润滑剂可分为干式与湿式两大类。

a 干式润滑剂

我国最早出现的干式润滑剂是20世纪30年代的牛油与石灰的反应物(钙皂)，润滑性能较差；20世纪50年代开始使用肥皂粉，其润滑性、黏附性、洗涤性较好，至今仍在使用；20世纪70年代出现了商品化的专用干式拔丝润滑剂，我国生产的天津1号、2号、3号拔丝粉，性能优良，适于一般碳钢及合金钢丝的拉拔。

b 湿式润滑剂

拉拔钢丝的湿式润滑剂有：各种动植物油和矿物油；由石墨、二硫化钼、滑石、肥皂粉等粉末与油混合而成的液-固糊状润滑剂；肥皂液或油-水乳状液。其中油-水乳状液，具有较好的冷却性能，通常用于细丝的连续拉拔。

实 训 项 目

一、基本实训

1. 滚动轴承的润滑

2. 常用单体润滑装置的使用

二、选做实训

1. 小型稀油集中润滑系统的操作

2. 手动干油集中润滑装置的操作

思 考 题

2-1 什么叫润滑，常用的润滑材料有几种，分别使用在什么场合？

2-2 简述静压润滑、动压润滑、动静压润滑、固体润滑、边界润滑、自润滑的润滑原理。

2-3 稀油集中润滑装置主要有几部分组成，为什么现代金属压力加工企业要选择稀油集中润滑？

2-4 干油集中润滑装置主要有几部分组成，简述干油润滑站的工作原理。

2-5 简述油雾润滑、油气润滑的工作原理，两者有何不同？

2-6 常用的固体润滑方法有哪些？

2-7 如何对轧钢机油膜轴承进行润滑？

2-8 什么叫工艺润滑，热轧时工艺润滑有哪些作用？

3 机械维修制度

3.1 概述

机械的维修是机械设备维护和修理两类作业的总称。包括两方面内容:一是机械的维护保养和机械的检查;二是机械的修理。

机械设备在使用中,由于零部件发生各种磨损、腐蚀、疲劳、变形或老化等劣化现象,导致精度下降,性能降低,影响产品加工质量,情况严重时,会造成设备停机而使企业蒙受巨大经济损失。机械维护是指对机械进行预防检查,采取预防措施(清洁、润滑、调整、紧固),检查诊断主要部件的技术状况,并做出一些工作量不大的修理,如简单故障排除,易损零件的修理和更换等,通过这种维护和修理,降低机械设备的劣化速度,延长其使用寿命,为保持或恢复机械设备规定功能而采取的一种技术活动。具体包括日常维护、设备检查、检修和大修理等作业。此外,因为机械设备的各零、部件总是会有一定的故障率,因此必须按要求进行间隔期内的维护。机械的维护是保持机械功能和确定修理项目的必不可少的措施和基础。

机械的修理是指机械经过使用之后,由于自然磨损、材料性能恶化,丧失了工作能力一般需要进行解体、停产对损伤零、部件修理或更换,并调整各部件的配合关系,恢复机械应有的功能。

机械维修制度是指在一定方针下,按机械的维护、检查和修理类别之间的互相衔接配合的关系,为保证取得最优的技术经济效果而采取的一系列组织技术措施的总称。

目前采用的机械维修制度主要有以下几种:计划维修制、生产维修制、预知维修制和全员生产维修制。它们都是以预防为主作为指导方针的预防维修制度,过去国内金属压力加工企业中基本上是采用巡回检查计划修理制。这种维修体制比较落后,亟待改进。1985年以来。正在积极推广点检定修制,这是一项实现机械设备管理维修现代化极为重要的措施。但是,在短期内,点检定修制不可能普遍取代巡检计修制,因此,这两种维修制度都应该很好学习掌握。

随着近代工业的不断发展,生产对维修的要求更加严格,设备的结构也日趋复杂,工业发达国家对维修理论与实践的研究愈为深入。可靠性理论与故障物理以及质量保证等先进科学技术的问世,使维修领域通过努力探索,出现了以可靠性为中心的维修(RCM)和质量维修(QM)等新的维修方式。

以可靠性为中心的维修(RCM),即通过选择机械设备的重要功能项目及功能故障与故障影响度的整理分析,找出故障原因,并应用逻辑决策图对大量资料进行分析,具体问题具体分析,对不同的故障采取不同的维修作业。

质量维修(QM)是通过对保证产品质量的重要因素如人、设备、材料、工艺方法、信息进行分析和管理,从而发现和消除因设备造成的产品缺陷,使产品质量特性全部保持最佳状态，易于防止不合格产品的发生。

3.2 机械设备的巡回检查计划修理

巡回检查是我国工业企业在20世纪50年代从前苏联引进的，沿用至今。它虽然有缺点，但在现阶段国内应用依然较广。

3.2.1 巡回检查

仔细阅读机械设备说明书和出厂检验记录，熟悉机械设备的结构、性能、精度及其技术特点。按机械设备的具体技术要求，区别轻重缓急，定出不同的检查周期，把应该检查的部位按顺序编成计划图表，周而复始地依次进行检查，这就是所谓的“巡回检查”制度。具体检查方法是：

(1)对应每天检查一次的检查点，如应清扫的部位、各润滑点、紧固件、湿度、温度、压力、振动、电流、电压等，可由早、中、晚3个作业班的检查人员各承担三分之一，并根据本班负责检查的项目确定检查路线，依次进行检查，且做好交接班记录。这种检查不停产，不列入生产计划，依靠感觉器官等原始方法。另外，对一台设备要制定某一作业班负全面责任。

(2)对每周一次或每月一至二次的定期检查(结合小修)，其内容包括按周期应进行检查的项目和处理巡回检查发现的问题，可由本车间的生产人员和设备人员进行。这类检查要停产，列入生产计划，并作好小修记录。

(3)对一至几年一次的定期检查(包括中、大修)，可由本车间人员及安检部门对隐蔽部位、基础、房架、烟道、烟囱、吊车轨道等进行检查。这种检查是在停产、列入生产计划的情况下进行，并做好中、大修总结。

每日正常生产所进行的巡回检查，绝大部分是“不解体检查”。对电气、动力设备指示仪表(例如：电流表、频率表、压力表、流量表、温度表等)的读数确定是否符合规定，这类检查比较准确。此外，还应注意管道、网路上有无泄漏现象。对于机械设备的检查，则应注意紧固部件是否松动，机件、机体是否振动，音响是否异常，摩擦部件的温度以及关键部件有无裂纹等。这类检查往往没有专用仪表，而是靠手摸、锤敲、耳听、鼻嗅、放大镜观察等原始方法。

随着检查技术的发展，机电设备故障的在线检测技术近年来有了很大的进步，这将改变单纯依靠人的感觉器官和经验判断的方法。利用科学仪器进行监测，从而避免不必要的解体检查，减少浪费。

检查时发现缺陷，有些可以及时处理，有些可以到交接班时停车处理，有些可以在每周或每月的定期检修时处理。如发现危急情况必须停车处理，应立即向有关部门反映，如已接近事故边缘，则应当机立断，立即停车处理。

凡不需解体检查，不需更换备件，而能及时处理的，都属于维护工作范畴。反之，需解体检查，而在处理时又需更换备件或进行加工的，需在停产后处理的，都属于检修范围。

设备检查的目的在于及时发现异常现象，以便采取措施进行处理。对各种异常现象及处理的经过和结果，都应详细记录，并注意整理、分析、研究，从中找出规律，用以指导以后的维修工作。

对原始记录分析的重点是：1)备件使用周期；2)经常发生故障的部位；3)发生故障原因；4)造成的经济损失；5)设备作业率；6)其他。

3.2.2 计划修理

计划修理既可做到防患于未然，又可节省维修时间，有利于提高机械利用率和经济效益。但是，它的优越程度与其修理时机的选择有很大关系。比较传统的选择原则是以机械的有效使用时间作为指标，当机械达到规定的使用期限时，即对其进行维修。因此，确定修理周期成为首要问题。

3.2.2.1 确定修理周期

A 修理工作的种类

根据设备的使用寿命、修复工作量和工期，传统地将修理分为小修、中修、大修三类。

a 小修

机械设备小修是由维护过渡到修理的初级阶段，根据日常维护工作中巡回检查发现的设备缺陷记录，针对一些在交接班时不能处理的问题制定小修计划。修理项目包括能在小修计划时间内修复的缺陷，更换零部件、润滑油脂、调整间隙等。此外还应包括某些比较复杂的检查项目。小修次数比较频繁。对于每个月的小修时间可以灵活运用，以不超过原定小修计划为限。例如，原定每月小修三次，总修理时间 32h，如在一个月内安排每次 8h 的小修两次，16h 的小修一次，总修理时间未超过 32h，而在 16h 的那次小修中却能处理一些难度较大、费时较多的修理项目，这是有利的安排。由于小修的计划时间较短，因此，小修只是维护简单再生产的一种手段。小修费用由生产费用开支，计入当月生产成本。

b 中修

由于机械设备小修的时间较短，一些需要较长时间才能处理的设备缺陷和隐患，不可能在小修时间内得到解决，但又不能拖到下一次大修时解决，这就有必要在两次大修之间安排一次或几次中修。中修范围较大，项目较多，一般是恢复性的修理。但由于中修时间毕竟较长，一些规模较小的设备改革项目也可安排在中修期间一并进行。关键生产厂矿的主要生产设备中修将影响本企业的生产计划，因此，中修项目要在企业内部平衡。中修经费一般计入企业生产成本。

c 大修

设备经过较长时间使用，某些关键部位(例如主要设备的基础、吊车轨道、轧机、主电动机、加热炉炉墙等)受到损坏，不能在短时间内修复，则必须安排较长的停产时间进行修理，这类修理叫大修。根据生产实践经验和有关统计资料，可估计某种主要生产设备在正常情况下的大修周期。例如，初轧机大修周期一般为 3～5 年。大修周期的长短取决于设备维护和检修工作质量的高低。其关键问题，一是遵章使用，不得超负荷使用设备；二是保证大修施工质量。根据“修改结合”的原则，应充分利用设备大修的停产时间，尽量安排一些重大改革项目。但是，由于大修经费并不直接计入企业的生产成本，而由大修基金专项支付，为了避免所安排的改造项目过多占用大量大修基金，在过去的大修管理办法中规定，只有照设备原样修复的项目，即“恢复性大修”，才能在大修费用内开支，而把改革项目中的某些项目列为技术组织措施或列为安全措施等，由其他专项拨款。这是由于大修提成过低，大修基金过少，而在财务上采取的一种做法。实际上，在大修时安排改造项目在经济上是合理的，也是符合“挖潜改造”方针的。

由于在大修施工中需处理的工程项目多，修理工作量大，人员密集，工地窄小，分层作业，立体交叉，调度管理极为复杂，安全事故时有发生。因此，有人提出“分段修理”的建议，即某些工作可放在中修时处理，使大修时的工程项目尽量减少。不过这种办法只能减少大修时的人员密集程度，而不能缩短大修工期。因为大修工期一般都是根据工期最长的大修项目确定的。

B　修理周期结构

修理周期是指机械设备到达大修理的时间，通常用运转时数来表示。

修理周期的结构是指一个修理周期的修理次数、类别和排列方式。对于各种不同类型的机械设备，虽然修理周期的结构不同，但遵循共同的构成规律，都反映整机的可靠性指标与构成机械的各零、部件潜在寿命之间的关系。图 3-1 为某一机械设备在一个修理周期内，大修、中修、小修(有时也包括定期维修)的次数和排列顺序。修理间隔期是指相邻两次同级修理之间机械设备的工作时间。可分为大修间隔期、中修间隔期和小修间隔期。

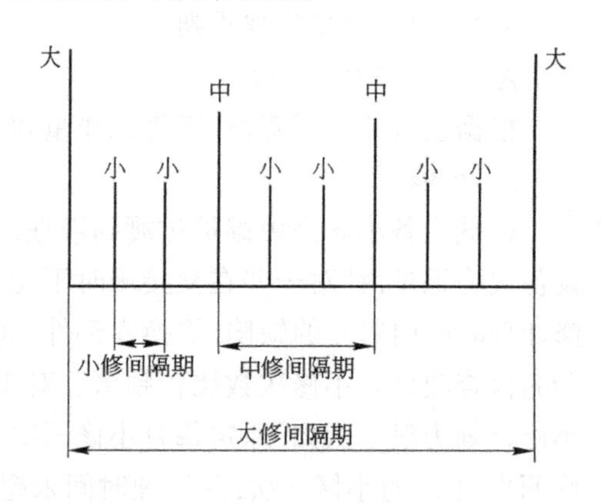

图 3-1　修理周期结构示意图

C　确定修理周期

在正常生产和遵章使用的前提下，设备各部件的受力状态符合原设计的要求，所产生的自然磨损和材料疲劳现象都有一定的规律，因此可找出一定的周期，这种周期一般是根据实践经验制定的，主要的依据是定期检查中的原始记录。设备各部位的损耗程度不同，使用周期各异，因而修复工作量也不一样，有的需要停产时间长些，有的则短些。根据设备使用寿命、修复工作量和工期，构成修理周期结构。例如，初轧机每月要进行 2～3 次小修，每次 8～16h；每年进行 1 次中修，工期一般不超过 10d；每 3～5 年进行一次大修，工期为 12～15d。各厂矿对各类主要生产设备的检修周期都作了规定，并在一定时间内予以固定。但是，这种固定的检修周期是相对的，要随着生产操作的熟练程度、维护工作质量的提高，备品备件使用寿命的延长，可以增长。

3.2.2.2　计划修理的技术组织方法

A　强制修理法

强制修理法是对设备的修理日期、类别和内容预先制定具体计划，并严格按计划进行，而不管设备的技术状况如何。其优点是，便于在修理前作好充分准备，并且能够最有效地保证设备正常运转。这种方法一般用于那些必须严格保证安全运转和特别重要、复杂的设备，如重要的动力设备、自动流水线的设备等。

B　定期修理法

定期修理法是根据设备实际使用情况，参考有关检修周期，制定设备修理工作的计划日期和大致的修理工作量。确切的修理日期和工作内容，是根据每次修理前的检查而规定的。这种方法有利于做好修理前的准备，缩短修理时间。目前，我国设备修理工作基础比较好的企业，大都采用这种方法。

C　检查后修理法

检查后修理法是指事先规定设备的检查计划，根据检查结果和以前的修理资料，确定修理的日期和内容。这种方法简便易行,但掌握不好,就会影响修理前的准备工作。

D　部件修理法

是将需要修理的设备部件拆卸下来,换上事先准备好的同样部件,也就是用简单的方法更换部件。这种方法的优点是可以节省部件拆卸、装配的时间,缩短修理停歇时间;其缺点是需要一定数量的部件作周转,占用资金较多。

E　部分修理法

这种方法的特点是设备的各个部件不在同一时间内修理,而是按照设备独立部分,按顺序分别进行修理,每次只修理其中一个部分;这种方法的优点是,由于把修理工作量分散开来,化整为零,因而可以利用节假日或非生产时间进行修理,可增加设备的生产时间,提高设备的利用率。

F　同步修理法

它是指生产过程中在工艺上相互紧密联系的数台设备,安排在同一时间内进行修理,实现修理同步化,以减少分散修理所占的停机时间。

以上六种方法,前三种是由高级到低级,在同一厂矿中,可以针对不同设备采取不同的修复方法。后面三种是比较先进的组织方法,各厂矿可根据自己的实际情况选择使用。

3.2.2.3　修理计划的编制

设备修理计划包括大、中、小修计划。编制设备修理计划要符合国家的政策、方针,要有充分的设备运行资料,可靠的资金来源,还要综合考虑生产、设计以及施工等条件。具体编制时,要注意以下几个问题:

(1)计划的形成要有牢固的实践基础,即由生产厂(车间)根据设备检查记录,列出设备缺陷表,提出大修项目申请表并报主管领导审查,最后形成计划。

(2)严格区分设备大、中、小修理的界限,分别编制计划,并逐步制定设备的检修规程和通用修理规范。

(3)编制修理计划时要做到年度修理计划与长远计划相结合;设备检修计划与革新改造计划相结合;设备长远规划与生产发展规划相结合。

(4)在编制设备修理计划时,应做好与设计、施工、制造、物质供应等部门的协调平衡。设备修理计划的实施,必须依靠这些部门的配合,这是实现设备修理计划的技术物质基础。

(5)编制计划要以科学的、先进的基础为依据,如检修周期、施工定额、修理复杂系数、备件更换和检修质量标准等。

3.2.3　运用网络计划技术编制检修计划

3.2.3.1　概述

机械设备修理是一项复杂的工作,必须统筹安排。运用网络计划技术编制修理计划可以统筹全局,最优安排工作秩序,找出关键工序,从而达到缩短工期,节约人力、物力,减少投资的目的。工程负责人、施工技术人员和工人都应该掌握这种方法,应用它来指导检修工作。所谓网络计划技术,简单地说,就是应用网络理论制定计划,并对计划进行评价和审定的技术。这是一种关于生产组织和管理的科学方法。网络计划技术有以下优点:

(1)它不仅表达了每一工序的进度,而且表达了每个工序的先后顺序和相互关系。

(2)它能指出生产任务的关键工序和关键路线,便于在实施计划过程中抓住关键。因此,它是组织与控制生产任务的有效方法。

(3)它能用时间差表示不影响计划完工期的机动时间和资源。

(4)编制网络计划时,不但是安排进度、平衡能力的过程,而且是优化计划的过程。

目前,我国工矿企业在大型、复杂、成套设备的大修或安装工程中已日渐广泛应用这种计划技术。实践证明,它对资源(人力、物力、设备、资金等)的合理使用,缩短修理或安装工期,提高经济效益都有较显著的效果。

3.2.3.2　网络图

网络图由作业、事项、路线三要素组成。

A　作业

作业也称活动,它是泛指一项需要人力、物力、时间的具体活动的过程。在网络中用箭线"→"表示作业,箭尾表示工序开始,箭头表示工序完成,从箭尾到箭头表示一道工序过程。通常在"→"的上方或下方注明作业的名称或代号,如图 3-2 中的"拆卸、清洗、检查"等;同时还应注明时间,如"拆卸 2"中的"2"代表 2 天;而有的作业不消耗人力、物力,只消耗时间,也是一种作业;如地面基础的修复中混凝土的凝固工序;还有一种虚作业,它不消耗人力、物力、时间,只表示前后两个作业的逻辑关系,用虚箭线"- - →"表示。

B　事项

事项也称结点,表示前一项工作的结束和后一项工作的开始,是连接网络图上两条以上的箭线的交接点。结点不消耗资源,也不占用时间,只是表示某一项作业的开始或结束的瞬时。用圆圈"○"表示。

C　路线

路线是指从起点事项开始,顺着箭头所示方向,通过一系列事项和作业,达到终点事项所经过的通路。在一个网络图中,可以有很多条路线,其中总作业时间最长的一条路线称为关键路线。关键路线用粗箭线或红箭线表示。

D　网络图

一项工程总是包含多个作业,依照各作业间的衔接关系,用箭头表示其先后次序,画出一个各项任务相互关系的箭头图,注上时间,算出并标明关键路线,这个箭头图称为网络图。下面举例说明网络图的组成及绘制方法。

如大修一台机床包括 10 道工序:拆卸、清洗、检查、零件加工、床身与工作台拼合、变速箱组装、部件组装、电器修理和安装、装配和试车等,其网络图如图 3-2 所示。

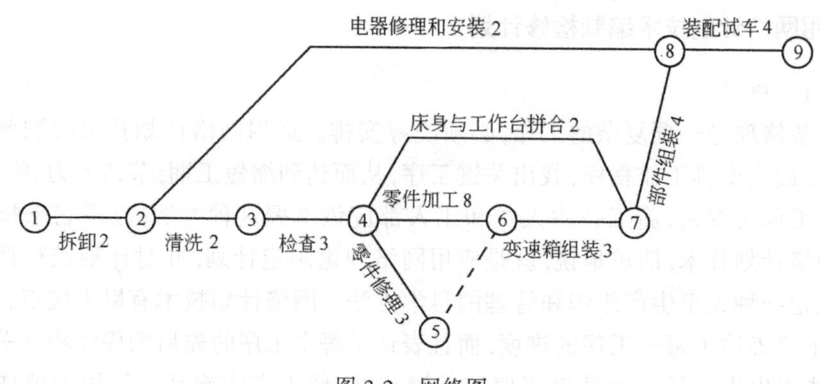

图 3-2　网络图

a　连接各个结点

用箭线把各个结点连接起来，并表明各作业之间的先后顺序和相互关系：

①$\xrightarrow{2}$②：代表拆卸，需时2d；

②$\xrightarrow{2}$③：代表清洗，需时2d；

③$\xrightarrow{3}$④：代表检查，需时3d；

④$\xrightarrow{3}$⑤：代表零件修理，需时3d；

④$\xrightarrow{8}$⑥：代表零件加工，需时8d；

⑥$\xrightarrow{3}$⑦：代表变速箱组装，需时3d；

④$\xrightarrow{2}$⑦：代表床身与工作台拼合，需时2d；

⑦$\xrightarrow{4}$⑧：代表部件组装，需时4d；

②$\xrightarrow{2}$⑧：代表电器修理和安装，需时2d；

⑧$\xrightarrow{4}$⑨：代表装配试车，需时4d。

b　找出关键路线

找出关键路线是绘制网络图的核心。关键路线是消耗时间最长的一条路线，代表着整个工程的主要矛盾；处于关键路线上的作业是关键作业，它的工期提前与否，决定着整个工程工期提前完成或推迟完成。这样，工程指挥者和处在关键路线上的工人，就可以紧紧抓住主要矛盾，合理调整，缩短关键作业的时间，促使关键路线转到别的线路上去，形成各条战线、各个工程之间互相促进的局面。

确定关键路线的方法有三种：

最长路线法。找出关键路线的方法是图画好后，算出每条线路的总工期，其中工期最长的路线就是关键路线。例如，运用图3-2资料找关键路线：

第一条线路①$\xrightarrow{2}$②$\xrightarrow{2}$⑧$\xrightarrow{4}$⑨

$2+2+4=8d$

第二条线路①$\xrightarrow{2}$②$\xrightarrow{2}$③$\xrightarrow{3}$④$\xrightarrow{2}$⑦$\xrightarrow{4}$⑧$\xrightarrow{4}$⑨

$2+2+3+2+4+4=17d$

第三条线路①$\xrightarrow{2}$②$\xrightarrow{2}$③$\xrightarrow{3}$④$\xrightarrow{8}$⑥$\xrightarrow{3}$⑦$\xrightarrow{4}$⑧$\xrightarrow{4}$⑨

$2+2+3+8+3+4+4=26d$

第四条线路①$\xrightarrow{2}$②$\xrightarrow{2}$③$\xrightarrow{3}$④$\xrightarrow{3}$⑤$\xrightarrow{0}$⑥$\xrightarrow{3}$⑦$\xrightarrow{4}$⑧$\xrightarrow{4}$⑨

$2+2+3+3+0+3+4+4=21d$

第三条线路是关键路线，26d就是机床大修所需时间。

时差法。计算每个作业的总时差，在网络图中，总时差等于零的作业为关键作业，这些关键作业连接起来的可行路线，就是关键路线。

破圈法。从零开始，按编号从小到大的顺序逐步考察结点，设一个有两根以上箭头流进的结点，把其中一根较短路线的箭头去掉，便把较短路线断开，即破掉两根路线所构成的图，以此类推,当破圈过程结束,能从始点顺箭头到终点的路线即为关键路线。

值得注意的是:关键路线可能不止一条,对非关键路线也可用其他颜色标出;关键路线代表的主要矛盾可以转化,转化之后需要重新画图;从非关键路线上抽调人员支持关键路线后,必须重新画图。

c 计算时差

找出关键路线后,可以看到非关键路线上的项目是有潜力可挖的。潜力到底有多大?要靠计算时差来解决。

计算最早可能开工时间以"口"表示。计算方法是:从第一道作业开始,自左向右顺箭头方向,逐步计算,直至流程图最后一道作业为止。第一道作业最早可能开工时间是零。

其余作业最早可能开工时间=紧前作业最早可能开工时间+紧前作业时间。

若紧前作业不是一个,而是多个,则取其最大值,如图3-3所示。如①→⑥有2+7=9,4+8=12,则⑥→⑦的最早可能开工时间是12d。按公式计算出的各作业最早可能开工时间用"口"写在该作业线下。

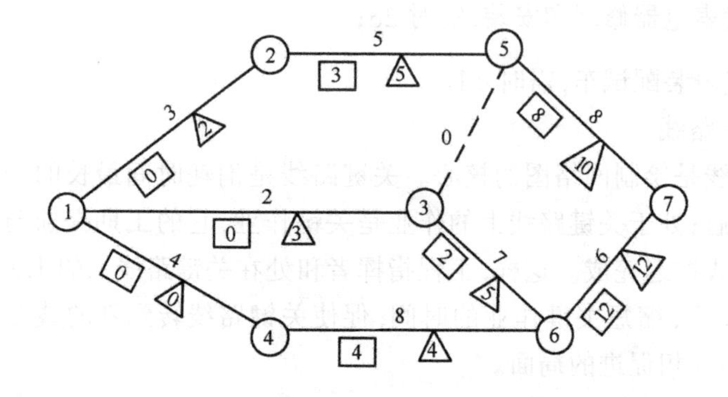

图3-3 网络图

计算各作业的最迟必须开工时间用Δ表示,计算方法是从终止点开始,逆箭头方向逐步进行计算,计算公式是:到某道作业的最迟必须开工时间Δ=关键路线时间的总和-末作业时间。若有多条线路,这些线路的时间总和中也有一个最大值,由关键路线上的时间总和减去这个最大值,就是这一作业的最迟必须开工时间。如从终止点⑦到③共有两条线路,各需8+0=8及7+6=13,而关键路线时间总和为4+8+6=18,因此在③→⑥作业最迟必须开工时间是5d,并写在此线下的"Δ"内,如图3-3所示。

计算时差:时差=最迟必须开工时间-最早开工时间。有时差的作业:也就是有支持其他任务的潜力。关键路线的作业时差必等于零;否则就会延误整个任务完成期限。凡是时差为零的作业连接起来,就是关键路线,这是要特别重视的线路,要加强控制,加强调度。

3.2.3.3 编制网络图的步骤

(1)做好调查研究,搞清楚本工程有哪些作业。

(2)按照客观规律分析作业与作业之间的衔接关系。如该作业开始前,有哪些作业必须先期完成;该作业进行过程中,有哪些作业可以与之平行进行;该作业完成后,有哪些作业应紧接着开始。

(3)确定完成各作业所需的时间,有两种方法:单一时间估计法(肯定型),就是对作业只估计一个可能性最大的时间。在估算各项作业时间时,不可知因素较少且已有定额资料可供参考,或有先例可循,这时只需要确定一个时间值。三种时间估计法(非肯定型),如果该项工作以前没有做过,或做的次数很少,估计一个时间定额难以估准,此时即可先预计 3 个时间值,然后再求可能完成时间的平均值,这 3 个时间值是:

最乐观时间——是指在最顺利情况下完成某作业可能出现的最短时间,用 a 表示。

最保守时间——是指在最不利情况下,完成某作业可能出现的最长时间,用 b 表示。

最可能时间——是指在正常情况下,完成某作业最可能出现的时间,用 m 表示。

然后,按式(3-1)求出平均值 t_E:

$$t_E = (a + 4m + b)/6 \tag{3-1}$$

用式(3-2)计算作业时间概率的离散程度 σ,σ 的数值越小,表示 t_E 的代表性越大。

$$\sigma = (b - a)/6 \tag{3-2}$$

这样就可以把非肯定型化为肯定型。

(4)把施工任务分配到各施工单位,做好人力、设备和原材料的安排。

(5)订好施工方案。

(6)绘网络图。

(7)计算每项作业最早开工时间,最迟必须开工时间和时差,确定关键路线并用红线(次关键路线用其他颜色)标明。

(8)根据关键路线的长度和时差,对箭头图加以调整。

3.3 机械设备的点检定修制

3.3.1 设备点检

3.3.1.1 设备点检的定义

金属压力加工企业中的设备,大致可分为生产设备和附属设备两大类。生产设备由建筑物开始,包括基础设施、机械设备、电气设备、仪表及计算机设备、各种加热炉设备等;附属设备包括环境监测、供应水、气、蒸汽、动力等设备。生产设备和附属设备直接或间接地参与了工厂产品的生产。另外,还有完成产品生产所必需的,不可缺少的设备,如通讯及运输设备等。这些设备各自都有其特点,而且所涉及的技术领域也各不相同,大体上可分成机械、电气、仪表、计算机、窑炉、土木建筑等 6 个大类。

为了管理好这些设备,使其运转正常,以满足生产的需要,就必须对设备进行必要的维护、检查和修理,确保设备始终处于良好的工作状态。采用定点、定法、定标、定期、定人的“五定”的方法,实施对设备的检查,通过定点来检查设备的轴瓦是否过热,给油脂、供水等是否正确及时,噪声是否超过标准,是否有漏油、漏水、漏气点,设备及其环境是否整洁等,从这些检查的结果,可以大致判断设备运转是否正常,加上定期对设备进行全面、定量的检查,用一些精密仪器对设备作进一步的诊断,所有这一切措施,都是为了尽早地发现设备的不良部分,分析、判断其产生原因,确定应维修的范围、时间及内容,编制施工计划、备品备件供应计划等精确合理的维修计划,及时排除不良因素,防止故障发生,确保设备运转正常。这就是设备点检,也是现代设备维修管理最基本的工作内容。

简而言之,设备点检可定义为:按照“五定”的方法对设备实施全面的管理。其实质是按预先设定的部位(包括结构、零部件、电气仪表等),对设备进行检查、测定,了解和掌握设备劣化的程度和发展趋势,提出防范措施并及时加以处理,确保设备性能稳定,延长零部件寿命,达到以最经济的维修费用来完成设备维修的目的。

3.3.1.2 点检的分类

点检的分类方法很多,但常用的分类方法可归纳为以下三种。

(1)按点检种类:

1)良否点检。通常用于性能下降型设备的点检,顾名思义,良否点检是检查设备的好坏。即对设备劣化的程度进行检查,以判断设备的维修时间。

2)倾向点检。通常用于突发故障型设备的点检,对这些设备的劣化倾向进行检查,并进行倾向管理,预测维修时间或更换周期。

(2)按点检方法,通常可分为解体点检和非解体点检。

(3)按点检周期,可分为日常点检、定期点检和精密点检。

1)日常点检。主要是依靠五官对设备的运转状态进行检查,包括设备清扫、螺栓紧固、给油脂、良否检查等项工作。这些工作通常大部分由操作人员承担。点检周期一般在一周以下。

2)定期点检。这是由专业点检员承担的工作。包括周期在一个月之内和一个月以上的点检。周期在一个月以内的点检,通常对重要设备的重点部位实施,在设备运转过程中或运转前后,依靠五官判断及简单仪器进行检测,判断设备状态的良否,周期在一个月以上的点检,以检查设备性能变化劣化倾向为主,对设备进行较为详细的检查和测试。

3)精密点检。精密点检是用精密仪器、仪表对设备进行综合检查测试,或在不解体的情况下,运用诊断技术或特殊方法,测定设备的振动、应力、扭矩、温升、裂纹、变形、电流等物理量,确定材料及油脂等的成分及夹杂物。然后,通过对测得的数据进行分析比较,定量地确定设备的技术状况和劣化倾向的程度。以判断修理或更换零部件的最佳时机。

3.3.1.3 点检作业的要求

在进行设备点检之前,首先要对设备做好“五定”工作,建立一套科学的标准体系,然后实施点检作业进行实绩管理。通常点检员半天实施点检作业,半天进行点检管理和业务协调。因此,要为点检员创造一定的工作条件,如办公桌、必要的交通工具、常用的工器具和必要的检测仪器以及通讯联络手段。

A 点检作业实施前的基础工作

在点检作业实施前,应认真做好下列各项基础工作:

(1)对设备的“五定”工作:

1)定点。要详细设定设备应检查的部位、项目及内容,做到有目的、有方向地实施点检作业。

2)定法。就是对各个检查项目制定明确的检查方法,即规定进行设备点检时的具体做法,如实施某一项目的点检时,是采用五官判别,还是使用某种工具、仪器进行检测。

3)定标。即制订标准。这是衡量或判别所检查的部位是否正常的依据,也是判别某一检查部位劣化程度的尺度,以及维修后应达到的要求。另外,为降低设备磨损而规定给油脂种类和给油脂量,以及在维修作业标准中规定维修步骤、工种、工时标准等。

4)定期。对设备应检查的各个部位、项目内容,都要有一个明确的预先设定的检查周期,这就是制订点检周期。按设备重要程度不同,检查部位是否重点等,对不同的项目规定不同的点检周期。

5)定人。首先要确定哪些点检项目应该由操作人员实施,哪些项目由专业点检员承担。对专业点检员所承担的项目,按要求不同,其中一部分可由专业点检员委托专业技术人员实施,如设备技术诊断项目;也可委托维修人员实施,如解体点检,油箱润滑油补充、更换等项目。

做好对设备的“五定”工作,也就是按上述订出的“五定”要求,对设备订出“四大标准”,即点检标准、维修技术标准、维修作业标准及给油脂标准。这是点检管理的重要基础工作之一。

(2)制定点检计划。由于专业点检员承担着多台设备、多个系统的点检工作,为了做到工作量均衡,避免点检项目的遗漏,必须制订点检计划表(或作业卡),也就是实施点检作业的任务书。另外,还要编制由操作人员执行的点检计划表,要求操作人员按计划认真实施操作点检。

(3)编制点检路线。由于专业点检员负责点检的区域范围较大,为避免所经过途径的重复,应预先设计好实施点检时的路线,以节约点检时花费在路途上的时间。

(4)编制点检检查表。为便于点检结果的记录,在实施点检作业时应编制点检检查表,这也是编制维修计划等的重要依据。

B 点检的实施

在实施点检作业时,每个点检员应做到认真点检,一丝不苟,不轻易放过任何异常的迹象,认真进行分析处理,并做好记录。

C 点检实绩管理

按点检结果,做好各种报表,对点检结果进行分析,切实掌握设备状态及劣化发展趋向,在编制维修计划、备件计划时,要充分反映点检结果。

总之,点检作业同样要采用质量管理戴明环(PDCA 循环)的工作方法。通过 PDCA 循环,在点检员不断积累经验和提高自身素质的同时,使点检工作不断完善,更加科学和合理。从而不断推动点检工作质量的提高。

3.3.2 点检制

3.3.2.1 设备点检制

设备点检制,是一种以点检为核心的设备维修管理体制,是实现设备可靠性、维护性、经济性,并使这三方面达到最佳化、实行全员设备维修管理(TMP)的一种综合性的基本制度。

在这种体制下,设备的专业点检员既负责设备点检,又从事设备管理。操作、点检、维修三方之间,点检是管理方,处于核心地位,是设备维修的责任者、组织者和管理者。这种核心地位是由现代设备维修管理体制所决定的,这一体制要求,点检员对其管区的设备负全权责任。点检人员应严格按标准实施点检业务,并承担制定和修改维修标准,编制和修订点检计划,编制和组织实施检修计划,做好检修工程管理,编制备品备件及材料计划,编制维修费用预算等设备管理业务。以最低的费用、高质量地管理好设备,确保设备安全运行,保证生产活动正常开展,这是每个专业点检员的重要职责。

3.3.2.2 点检制具有的特点

(1)日常点检、定期点检、专业精密点检和精度测试、设备技术诊断、设备维修结合在一起，构成了设备完整的防护体系。

(2)生产工人(操作工)参加日常设备点检、维护，是全员设备维修管理中的不可缺少的一个方面。日常点检以生产部门为主体，由操作工具体实施。

(3)专业点检员的专业点检、精密点检和精度测试、设备技术诊断是设备维修管理的核心。

3.3.3 定修

3.3.3.1 定修的概念

在预防维修活动中，经历抑制劣化——日常点检、生产维护、保养。测定劣化——专业点检、精密点检，对设备上的各个可能出现故障的装置和零部件进行状态监视，掌握劣化程度的发展情况，需制订有效的维修对策，对设备有计划地进行调整、维修，以使设备故障、事故消除在发生之前。通过抑制、测定劣化，做到了解和掌握主要零部件劣化发展达到极限的周期，从而使设备始终处在最佳状态。为实现预防修理创立了先决条件，使维修活动掌握了充分的主动权，解决了预防维修的核心问题，即设备什么时候修？需要什么样的维修？点检的精华在于通过对设备的检查、测定、诊断，从中发现设备劣化倾向，来预测设备零部件的使用寿命周期，确定检修的内容及备件、资料的需要计划，并提出改善措施。要实现维修活动中的消除劣化，要确保设备能及时正确地得到恰当的维修，同时要在满足生产要求的条件下与生产计划充分地协调，就必须要建立与其相适应的一套检修方式，这样就在点检的基础上派生出了定修。

定修是企业根据设备预防维修的原则，在推行点检制掌握设备的实际技术状态，预定设备零部件使用寿命周期的基础上，按照严格的定期检修周期、规定的检修时间，并以最精干的基本人数的检修力量，安排连续生产系统的设备在停机时间最短、生产物流损失最小、能源介质损失最少、修理负荷最均衡、检修效率最高的一种最经济的检修方式，是现代化设备实现预防维修的最佳形式。

定修不仅在维修活动的消除劣化阶段，起着积极作用，在定修的管理过程中，对设备在修理中点检测定，判断设备劣化状况和程度，进一步掌握设备的实际技术状态，推算设备使用寿命周期等方面，也起着积极的作用。

根据现代化设备的特点，把生产设备分成两大类：主作业线设备和普通作业线设备，主作业线设备是指工厂内生产主要产品的工艺线设备，它的停机将直接对工厂生产计划的完成造成影响，或间接对生产有重大影响。如钢铁厂的炼铁、炼钢、连铸、轧钢等生产工艺设备。普通作业线设备是指主作业线设备以外的设备，它的停机对工厂生产计划的完成在一定的时间范围内没有影响。如运输设备、机修设备等。

简单地说，所谓定修，就是在点检的基础上，必须在主作业线设备停机或对主作业生产有重大影响的设备停机条件下，按定修模型进行计划检修。可以理解为定期的系统性检修，是对主要生产工艺线设备在生产物料协调和能源平衡的前提下所进行的规定时间停产修理。连续检修时间较长的系统性定修称为年修，年修实质上是定修时间的延长，是定修的一种特例。

3.3.3.2 推行定修的条件

为了确保定修的顺利实行，力求减少或避免机会损失和能源损失，充分提高检修人员的工时利用率，开展定修应具备下述条件：

(1)要有科学的定修模型和合理精确的定修计划。以保证定修能在与生产计划充分协调的前提下，按修理周期、时间以最精干的检修力量完成维修活动。

(2)要有推行以作业长制为中心的现代化基层管理方式。以确保定修管理、组织流程的畅通。

(3)点检、检修与生产三方要建立明确积极的业务分工协议，以保证定修在组织管理、定修进度、定修质量、定修协调和验收、试运转等方面顺利推行。

(4)要有一套严格、具体的安全检修制度，以确保检修中人身和设备的安全。

(5)要有一套完善、有效的定修工程标准化管理方式，在定修的委托、接受、实施、验收、记录等顺序中有一套标准化程序，以保证定修活动顺利、有条不紊地展开。

(6)定修管理上采用 PDCA 工作方法，使定修管理不断得到修正、提高、完善。

(7)要有相应的检修管理体制和组织机构，以及高效率、高质量、高技术的检修部门积极配合。

3.3.3.3 定修的特点

(1)点检定修制所推行的定(年)修、日修的修理模式，不同于我国现行修理方式的大修、中修、小修的修理周期结构和修理制度。基本不同点如表 3-1 所示。

表 3-1 定修与大中小修的不同

修理模式	大中小修	定修
修理目的	对有缺陷的设备维修	预防设备劣化形成事故
修理类型	检修型	管理+检修型
修理手段	修复	修复+改善、改造
修理项目依据	良否判断，缺陷检查	状态点检、倾向检查、周期管理

(2)定修充分体现了以点检为核心的设备维修管理体制，定修的全过程反映了点检人员(或称设备管理方)的维修管理的全部活动过程。如根据设备状况情报进行设备技术状态管理；确立维修对策，设定检修项目；落实检修备件、资材，制定检修计划；进行工程委托，组织施工和工程管理；汇总、整理分析检修实绩；修正、完善标准及计划，健全点检自身设备管理工作等。

(3)点检定修制所开展的定修是以设备实际技术状态作为基础的预防维修制度，是采用对设备进行劣化检测后，根据设备状态为主的项目修理和设备主要零部件使用寿命周期的管理项目，二者相结合对设备进行预防维修。其总停机时间最少。保证主作业线设备主动态的维修。修理时间和修理内容针对性强，较切合生产实际需要，可实现在最少维修费用下，达到设备最高有效利用率，使企业提高产量和质量，从而获得最高利润。

(4)定修的检修力量可外协实现检修社会化。除了企业配置技术精干，一定数量的中央区维修和极少的地区检修外，很大程度上可以充分依靠社会上协作单位的检修力量，对这些外协检修力量也可以逐步实现预测，使检修负荷准确、均衡。

(5)定修的停机时间，追求计划的准确，既不允许超过规定的计划停机时间，也不可以提前于计划时间完成。忠实地推行“计划值”管理方式。修理的直接检修时间与技术关系密切，而等候的准备时间却与管理有关且可压缩性较大。因而修理效率的提高一方面依靠点检的科学管理；另一方面还需依靠点检、检修与生产三方人员的配合。

(6)定修工程项目的完成率，即项目“命中率”也追求100%准确，在定修中减项或增项同样不好。检修“计划值”是企业计划值体系的重要组成部分。

(7)定修的周期、时间和每次定修可以占用的检修力量，都受定修模型严格控制，实行定量管理。定修计划的制定、调整、实施和管理都是按照定修模型的模式来执行。定修计划一旦确立便纳入生产计划，一般情况下不得随意变动。定修计划的准确可靠来自点检方(包括生产工人的日常点检)，修理的质量、工程的进度则决定于检修方。

(8)完成定修计划的达标率很高，这样既保证了生产计划的正常执行，又保证了设备需要的检修工作量能得到充分的满足，从而体现了定修与生产的协调统一，减少计划外的停机损失。

(9)定修检修良机获得率很高，不产生过修与欠修，同时在定修的实施过程中，除完成对设备进行排除劣化和设备的改善外，还对设备的技术状态进行深化点检，这也是预测设备使用寿命的重要方面。

(10)定修实行修理信息反馈和实绩分析，有利于强化设备的修理管理，寿命周期管理，有助于设备的改善、改造、有利于修理方案的研究，有助于新技术的开发。

3.3.4 定修制

3.3.4.1 概述

A 定修制的概念

定修制的核心内容是定修模型(即全厂设备定修的周期、时间及检修负荷人数等计划值的设定表)。在定修模型的指导下，按照工程委托→工程接受→工程实施→工程记录，四个步骤构成一套科学而严密的检修管理制度。这是一套以设备的实际技术状况为基础而制定出来的一种检修管理制度。是与点检制互为因果关系的维修管理制度。

B 定修制的主要内容

a 根据生产要求和设备需要统筹安排计划检修

(1)以作业线上的设备按检修方式和检修条件划分定(年)修、日修。定(年)修计划的制定与全厂生产计划关系重大，故定修计划也是全厂生产计划的重要内容。

(2)设备管理部门从全厂全局利益出发，根据设备劣化状况发展的需要，按定修管理的制度内容，统一设定各生产作业线与设备的定修模型和制定设备的定修计划(确定实施定修的日期和时间)，在此过程中，均有生产计划部门参加意见，从而确实保证主要生产设备能在适当的时间里获得恰当的维修。

b 对检修工程实行标准化程序管理

定修制对检修工程管理流程的立项、调整、确认、委托、接收、准备、实施、验收、记录、实绩研讨和安全管理等每一个环节的管理都有一套标准化工作方法以及相应的会议制度。

年修工程的进行程序基本上是与定修工程相似的标准化管理程序，只是立项工程准备更充分。

定修管理制度的目的，是为了能安全、优质、高效率地进行设备计划检修，防止定修的实施超过计划值而影响生产计划的正常执行。

3.3.4.2 定修管理的目标及实绩管理

A 定修管理目标

合理、精确地制定定(年)修计划,采用先进的修理技术、标准化的管理方式,逐步做到在适当的时间里,使设备得到恰当的检修。尽量减少设备非计划停机修理而保证生产计划的正常执行,并且力求减少或避免机会损失和能源损失。

通过对定修的科学、标准化程序管理,充分提高实际检修工时利用率。尽力减少修理工程的辅助工时和无效工时,提高劳动效率。以规定的基本人数检修人力在规定的定修时间内完成最大的检修工作量。

B 定修实绩管理

定修实绩管理是定修管理全体业务中不可缺少的一个主要部分,是定修管理 PDCA 工作方法中的一个重要环节。通过定修的实绩管理不断总结实绩,积累设备检修数据资料,经汇总整理综合分析,作为改进完善定修管理方式,提高定修管理水平,提高管理效率的根据。

定修实绩数据来源于基层点检方的汇总和检修部门正确的信息反馈,提供经过点检作业长所主持召开的检修方、生产方参加的定修实绩会上对实绩数据整理和综合研讨。然后再上升到设备管理部门及技术部门对实绩研讨的结果和综合积累的资料进行分析判断。

通过定(年)修的检修时间,可以依照设备的使用寿命周期的变化,设备实际技术状况的变化,修正或编定定修模型即定修计划,并为维修方针、管理制度、计划值的制定提供第一手资料。同时也为维修技术标准、点检标准、给油脂标准及修理作业标准的修订、完善提供实际的根据。为了加强对定修实绩的管理,可建立定修旬报、月报及考核制度。

认真进行定修实绩总结,对检修部门不断改进检修管理,提高检修技术水平,避免和减少检修故障,提高检修效率起着积极作用。对下一次定修的安全活动有较现实的指导作用。

3.4 设备故障管理

现代化的大型金属压力加工联合企业具有设备投资大,自动化水平高,连续生产,以及生产效率高等突出的特点。也有其另一面,就是在设备发生故障时,造成设备损失及停产损失十分巨大。

而通过故障管理,及时取得设备状态的情报,分析、探索设备故障及事故发生的规律,制定有效的预防对策,把维修工作做在设备发生故障之前,就能达到设备稳定运行的目的。由于设备故障状态又是点检工作的客观反映,因而通过故障管理又可反过来推进点检工作的进一步深化。

3.4.1 设备故障的定义与分类

3.4.1.1 设备故障的定义

设备由于其性能的下降或丧失而停止运行,阻碍了正常生产的进行,或使生产中断时,统称为设备故障或设备异常。从另一角度来看,设备劣化如不及时处理,则最终表现为设备故障,因此,设备故障也可认为是设备劣化的极端表现形式。

3.4.1.2 设备故障的分类

按统计要求的不同,设备故障有多种分类方法,这里介绍常用的几种分类方法。

A 按对生产的影响程度可分为

(1)主作业线停产故障。由于设备故障或异常,使该工厂或主要生产作业线全面停产,称为主作业线停产故障。

(2)设备停机事故。由于设备故障或异常，造成该设备或与其相关的设备停机，但该工厂或主要生产作业线未全面停产，这种故障称为设备停机事故。

(3)定(年)修时间延长。在定修、年修工程的检修施工中，没有在预定的停产时间内完成检修任务，从而造成了停产时间的延长。这种情况，从技术、物理的角度来看，并不是故障，然而，由于在规定的停产时间内未完成检修任务，在事实上已阻碍了正常的生产运行，可以看做管理方面的故障。

B 按设备使用时间可分为

(1)初期故障。指设备在投产初期发生的故障，主要以设备设计、制造、安装、调试方面的问题居多，使用环境不合适和操作不熟练也是造成这阶段设备故障的主要原因。

(2)突发故障。是设备在稳定期发生的故障，主要是一些难以预测的故障。

(3)后期故障。设备经长期使用，由于疲劳、磨损、老化等原因，造成设备故障，设备在使用后期的故障会明显增多，这种故障又称劣化故障。

C 按故障发生程度可分为

(1)功能停止型故障。由于设备局部或全部功能丧失，造成整台设备停机的故障，称为功能停止型故障。

(2)功能下降型故障。设备未丧失其全部功能，但局部性能下降，导致生产速度下降，产品质量及收得率等降低，非周期的调整次数增加等，称为功能下降型故障。

D 按故障持续时间可分为

(1)间隙故障。每隔一个短的时间周期，设备出现一次故障，在未更换部件的情况下，设备在短期内又能恢复到原有性能的故障。

(2)永久故障。设备中某部分的性能下降或丧失，必须更换与该性能有关的零部件后，才能使设备恢复其原有性能的故障。

E 按故障能否预测可分为

(1)能预测的故障。通过日常点检、专业点检、设备测试、技术诊断等手段能预测出的故障，称为能预测的故障。

(2)不能预测的故障。通过日常点检、专业点检、设备测试、技术诊断等手段，不能预测出的故障，称为不能预测的故障。

F 按专业可分为

(1)机械设备故障。指由机械设备原因造成的设备故障。

(2)动力设备故障。指由动力设备原因造成的设备故障。

(3)电气设备故障。指由于电气设备原因造成的设备故障。

(4)仪表、计算机故障。指由于仪表、计算机原因造成的设备故障。

G 按故障原因分类

这是故障统计中常用的一种分类方法。这种分类统计是故障预防的主要资料，可以为设备人员提供明确方向，改进设备管理。故障原因归纳为下列几种：

(1)违章作业故障。指操作者未按标准化作业的要求进行操作，即在操作时不严格执行操作规程，而引起的设备故障。

(2)检修质量故障。指检修后，设备不符合检修要求和维修技术标准，在设备投入使用后,所引起的设备故障。

(3)备件质量故障。指备件不符合技术要求及质量指标,使用后所引起的设备故障。

(4)维护不周故障。指设备的点检、维护不及时,设备的隐患未发现,或发现后未及时处理,而引起的设备故障。

(5)润滑不良故障。指设备润滑部位润滑不良、缺油(脂)等,引起设备故障。严格地说,润滑不良故障应列入"维护不周故障"范围之内,但由于给油脂有一套专门规程及标准,在设备管理中,给油脂是重要的一环,所以在统计时单列一项。

(6)设备失修故障。设备技术状况不好,但因为生产任务重等种种原因,长期未做处理,造成的设备故障。

(7)生产工艺事故造成的故障。因为生产工艺事故,如跑铁、漏钢等事故,导致设备损坏的故障。

H 按故障危险程度可分为

(1)安全故障。故障所引起的危险度很小,安全保护装置灵敏度很高,故障发生前安全装置动作。

(2)危险故障。故障危险度大的故障。如安全装置在设备发生故障前失灵,未动作等致使设备得不到保护而发生的故障。

I 按故障所造成的损失可分为

(1)设备故障。造成损失小的故障称为设备故障。

(2)设备事故。造成损失大的设备故障称为设备事故。设备事故按其损坏和影响程度,又分小事故、普通事故、重大事故、特大事故四级。

3.4.2 事故的原因及处理

3.4.2.1 故障事故原因

为了从根本上杜绝设备事故的发生,必须研究造成设备事故的原因。造成设备事故的原因有很多因素影响,在这里仅做归纳性的介绍。可能有以下几个方面:

(1)设备方面。设计上,结构不合理,零部件的强度、刚度不够,安全系数过小等;制造上,零件材质不符合设计要求,有先天性缺陷;如内裂、砂眼、缩孔、夹杂、加工精度不高等;安装上,基础质量不好,水平标高不对,中心线不正,间隙调整不当等。

(2)设备管理方面。维护工作不良,不清洁,润滑不当,未定期检查,故障排除不及时等;检修工作不当,未按计划进行检修,磨损、疲劳超过极限,部件更换不及时,修理施工质量不好,未能恢复原来的安装水平。

(3)生产管理方面。违章操作,超负荷运转等。

(4)其他方面。如防腐蚀、抗高温等措施不力;外物碰撞、卡住等意外原因。

3.4.2.2 故障事故处理

为保证生产的安全、持续、顺行,除切实搞好设备的点检维护外,在设备发生事故时,要迅速组织抢修,尽快恢复生产。在处理上,要坚持"三不放过"的原则,即事故原因没有查清不放过,事故责任者及应受教育者没有受到教育不放过,整改措施没有落实不放过;设备管理工作以防止发生设备事故为重点,也就是以预防为主的原则。但是,防止发生并不等于完全避免,问题是要把发生的突然性事故的损失减到最小。因此,设备事故发生后的管理工作也很重要。

设备事故造成的损失,包括修理费(修复所需的材料、人工、备件及管理费用等)和减产损失费等,可按下式计算:

设备事故损失费=受影响的生产时间(h)×小时计划产量×(减产产品的价格-原材料费)+原样修复费。

由此可见,要减小事故损失。应该做到以下几点:

(1)由于事故而造成的减产损失要比照原样修复的费用高得多,因此,要千方百计地减少事故发生后的停产时间。

(2)事故发生后,要根据重大事故和一般事故的划分,分别由公司、车间领导主持对事故进行认真分析。对恶性重大事故应由公司或部(局)召开有关人员参加的现场分析会。不断总结经验教训,减少和杜绝事故发生。

(3)贯彻既防患于未然,又改进于事后的事故管理原则,克服在事故发生后只照原样修复,不加改进的消极想法和做法。

(4)不能过分强调防止事故,而采取过激的检查和修理手段,提高维修率,而造成停产时间和维修费用的增加。

(5)按规定要求填写报表,并将有关资料归档。对部(局)控重要设备发生重大事故或性质恶劣,情节严重的其他重大设备事故,应立即报告主管部门。

(6)严格执行事故奖惩制度。

3.4.2.3 事故考核

为了对设备事故造成的损失进行统计,以便考核设备管理工作的效果,通常采用以下考核办法:

(1)过去普遍采用的一种简单的办法是考核企业或厂、矿重大设备事故次数、一般设备事故次数、事故的停产时间、事故造成的损失价值等。这种考核办法的缺点是没有可比性。所以,用事故次数、停产时间、损失价值三项指标还不能评定企业设备管理工作的效果和实际水平。

(2)近年来,许多企业都在探讨考核事故率的办法;一种办法是考核台时事故率,用主要设备台数乘以年日历时间与事故积累时间之比,即:

$$K_p=\frac{\sum t}{N_p T_0}\times 100\% \tag{3-3}$$

式中 K_p——台时事故率;

$\sum t$——年累计设备事故影响生产时间,h;

N_p——主要设备台数;

T_0——年日历时间,h。

这种考核办法,由于设备台数的划分比较复杂,台与台之间差别很大,又不可能把全部设备台数都计算在内,以年日历时间为基础,与企业的实际生产效率、作业率不一致,因此,以台时为计算基础的设备事故率只适用于单机组的考核,而不适用于整个企业。

另一种办法是考核资金事故率,即"千元产值事故损失率",参照安全工作所用的千人负伤率的办法,以事故损失金额与产值比较,作为考核设备事故的指标。

$$K_b = \frac{1000\sum\Delta E}{E} \times 100\% \tag{3-4}$$

式中 K_b——千元产值事故损失率,%;

$\sum\Delta E$——年全部事故损失,元;

E——年总产值,元。

这种考核办法,考虑了生产水平,在企业之间、企业内部各年度之间都可进行比较。

思 考 题

3-1 机械维修包括哪些内容?

3-2 机械维修制度的含义是什么,目前采用的维修制度有哪几种?

3-3 运用网络计划技术编制修理计划有什么优点,具体步骤是怎样的?

3-4 什么叫点检制,点检通常分为几种?

3-5 什么叫定修制?

3-6 点检定修制与巡回检查计划修理相比有何不同?

3-7 事故的概念是什么,事故有哪几类?

4 机械维护及修复

4.1 机械维护

4.1.1 机械维护

4.1.1.1 机械维护的概念

机械维护是指为了保持设备的正常技术状态，最大可能地延长其使用寿命所采取的各项技术措施，包括机械设备的日常保养(预防故障)和及时的修理(排除故障)。具体地讲就是通过认真执行设备维护规程，加强机械预防检查，采取清洁、润滑、调整、紧固等预防措施，检查诊断主要部件的技术状况，并做出一些工作量不大的修理。如简单故障排除、易损零件的修复和更换，以保证设备的正常运行。良好的机械维护是保持机械功能的基础，对提高机械可靠性，减少停工损失和维修费用、降低产品成本、提高生产效率具有重要的意义，并为确定修理项目提供有力的依据。

4.1.1.2 常用机械维护方法

常用机械设备的保养、维护主要包括以下几种。

A 润滑

随着现代工业的发展，机械设备正向着高精度、高效率、高速、重载、大型和超小型、无需维修、节能等方向发展，为使机械设备经常保持良好状态，必须重点考虑与润滑状态密切相关的机械磨损问题，机械设备性能能否得以充分发挥，在很大程度上取决于润滑是否适当。加强设备的润滑和管理，是设备维护工作中极其重要的组成部分和关键环节。及时、正确、合理地润滑能够减少机械运行过程中的摩擦阻力、降低机械摩擦产生的磨损、提高机器使用寿命，充分发挥设备效能，并有助于安全运行。据资料统计，由于润滑不良和方法不当造成的设备故障次数占故障总次数的 30%～40%，因此造成的设备停机时间占总停机时间的 30%～70%；冶金企业设备事故中的 30%是由于润滑不良造成的。例如，中板四辊轧机十字万向联轴节滑块如果润滑不良将会造成与之连接传动的扁头温度升高，磨损加剧，甚至出现冒烟，铜滑块掉小铜片、铜末等现象，造成被迫停车检修。

在发生润滑故障时，开始往往看不到设备有明显的异常现象，而会出现一些不引人注意和不易察觉的细微迹象。然而这种异常迹象却很容易发展成重大故障，应给予足够的重视。为了能分辨、发现这些细微的劣化，在机械正常转动时就要十分注意测量有关的参数并记录其状态，如噪声、振动、温度、动力消耗等。

润滑故障的一个特征是，其发生的原因很少是单一的，而往往是诸多因素共同作用的结果。因此要对促使故障形成和发展的有关原因，广泛地进行分析、调查。此外，由于较难做出完整的理论分析，在很大程度上还只能依赖于经验，因此要求点检维护人员必须注意经验的积累，这样才能灵活应用从实践中获得的数据，从而提高润滑技术。

为更好地保养设备，润滑工作应该做到“五定”，防止发生缺油、漏油等问题。

a 定点

确定设备的润滑部位、润滑点，明确规定加油方法。

b 定质

确定设备各润滑部位、润滑点所加润滑剂的品种、牌号，油品应有检验合格证，如系掺配代用的油品，必须符合有关规定，润滑装置、油路及器具必须保持清洁完好。

c 定量

确定各润滑部位的加油数量及消耗定额，做到计划用油、合理用油、节约用油。

d 定期

确定设备各润滑部位及润滑点的加油间隔期，同时应根据设备实际运行情况及油质情况，合理地调整加(换)油周期，保证正常润滑。

e 定人

确定设备各润滑部位、润滑点的负责人，明确责任。对定期换油等应做好记录。

B 紧固

机械设备在正常运行一定时间以后，其紧固部件或零件，如螺纹连接等可能会发生松动，造成机件、机体的振动，使其运行不平衡甚至内部发生部件的不均匀磨损、撞击、损坏等故障。为此，在日常机械检查维护过程中应注意发现紧固问题，做到紧固方法得当，注意受力的均匀对称，及时排除紧固故障。

C 调整

机械设备在初始安装质量满足规范的情况下，随着设备运行时间的延长，设备的各种配合间隙会发生变化，必须进行调整，否则会引起载荷在机器上不正确的分布或产生附加载荷，可以用增减垫片或调整螺钉的方法来弥补因零件磨损而引起的配合间隙增大。例如，圆锥滚子轴承和各种摩擦片的磨损而引起游动间隙的增大，可通过调整法恢复正常状况。间隙调整应注意其大小，间隙过小时，不易形成液体摩擦，发热快，容易产生粘着磨损和摩擦副咬死现象；间隙过大时，易产生冲击载荷。

D 改善工作环境

机械设备的工作环境，对机械设备使用有较大的影响，如温度升高，氧化、磨损加剧；过高的湿度和空气中腐蚀介质的存在，会造成腐蚀和腐蚀磨损；空气中含灰尘量越多，液压元件越易堵塞等。但工作环境在某些情况下可人为地采取措施加以改善，如为减轻轧钢车间板坯旋转辊道的磨损、降低其表面温度可加外冷却水；为减轻湿度对设备带来的不利影响可增设风机，改善通风条件；为防止机件腐蚀可采取镀锌、镀铬或使用涂料涂层等防护方法。此外，还要做好设备清洁工作，由机械设备的操作者进行班前检验、班后清扫，保证机械设备处于良好的技术状态。

E 操作维护

科学的对机械设备进行操作就是对设备的最好维护，这一观点现在已得到广泛的认同，这就要求操作工在使用设备时要遵守技术规程，严格控制载荷，减少操作失误。一般来讲载荷愈大，机件磨损愈剧烈。在规定的使用条件下，零件的磨损在单位时间内与载荷的大小成直线关系。除了载荷大小之外，载荷特性对磨损也有直接影响，如交变、冲击载荷对零件的破坏程度比静载荷大，零件的疲劳损坏往往是在交变载荷下发生，并随其增大而加剧。

4.1.1.3 设备机械点检维护技能

现场机械设备的运行情况千变万化，纷繁复杂，专业点检维护人员必须凭借自己所具有的知识、技术、经验以及逻辑思维，在现场发现机械设备所存在的问题并切实解决这些问题，点检维护人员所具备的这种能力称为点检维护技能。它由两方面组成：第一，前兆技术，就是通过设备点检，从稳定中找出不稳定因素，从正常运转的设备中找出异常的萌芽，发现设备的劣化，防止其发展为设备故障；第二，故障的快速处理技术，就是在设备故障发生后，迅速分析和判断故障发生的部位，制定排除故障的方案并组织实施，或采取紧急应变措施让设备恢复工作。

机械设备点检技能的前兆技术，是利用机械设备在点检时所获得的一切有用的信息，经过分析处理，以获得最能识别机械设备状态的特征参数，并得出正确的判断，作为维修的依据。前兆技术包括信息的采集、信息分析处理、状态识别判断和预报。

利用人的感官检查设备的技能。机械设备在运行中都会产生一定的声响、温度和振动。这也是机械设备在运行时的一种特征表现。通过检测，可发现声音的高低、音色的变化，温度的升高和振动的强弱等。将收集到的这些信息数据与判断标准进行比较，就可以判断机械设备的劣化状况。结构相对简单的机械设备的检测可以依靠眼看、手摸、耳听、鼻嗅等人体感官的感觉，还可采用听音棒、检查锤、温度计等一些简单辅助器具。对重要的精度高的设备，在此基础上使用仪器仪表进行进一步定量检测和数据分析，可准确掌握其劣化趋势，在事故发生前得到恰当维修。

任何一种检测方法，都是根据采集到的声响、温度或不规则的振动与机械设备正常运行时的声音、温度和振动进行比较来进行判断的。因此，熟悉掌握机械设备的正常运行状态和特征，对于鉴别设备是否异常、判断劣化程度有着非常重要的意义。

4.1.1.4 拉丝、制绳各生产工序设备的维护

A 钢丝热处理工序

(1)仪表不准随便移动，由仪表员负责保管维护。热电偶仪表一般每星期校对一次。各仪表建立使用制度。注明检修日期，核对日期，测量误差。

(2)每隔一个半月左右时间要彻底清除铅锅中的铅灰，铅渣，然后将铅补满，并用炭末封闭好。

(3)停机后要彻底清除炉眼内的氧化物，以保证热处理时炉孔中的钢丝运行畅通无阻。

(4)下线设备——倒立式收线机卷筒的轴承、导线轮的轴承、架线辊的轴承、压线辊等处要定期润滑。

(5)对于闭式齿轮箱传动装置，要定期更换润滑油；对于开式齿轮箱传动装置，要加防护罩，以提高齿轮的使用寿命。

(6)定期检查轴承，观察轴承圈有无麻点及滚动体有无破损现象，如有问题及时更换，或按照轴承设计使用寿命定期更换。

(7)收线卷筒表面出现明显磨痕应及时修复。

(8)对于热处理炉的保养和维护，可延长炉子的使用寿命，节约能源。日常生产中应尽量减少停炉次数，严禁向炉子喷水，严禁高温操作。保持所有炉门完好，炉门应经常处于关闭状态。烧嘴、喷嘴的中心线和燃烧中心线在一条直线上并经常清除其中的结焦、油烟及其他杂物，作好定期检查。

B　拉丝工序

(1)拉丝模盒要保持清洁，经常清除盒内的氧化物及其脏物，肥皂粉焦化结块应及时更换，使用时要经常搅拌并保持肥皂粉面高度，使肥皂粉有效均匀地附着在钢丝表面，以保证良好润滑。

(2)模子、模架、卷筒三者必须对正，即模孔中心线与卷筒成水平相切(在一条直线上)，否则应进行调整，校正后紧固模架位置，防止其摆动。若误差量大，由维修工解决，以免出现"∞"字线或将钢丝表面划伤，把模子磨损成椭圆形。

(3)拉丝设备一周检查一次，发现设备故障或严重影响钢丝质量的情况及时反映，请设备维修人员及时排除。需要定期检查的主要部位有：拉拔卷筒(外表面的磨损情况，内部的水垢清理，跳动检查)，传动机构的磨损情况，导向轮、活套轮的调整。每班要有专人负责给拉丝机主轴加油。

(4)塔轮是水箱拉丝机的心脏部件，为减少塔轮的磨损，应严格按照配模规定执行拉拔工艺，限制过分的打滑。定期清理水箱池底的焦化物及氧化铁皮，肥皂液应循环过滤并冷却。

为了便于塔轮的修复，可将塔轮制成组合装配形式，塔轮出现磨损后，卸下套圈进行修理或调换。

(5)须经常检查电器开关与手柄控制系统是否失灵，安全保护装置是否有效，传动系统是否异常。

(6)卷筒出现磨损应及时修复，可采用堆焊法，喷涂法等。

(7)拉丝机冷却系统：卷筒水冷、风冷装置，模子水冷装置，钢丝水冷装置应完善，冷却效果良好。

C　捻股、合绳工序

(1)开车前检查工字轮框架托轮、转筒的主要部件等有无问题，需加油的部位加油。

(2)分线盘随筒体转动过程中不能摆动，分线盘中心线与筒体轴线重合且垂直于筒体轴线，并安装牢固，避免甩出伤人。分线盘上的分线模孔孔径合适，孔内表面光滑，没有勒痕，不许刮伤钢丝或出现刮锌现象，否则应及时修理或更换分线盘。

(3)工字轮框架不许有裂纹，紧固螺丝不得松动，工字轮的锁紧销应完好，销子的弹簧能发挥其作用。工字轮涩带装置完好且灵敏可靠，以保证工字轮放线的张力适中，即钢丝、钢丝股绳放线时松紧适当。

(4)捻股过程中，操作人员应随时检查预变形器、后变形器的工作情况，各部分应转动灵活，辊轮轮面应光滑、平整，发现刮或损坏时应及时修理或更换，不能勉强使用。

(5)牵引轮的推线装置工作正常，工作时不能出现股绳交叉现象，牵引轮不得出现松动和来回窜动现象。

(6)传动装置：齿轮传动。齿轮啮合应正常，有可调闸把的齿轮变速箱，应将闸把旋到规定位置；皮带传动。皮带松紧适宜，皮带卡子完好且连接牢靠；链传动。链条不得有拔节、跳节现象。

(7)收线工字轮在收线架上安装牢固。有轴式收线工字轮，防止工字轮窜动的卡箍不得松动；无轴式收线工字轮，两端顶头的锁紧手把不得松动。

(8)制动装置不得失灵，安全防护装置应齐全且完好，打开筒体上的防护罩应能自动断电。

(9)沿股绳捻制方向转动机身，转动时没有明显阻力；试开机时，观察机身支撑装置是否正常，工字轮框架不应随机体一起转动或左右窜动，应运转平稳，无异常声响。否则应立即停车修理。

4.1.2 故障分析诊断

4.1.2.1 概述

在维修中，对故障分析的目的是要查明故障模式，追寻故障机理，探求减少故障发生的方法，提高机械设备的可靠程度和有效利用率。同时，把故障的影响和结果反映给设计和制造部门，以便采取对策。

故障诊断是指机械在不拆卸的情况下，用仪器仪表和测量工具，检测其现有状态参数，分析故障原因和异常情况，预报机械设备未来情况，并据此判断设备的损坏情况，机械设备诊断技术是设备综合工程学的一个组成部分。

A 故障的概念

故障是指整机或零部件在规定的时间和使用条件下不能完成规定的功能，或各项技术经济指标偏离了它的正常状况，但在某种情况下尚能维持一段时间工作，若不能得到妥善处理将导致事故。如零部件损坏、磨损超限，焊缝开裂，螺栓松动；发动机的功率降低；传动系统失去平衡和噪声增大；工作机构的工作能力下降；燃料和润滑油的消耗增加等；当其超出了规定的指标时就会发生故障。

对于故障，应明确以下几点：

(1)规定的对象。它是指一台单机、或由某些单机组成的系统、或机械设备上的某个零部件。不同的对象在同一时间将有不同的故障状况，例如：在一条自动化流水线上，某一单机的故障足以造成整条自动线系统功能的丧失；但在机群式布局的车间里，就不能认为某一单机的故障与全车间的故障相同。

(2)规定的时间。发生故障的可能性随时间的延长而增大。时间除了直接用年、月、日、时等作单位外，还可用机械设备的运转次数、里程、周期作单位。例如：车辆等用行驶的里程；齿轮用它承受载荷的循环次数等。

(3)规定的条件。这是指机械设备运转时的使用维护条件、人员操作水平、环境条件等。不同的条件将导致不同的故障。

(4)规定的功能。它是针对具体问题而言，例如：同一状态的车床，进给丝杠的损坏对加工螺纹而言是发生了故障；但对加工截面来说却不算发生故障，因为这两种情况所需车床的功能项目不同。

(5)一定的故障程度。即应从定量的角度来估计功能丧失的严重性。在生产实践中，为概括所有可能发生的事件，给故障下了一个广泛的定义，即“故障是不合格的状态”。

B 故障的模式

机械设备的故障必定表现为一定的物质状况及特征，它们反映出物理的、化学的异常现象，并导致功能的丧失。这些物质状况的特征称故障模式，需要通过人的感官或测量仪器得到，相当于医学上的“病症”。

常见的故障模式按以下几方面进行归纳：

(1)属于机械零部件材料性能方面的故障：包括疲劳、断裂、裂纹、蠕变、过度变形、材质劣化等。

(2)属于化学、物理状况异常方面的故障：包括腐蚀、油质劣化、绝缘绝热劣化、导电导热劣化、熔融、蒸发等。

(3)属于机械设备运动状态方面的故障：包括振动、渗漏、堵塞、异常噪声等。

(4)多种原因的综合表现：如磨损等。

此外，还有配合件的间隙增大或过盈丧失、固定和紧固装置松动与失效等。

C 故障诊断

机械设备出现故障后，使某些特性改变，产生能量、力、热及摩擦等各种物理和化学参数的变化，发出各种不同的信息。捕捉这些变化的征兆，检测变化的信号及规律，从而判定故障发生的部位、性质、大小，分析原因和异常情况，预报未来，判别损坏情况，做出决策，消除故障隐患，防止事故的发生，这就是故障诊断。

故障诊断是近年来发展起来的多学科交叉的实用性新技术，是以现代科学技术为先导的应用性科学。它对减少运动中的机械设备故障起到重要的作用。据统计，采用该项技术后，可减少75%以上的机械设备故障，维修费用能降低25%～50%。目前，故障诊断技术的重要性已提到维修技术的里程碑的高度来认识，并大力开展故障诊断技术的开发工作。

a 诊断技术的原理和任务

在机械设备中，运用诊断手段获取各种信息，反映它的技术状况，当参数超过一定范围，就有故障的征兆。如机械运转一般都有噪声，当机械中的某些配合件因磨损等原因引起配合间隙增大时，就会出现冲击和振动，从而使噪声增大，在此种情况下，噪声反映了故障的征兆。技术状况参数有很多，如温度、压力、流量、电流、电压、功率、转速、噪声、振动等。机械设备故障诊断的技术原理如图4-1所示。

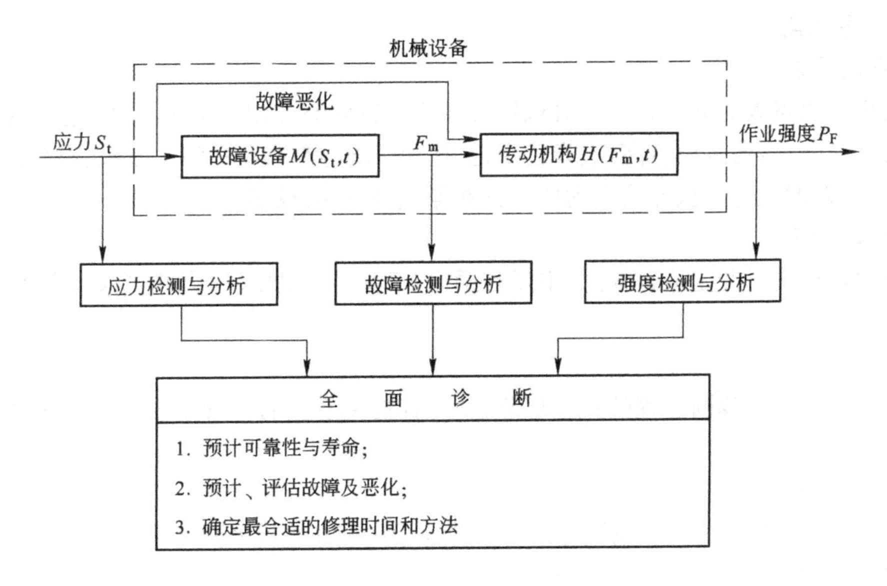

图4-1 机械设备故障诊断技术原理

机械设备故障诊断技术的任务是：

(1)弄清引起机械设备的劣化或故障的主要原因——应力状况。

(2)掌握机械设备劣化、故障的部位、程度及原因。

(3)了解机械设备的性能、强度、效率。

(4)预测机械设备的可靠性和使用寿命。

b 诊断技术的分类

功能和运行诊断

主要诊断目的是检测机械设备的功能状态和运行中的工况,以便据此采取相应的对策。

直接和间接诊断

直接诊断是对机械设备或零部件直接观察和测试;由于受结构和运行条件等因素的限制不能进行直接诊断,而需通过二次诊断信息间接地得到有关运行工况的诊断称间接诊断。因它常有综合信息的因素,有造成误诊的可能性。

常规和特殊诊断

常规诊断属于机械设备正常运行条件下进行的诊断,一般情况下最常用;对正常运行条件下难以取得的诊断信息,通过创造一个非正常运行条件取得的信息和进行诊断称特殊诊断。

简易和精密诊断

由一般维修人员对机械设备进行概括性的评价称简易诊断;而精密诊断则是在简易诊断的基础上由专家对工况作精确的诊断。

定期诊断和在线监控

定期诊断是每隔一定的时间对机械设备的各规定部位进行一次检查和诊断,又叫巡回检查;通过一些仪器仪表及计算机处理系统对机械设备运行状态进行连续的跟踪和控制称在线监控,它是现代化的检测手段。

4.1.2.2 诊断技术的环节

A 信号采集

a 直接观察

这是根据决策人的知识和经验对机械设备的运行状态作出判断的方法,它是现场经常使用的方法。例如:通过声音高低、音色变化、振动强弱等来判断故障。破损、磨损、变形、松动、泄漏、污秽、腐蚀、变色、异物和动作不正常等,也是直接观察的内容。

b 性能测定

通过对功能进行测定取得信息,主要有振动、声音、光、温度、压力、电参数、表面形貌、污染物和润滑情况等。

B 特征提取

特征提取是故障诊断过程的关键环节之一,直接关系到后续诊断的识别。主要有以下几种。

a 频域分析法

它是以振动信号为基础,依据能量在不同频率上的分布情况来判定机械设备的运行情况。

b 时序分析法

它是时域上以参数模型为基础的分析法,用相应的数学模型(差分方程)近似地描述一时动态序列。时序模型的建立过程,实质上也是特征信息的凝聚过程,状态特征集中表现在其模型的参数上,根据参数特征进行状态识别。

C 状态识别及趋势分析

在有效的状态特征提取后进行状态识别。它以模式识别为理论基础,有两种方法:统计模式识别;结构模式识别。它们都有各自的判别准则。此外,还有基于模糊数学的模糊诊断、基于灰色理论的灰色诊断等。

随着计算机技术的发展,建立了诊断的集成形式,即诊断的专家系统。它是集信号的采集、特征提取、状态识别与趋势分析于一体,是一个集成系统。专家系统采用模块结构,能方便地增加其功能。它的知识库是开放式的,便于修改和增删。专家系统还具有解释功能及良好的使用界面,综合利用各种信息与诊断方法,以灵活的诊断策略来解决实际问题。

随着科学技术的进一步发展,从故障诊断的全过程来看,今后将在下述几方面得到新的进展:

(1)不断研制和开发先进的多功能高效测试仪,有效地测取信号。

(2)开发以人工神经网络为基础的神经网络信号处理技术和相应的软硬件。

(3)研制开发以人工神经网络为支持系统,集信号测试、处理及识别诊断于一体的综合集成诊断专家系统。

(4)进一步开发以人工智能为基础的智能型识别诊断技术。

4.1.2.3 诊断技术的形式和方法

故障诊断主要有以下两种形式:机械设备运转中的检测;机械设备的停机检测。

A 机械设备运转中的检测

运转中的检测是根据外部现象推断内部原因的技术,它与拆卸检查和故障原因分析技术本质上是不同的。主要有以下几种方法。

a 凭五官进行外观检查

利用人体的感官,听其音、嗅其味、看其动、感其温,从而直接观察到故障信号,并以丰富的经验和维修技术判定故障可能出现的部位与原因,达到预测预报的目的。这些经验与技术对于小厂和普通机械设备是非常重要的,即使将来科学技术高度发展,也不可能完全由仪器设备监测诊断技术取代。

b 振动测量

振动是一切作回转或往复运动的机械设备最普通的现象,状态特征凝结在振动信号中。振动的增强无一不是由故障引起的。振动测量就是利用机械设备运动时产生的信号,根据测得的幅值(位移、速度、加速度)、频率和相位等振动参数,对其进行分析处理,做出诊断。

产生振动的根本原因是机械设备本身及其周围环境介质受振源的激振。激振来源于两类因素:一是回转件或往复件的失衡,主要包括:回转件相对于回转轴线的质量分布不均,在运转时产生惯性力;制造质量不高,特别是零件或构件的形状位置精度不高造成质量失衡;另外回转体上的零件松动增加了质量分布不均、轴与孔的间隙因磨损加大也增加了失衡;转子弯曲变形和零件失落,造成质量分布不均等。二是机械设备的结构因素,主要包括:往复件的冲击,如以平面连杆机构原理作运动的机械设备,连杆往复运动产生的惯性力,其方向作周期性改变,形成了冲击作用,这在结构上很难避免;齿轮由于制造误差大,导致齿轮啮合不好,齿轮间的作用力在大小、方向上发生周期性变化,随着齿轮在运转中的磨损和点蚀等现象日益严重,这种周期性的激振也日趋恶化;联轴节和离合器的结构不合理带来失衡和冲击;滑动轴承的油膜涡动和振荡;滚动轴承中滚动体不平衡及径向间隙;基座扭曲;电源激励;压力脉动等。

此外,机械设备的拖动对象不稳定,使负载不平稳,若是周期性的也能成为振源。

典型的振动测量与分析系统由四个基本部分组成,即传感器、测量仪器、分析仪器和记录仪器。典型的振动测量系统,如图 4-2 所示,该系统实际由传感器和测量仪器两部分组成。传感器的种类很多,常用的有三种:即感受振动位移的位移传感器;感受振动速度的速度传感器;感受加速度的加速度传感器。目前应用最广的是压电式加速度计,其作用是将机械能信号(位移、速度、加速度、动力等)转换成电信号。信号调节器是一个前置放大器,有两个作用:放大加速度计的微弱输出信号;降低加速度计的输出阻抗。数据贮存器是指磁带记录仪,它能将现场的振动信号快速而完整地记录下来、贮存下来,然后在实验室内以电信号的形式,再把测量数据复制,重放出来。信号处理机由窄带或宽带滤波器、均方根检波器、峰值计或概率密度分析仪等组成。测量系统的最后一部分是显示或读数装置,它可以是表头、示波器或图像记录仪等。

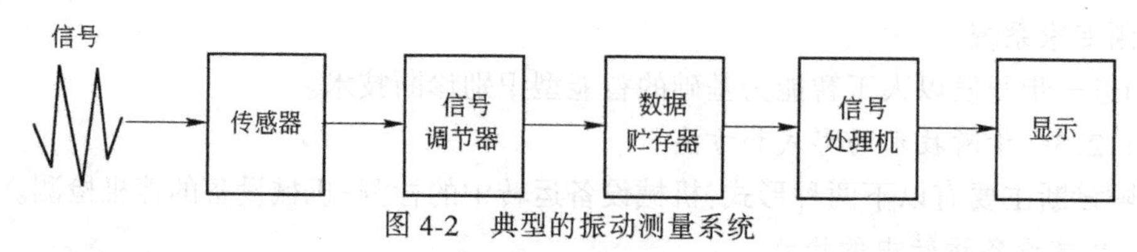

图 4-2 典型的振动测量系统

c 噪声测量

噪声也是机械设备故障的主要信息来源之一,还是减少和控制环境污染的重要内容。测声法是利用机械设备运转时发出的声音进行诊断。

机械设备噪声的声源主要有两类:一类是运动的零部件,如电动机、油泵、齿轮、轴、轴承等,其噪声频率与它们的运动频率或固有频率有关;另一类是不动的零部件,如箱体、盖板、机架等,其噪声是由于受其他声源或振源的诱发而产生共鸣引起的。

噪声测量主要是测量声压级。声级计是噪声测量中最常用、最简单的测试仪器,声级计由传感器、放大器、衰减器计权网络、均方根检波电路和电表组成。图4-3为其工作原理方

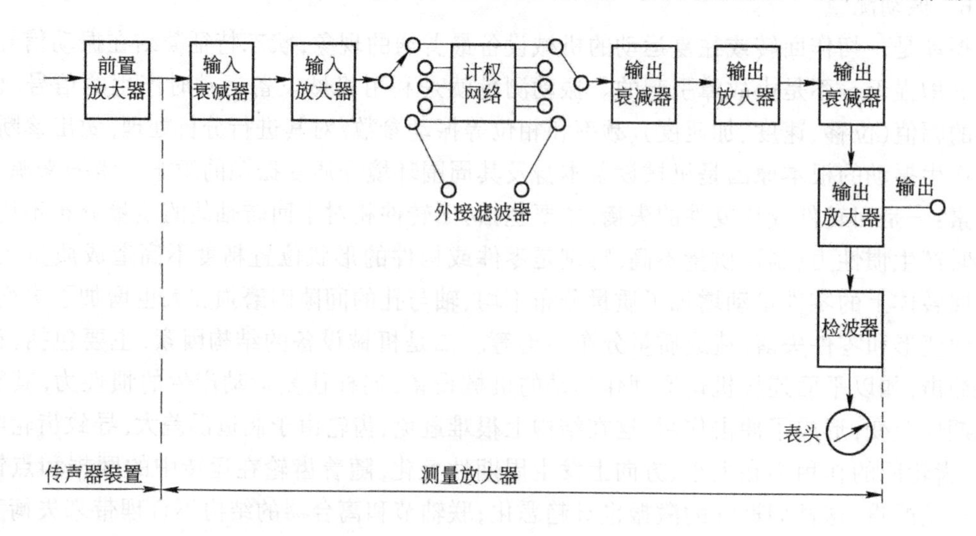

图 4-3 声级计工作原理方框图

框图。声压信号输入传声器后，被转换为电信号。当信号微小时，经过放大器放大，若信号较大时，则对信号加以衰减。输出衰减器和输出放大器的作用与输入衰减器和输入放大器相同，都是将信号衰减或放大。为提高信噪比，保持小的失真度和大的动态范围，将衰减器和放大器分成两组：输入(出)衰减器和输入(出)放大器，并将输出衰减器再分成两部分，以便匹配。为使所接受的声音按不同频率分别有不同程度的衰减，在声级计中相应设置了三个计权网络。通过计权网络可直接读出声级数值。经最后的输出放大器放大的信号输入到检波器中检波，并由表头以"分贝"指示出有效值。

d　温度测量

温度是一种表象，它的升降状态反映了机械设备的热力过程，异常的温升或温降说明产生了热故障。例如：内燃机、加热炉燃烧不正常，温度分布不均匀；轴承损坏，发热量增加；冷却系统发生故障，零件表面温度上升等。凡利用热能或用热能与机械能之间的转换进行工作的机械设备，进行温度测量十分重要。

测量温度的方法很多，可利用直接接触或非接触式的传感器，以及一些物质材料在不同温度下的不同反应来进行温度测量。

接触式传感器

通过与被测对象的接触，由传感器感温元件的温度反映出测温对象的温度。如液体膨胀式传感器利用水银或酒精在不同温度下涨缩的现象来显示温度；双金属传感器和热电偶传感器依靠不同金属在受热时表现出不同的膨胀率和热电势，利用这种差别来测量温度；电阻传感器则是根据不同温度下电阻元件的电阻值发生变化的原理来工作。

非接触式传感器

这类仪器是利用热辐射与绝对温度的关系来显示温度。如光学高温计、辐射高温计、红外测量仪、红外热像仪等。用红外热像仪测温是20世纪60年代兴起的技术，它具有快速、灵敏直观、定量无损等特点，特别适用于高温、高压、带电、高速运转的目标测试，对故障诊断和预测维修非常有效。由红外热像仪形成的一幅简单的热图像提供的热信息相当于3万个热电偶同时测定的结果。这种仪器的测量范围一般为几十度到上千度，分辨率为0.1℃，测试任何大小目标只需几秒钟，除在现场可实时观察外，还能用磁带录像机将热图像记录下来，由计算机标准软件进行热信息的分析和处理。整套仪器做成便携式，现场使用非常方便。

温度指示漆、粉笔、带和片。它们的工作原理是从漆、粉笔、带和片的颜色变化来反映温度变化。当然这种测温方法精度不高(因为颜色变化的程度还附加人的感官判别问题)，但相当方便。

e　声发射检测

各种材料由于外加应力作用，在内部结构发生变化时都会以弹性波的方式释放应变能量，这种现象称声发射。如木材的断裂、金属材料内部晶格错位、晶界滑移或微观裂纹的出现和扩展等都会产生声发射。弹性波有的能被人耳感知，但多数金属，尤其是钢铁，其弹性波的释放是人耳不能感知的，属于超声范围。通过接受弹性波，用仪器检测、分析声发射信号和利用信号推断声发射源的技术称声发射技术。

声发射检测具有下述特点：

(1)需对构件外加应力。

(2)它提供的是加载状态下缺陷活动的信息，是一种动态监测。而常规的无损检测是静态监测。声发射检测可客观地评价运行中机械设备的安全性和可靠性。

(3)灵敏度高、检查覆盖面积大、不会漏检,可远距离检测。

声发射检测现在已广泛用来监测机械设备和机件的裂纹和锈蚀情况。

声发射的测量仪器主要有:

(1)单通道声发射仪,它只有一个通道,包括信号接收、信号处理、测量和显示。一般用于实验室。

(2)多通道声发射仪,它有两个以上通道,常需配置计算机,一般应用在现场评价大型构件。

f 油样分析

在机械设备的运转过程中,润滑油必不可少。由于在油中带有大量的零部件磨损状况的信息,所以通过对油样的分析可间接监测磨损的类型和程度,判断磨损的部位,找出磨损的原因,进而预测寿命,为维修提供依据。例如,在活塞式发动机中,当油液中锡的含量增高时,可能表明轴承处于磨损的早期阶段;铝的含量增高则表明活塞磨损。油样分析所能起到的作用,如同医学上的验血。

油样分析包括采样、检测、诊断、预测和处理等步骤。

常用的油样分析方法主要有三种。

磁塞分析法

磁塞分析法是最早的油样分析法,将磁塞插入所用油液中,收集分离出的铁磁性磨粒,然后将磁塞芯子取下洗去油液,置于读数显微镜下进行观察,若发现小颗粒子且数量较少,说明机器处于正常磨损阶段。一旦发现大颗粒子,便须引起重视,首先要缩短监督周期,并严密注视机器运转情况。若多次连续发现大颗粒子,便是即将出现故障的前兆,要立即采取维护措施。

磁塞分析具有设备简单、成本低廉、分析技术简便,一般维修人员都能很快掌握,能比较准确获得零件严重磨损和即将发生故障的信息等优点,因此它是一种简便而行之有效的方法。但是它只适用于对带磁性的材料进行分析,其残渣尺寸大于 50μm。

图 4-4 为磁塞的应用图,为了控制和监测 4 个主轴承和增速齿轮箱的磨损,在相应的通道上均安装有磁塞。在整个回路中还装有全流道残渣敏感器,一旦回路中产生较大较多的残渣,与敏感器连接的电气控制线路将立即开始动作,使主机停止运行。

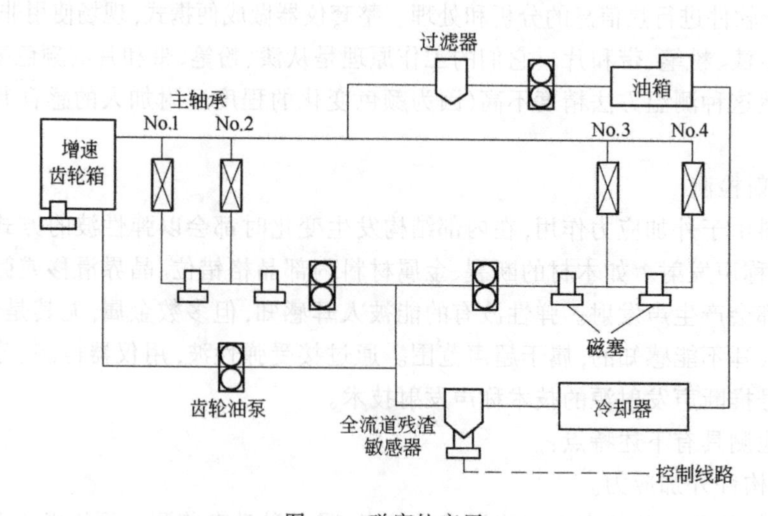

图 4-4 磁塞的应用

光谱分析法

光谱分析法是测定物质化学成分的基本方法，它能检测出铅、铁、铬、银、铜、锡、镁、铝和镍等金属元素，定量地判断磨损程度。在实际运用中分原子发射光谱分析和原子吸收光谱分析两种方法。

(1)原子发射光谱分析法。油样在高温状态下用带电粒子撞击(一般用电火花)，使之发射出代表各元素特征的各种波长的辐射线，并用一个适当的分光仪分离出所要求的辐射线，通过把所测的辐射线与事先准备的校准器相比较来确定磨损碎屑的材料种类和含量。

(2)原子吸收光谱分析法。是利用处于基态的原子可以吸收相同原子发射的相同波长的光子能量而受激的原理。采用具有波长连续分布的光透过油中的磨损磨粒，某些波长的光被磨粒吸收而形成吸收光谱。在通常情况下，物质吸收光谱的波长与该物质发射光谱波长相等，同样可确定金属的种类和含量。发射光谱一般必须在高温下获得，而高温下的分子或晶体往往易于分解，因此原子吸收光谱还适宜于研究金属的结构。

由于光谱分析法本身的限制，不能给出磨损残渣的形貌细节，而分析的残渣一般只能小于 2μm。

铁谱分析法

这种方法是近年来发展起来的一种磨损分析法。它从润滑油试样中分离和分析磨损微粒或碎片，借助于各种光学或电子显微镜等检测和分析，方便地确定磨损微粒或碎片的形状、尺寸、数量以及材料成分，从而判别磨损类型和程度。

铁谱分析法的程序如下：

(1)分离磨损微粒制成铁谱片。采用铁谱仪分离磨损微粒制成铁谱片。它由三部分组成：抽取样油的泵，使磨损微粒磁化沉积的强磁铁，形成铁谱的透明底片。其装置如图 4-5 所示。

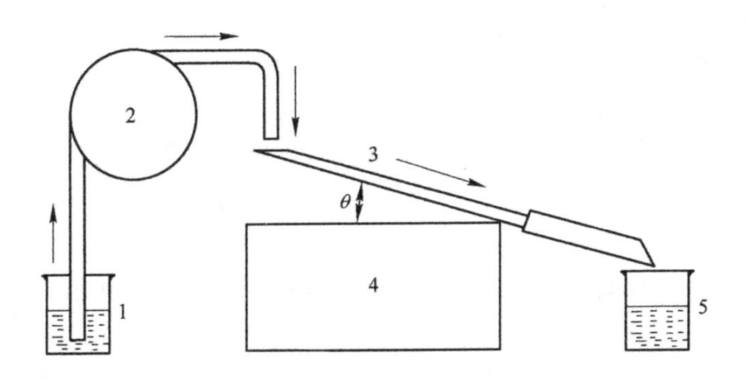

图 4-5 铁谱仪装置

1—样油容器；2—泵；3—底片；4—强磁铁；5—废油容器

样油由泵 2 抽出送到透明显微镜底片 3 上，底片下装有强磁铁 4，底片安装成与水平面有一倾斜角度，使出口端的磁场比入口端强。样油沿倾斜底片向下流动时，受磁场力作用，磨损微粒被磁化，最后使微粒按照其大小，全部均匀地沉积在底片上，用清洗液冲洗底片上残余油液，用固定液使微粒牢固贴附在底片上，从而制成铁谱片。

(2)检测和分析铁谱片。检测和分析铁谱片的方法很多，有各种光学或电子显微镜、有化学或物理方法。目前一般使用的有：用铁谱光密度计(或称铁谱片读数仪)来测量铁谱片上不同位置上微粒沉积物的光密度，从而求得磨损微粒的尺寸、大小分布及总量；用铁谱显微镜（又称双色显微镜）研究微粒、鉴别材料成分、确定磨粒来源、判断磨损部位、研究磨损机理；用扫描电镜观察磨损微粒形态和构造特征，确定磨损类型；对铁谱片进行加热处理，根据其回火颜色，鉴别各种磨粒的材料和成分。

光谱和铁谱分析法能获得较多的磨损信息，有很好的检测效果。但均需使用价格昂贵的仪器，并需熟练人员进行操作，推广应用受到一定限制。

g 频闪观察法

它是通过一个能产生极短促闪光的频闪观测仪，利用人眼具有视觉停留的特点，对准所要观察的运动零部件，使闪光的次数与机件的转速或往复次数一致，对能看到的部位产生了停止不动的印象，以观测零部件在运转中的磨损、位移等现象。

h 泄漏检测

在机械设备运行中，气态、液态和粉尘状的介质从其裂缝、孔眼和空隙中逸出或进入，造成泄漏、能源浪费、工况劣化、环境污染、损坏加速，这是企业中力图防止的现象，特别是对于蒸汽系统、压缩空气系统、输油系统及一切带压系统，防泄漏是个重要问题。

泄漏检测的方法很多，主要有以下几种：

(1)皂液检测法。将皂液涂抹在检测部位上，通过观察皂泡的生成速度、大小和位置进行检测，这是一种使用十分普通而又价廉的方法。但受环境温度和泄露部位能否便于检测的制约。

(2)声学法。当气体或液体从裂缝或孔眼中逸出时，收集这种过程中发出的声音信号，将它放大用仪表显示。这种检测方法的缺点是难以滤除环境噪声的干扰，使灵敏度降低，限制了仪器的使用范围。

(3)触媒燃烧器。用通电加热的白金丝与逸出的可燃气体或蒸汽接触，产生燃烧而使温度升高，把温升转化为电桥电阻的变化由仪表显示。

(4)压力真空衰减测试法。将容器或管道充压密封，然后检测压力或真空的衰减情况，判断泄漏程度。但这种方法不易查出泄漏的部位。

除以上方法外，还可采用氦质谱仪、红外分光仪泄漏检测器、火焰电离仪、光华电离检测器等进行检漏。

i 厚度检测

机械设备运行一定时期后，由于磨损和腐蚀等原因，厚度逐渐减小。因它们已经安装就位，不能随意停机拆卸检查；有的零件根本不能用常规方法测量厚度。

现在应用较广的是超声波测厚技术。超声波在固体介质中传播的速度随材料而异。若将超声波向被测物体发射，它将穿越该物体的厚度，到达空气时又被反射回来。通过测定发射和返回的时间，就可计算被测物体的厚度。用超声波测厚仪定期、定点地监测易磨损、易腐蚀和侵蚀的管道、容器或零件的壁厚是十分方便的。

j 性能指标的测定

通过测量机械设备的输入、输出之间的关系及其主要性能指标，来判断其运行状态的变化和工作是否正常，从而进行故障诊断，得到重要信息。

B 机械设备的停机检测

机械设备停机检测是故障诊断的主要辅助手段，它经常与检修配合进行。但是，在分析一些故障原因或查清一些故障隐患时，停机检测却是主要诊断措施。例如，重要部件的窜动及其位置变化、裂纹、变形或其他内部缺陷的检查；啮合关系、配合间隙出现异常时的检测等。

停机检测的主要方法与内容有以下几点：

(1)主要精度的检测。包括主要几何精度、位置精度、接触精度、配合精度等的检测，这是一些异常故障的主要诊断途径之一。主要精度的检测经常要解体，并借助于相应检测量具、仪器及一些专用装置。

(2)内部缺陷的检测。机械设备及其主要零部件的内部缺陷的检测，经常是诊断或排除故障的重要方法之一，例如对变形、裂纹、应力变化、材料组织缺陷等故障的检测。其主要检测器具有超声波探伤仪、磁力探伤器等。

4.2 零件的修复

机械设备中的零件经过一定时间的运转，难免会因磨损、腐蚀、氧化、刮伤、变形等原因而失效，为节约资金减少材料消耗，采用合理的、先进的工艺对零件进行修复是十分必要的。许多情况下，修复后的零件质量和性能可以达到新零件的水平，有的甚至可以超过新零件，如采用埋弧堆焊修复的轧辊寿命可以超过新辊，采用堆焊修复的发动机阀门，寿命可达新品的两倍。目前比较常用的修复方法很多，可分为钳工修复法、机械修复法、焊修法、电镀法、喷涂法、粘修法、熔敷法、其他修复法。在实际修复中可在经济允许、条件具备、尽可能满足零件尺寸及性能的情况下，合理选用修复方法及工艺。

4.2.1 钳工修复与机械修复

钳工和机械修复是零件修复过程中最主要、最基本、最广泛应用的工艺方法。它既可以作为一种单独的手段直接修复零件，也可以是其他修复方法如焊、镀、涂等工艺的准备或最后加工必不可少的工序。

4.2.1.1 钳工修复

钳工修复包括绞孔、研磨、刮研、钳工修补(如修补键槽、螺纹孔、铸件裂纹等)。

A 绞孔

绞孔是利用绞刀进行精密孔加工和修整性加工的过程，它能提高零件的尺寸精度和减小表面粗糙度值，主要用来修复各种配合的孔，修复后其公差等级可达IT7～IT9，表面粗糙度值可达R_a3.2～0.8μm。

B 研磨

用研磨工具和研磨剂，在工件上研掉一层极薄表面层的精加工方法叫研磨。研磨可使工件表面得到较小的表面粗糙度值、较高的尺寸精度和形位精度。

研磨加工可用于各种硬度的钢材、硬质合金、铸铁及有色金属，还可以用来研磨水晶、天然宝石及玻璃等非金属材料。

经研磨加工的表面尺寸误差可控制在0.001～0.005mm范围内。一般情况下表面粗糙度可达R_a0.8～0.5μm，最高可达R_a0.006μm，而形位误差可小于0.005mm。

C 刮研

用刮刀从工件表面刮去较高点，再用标准检具(或与之相配的件)涂色检验的反复加工过程称为刮研。刮研用来提高工件表面的形位精度、尺寸精度、接触精度、传动精度和减小表面粗糙度值，使工件表面组织致密，并能形成比较均匀的微浅凹坑，创造良好的存油条件。

刮研是一种间断切削的手工操作，它不仅具有切削量小、切削力小、产生热量小、夹装变形小的特点，而且由于不存在机械加工中不可避免的振动、热变形等因素，所以能获得很高的精度和很小的表面粗糙度值。可以根据实际要求把工件表面刮成中凹或中凸等特殊形状，这是机械加工不容易解决的问题；刮研是手工操作，不受工件位置和工件大小的限制。

D 钳工修补

a 键槽

当轴或轮毂上的键槽只磨损或损坏其一时，可把磨损或损坏的键槽加宽，然后配制阶梯键。当轴或轮毂上的键槽全部损坏时，允许将键槽扩大10%～15%，然后配制大尺寸键。当键槽磨损大于15%时，可按原键槽位置将轴在圆周上旋转60°或90°，按标准重新加工键槽。加工前需把旧键槽用气、电焊填满并修整。

b 螺纹孔

当螺纹孔产生滑牙或螺纹剥落时，可先把螺孔钻去，然后攻出新螺纹。

4.2.1.2 机械修复

利用机械连接，如螺纹连接、键、铆接、过盈连接等使磨损、断裂、缺损的零件得以修复的方法称为机械修复法。包括局部更换法、换位法、镶补法、金属扣合法、修理尺寸法、塑性变形法等，这些方法可利用现有的简单设备与技术，进行多种损坏形式的修复。其优点是不会产生热变形；缺点是受零件结构、强度、刚度的限制，难以加工硬度高的材料，难以保证较高精度。

A 局部更换法

若零件的某个部位局部损坏严重，而其他部位仍完好，一般不宜将整个零件报废。可把损坏的部分除去，重新制作一个新的部分，并以一定的方法使新换上的部分与原有零件的基本部分连接在一起成为整体，从而恢复零件的工作能力，这种维修方法称局部更换法。如结构复杂的重型机械的齿圈损坏时，可将损坏的齿圈卸掉，再压入新齿圈。新齿圈可事先加工好，也可压入后再行加工。连接方式用键或过盈连接，还可用紧固螺钉、铆钉或焊接等方法固定。局部更换法适用于多联齿轮局部损坏或结构复杂的齿圈损坏的情况。它可简化修复工艺，扩大修复范围。

B 换位法

有些零件由于使用的特点，通常产生单边磨损，或磨损有明显的方向性，对称的另一边磨损较小。如果结构允许，在不具备彻底对零件进行修复的条件下，可以利用零件未磨损的一边，将它换一个方向安装即可继续使用，这种方法称换位法。例如：两端结构相同，且只起传递动力作用，没有精度要求的长丝杠局部磨损可调头使用。大型履带行走机构，其轨链销大部分是单边磨损，维修时应将它转动180°便可恢复履带的功能，并使轨链销得到充分利用。

C 镶补法

镶补法就是在零件磨损或断裂处补以加强板或镶装套等，使其恢复功能。一般中小型零件断裂后，可在其裂纹处镶加补强板，用螺钉或铆钉等将补强板与零件连接起来；对于脆性材料，应在裂纹端头钻止裂孔。此法操作简单，适用面广，如图4-6所示。

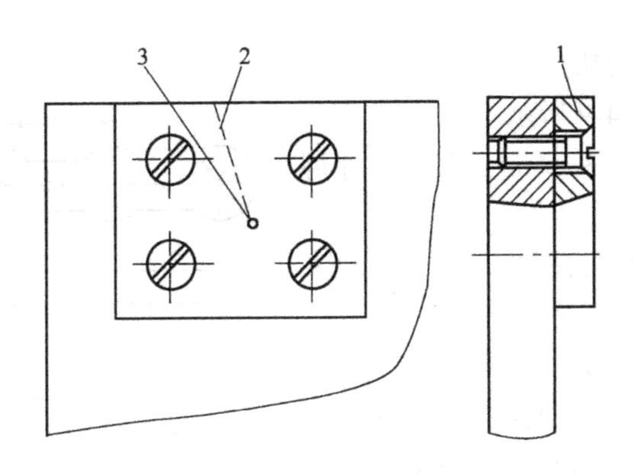

图 4-6　补强板

1—补强板;2—裂纹;3—止裂孔

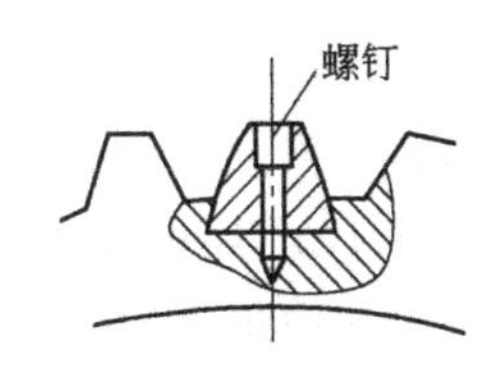

图 4-7　镶齿

对齿类零件,尤其对精度不高的大中型齿轮,若出现一个或几个齿轮损坏或断裂,可先将坏齿切割掉,然后在原处用机加工或钳工方法加工出燕尾槽并镶配新的齿轮,端面用紧定螺钉或点焊固定,如图 4-7 所示。

对损坏的圆孔、圆锥孔,可采取扩孔镶套的方法,即将损坏的孔镗大后镶套,套与孔可采用过盈配合。所镗孔的尺寸应保证套有足够的刚度。套内径可预先按配合要求加工好,也可镶入后再加工至配合精度。

如损坏的螺孔不允许加大时,也可采用此法修复。即将损坏的螺孔扩孔后,镶入螺塞,然后在螺塞上加工出螺孔(螺孔也可在螺塞上预先加工)。

D　金属扣合法

金属扣合法修复技术是借助高强度合金材料制成的扣合连接件(波形键),在槽内产生塑性变形来完成扣合作用,以使裂纹或断裂部位重新连接成一个整体。该法适于不易焊补的钢件和不允许有较大变形的铸件,以及有色金属件,尤其对大型铸件的裂纹或折断面的修复效果更为突出。

金属扣合法的特点是:修复后的零件具有足够的强度和良好的密封性;修复的整个过程在常温下进行,不会产生热变形;波形槽分散排列,波形键分层装入,逐片锤击,不产生应力集中,操作简便,使用的设备和工具简单,便于就地修理。该方法的局限性是不适于修复厚度 8mm 以下的铸件及振动剧烈的工件,此外,修复效率低。

按扣合的性质及特点,金属扣合可分为强固扣合、强密扣合、加强扣合和热扣合四种。

a　强固扣合法

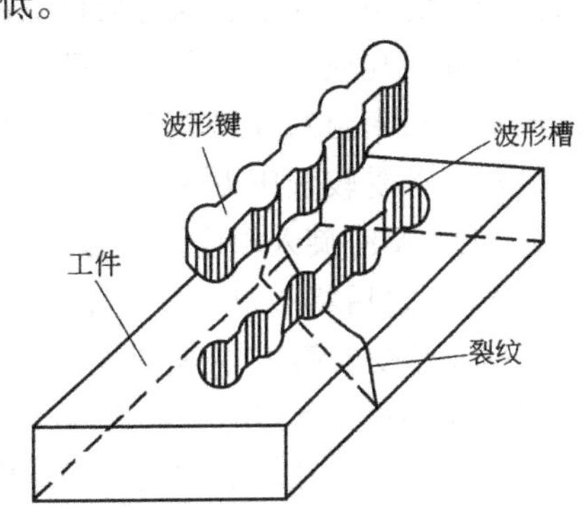

图 4-8　强固扣合法

该方法是先在垂直于裂纹方向或折断面的方向上,按要求加工出具有一定形状和尺寸的波形槽,然后将用高强度合金材料制成的其形状、尺寸与波形槽相吻合的波形键嵌入槽中,并在常温下锤击使之产生塑性变形而充满整个槽腔,这样,由于波形键的凸缘与槽的凹洼相互紧密的扣合,将开裂的两部分牢固地连接成一体,如图 4-8 所示。此法适用于修复壁厚8～

40mm 的一般强度要求的机件。

波形键的形状如图 4-9 所示。

其中颈宽一般取 $b=3\sim6$mm，其他尺寸可按经验公式求得

$$d=(1.2\sim1.6)b$$
$$l=(2\sim2.2)b$$
$$t<b \tag{4-1}$$

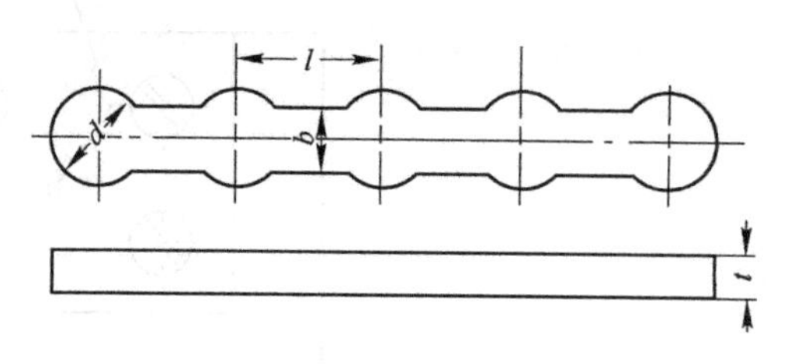

图 4-9 波形键

d—凸缘的直径；b—颈宽；t—厚度；l—间距

波形键凸缘个数常取 5、7、9。如果条件允许，尽量选取较多的凸缘个数，以使最大应力远离开裂处。但凸缘过多会增加波形键修整及嵌配工作难度。

波形键的材料应具有足够的强度和良好的韧性，经热处理后质软，适于锤接；加工硬化性好，且不发脆，使锤击后抗拉强度有较大提高；用于高温工作条件下的波形键，还应考虑选用的材料是否与机件热膨胀系数一致，否则工作时出现脱落或胀裂机体现象。波形键的材料有 1Cr18Ni9Ti，1Cr18Ni9。与铸铁膨胀系数相近的有 Ni36 等高镍合金。

为使最大应力分布在较大范围内，以改善工件受力情况，各波形槽可布置成一前一后或一长一短的方式[图 4-10(a)、(b)]，波形槽应尽可能垂直于裂纹，并在裂纹两端各打一个止裂孔，以防止裂纹发展。通常将波形槽设计成单面布置的方式[图 4-10(c)]。对厚壁工件，若结构允许，可将波形槽开成两面分布的形式[图 4-10(d)]。对承受弯曲载荷的工件，因工件外层受有最大拉应力，故可将波形槽设计成阶梯形式[图 4-10(e)]。

波形键的锤击。首先清理波形槽，之后用手锤或小型锤钉枪对波形键进行锤击。其顺序为先锤波形键两端的凸缘，然后对称交错向中间锤击，最后锤击裂纹上的凸缘。锤击力量按顺序由强到弱。凸缘部分锤紧后锤颈部，并要在第一层锤紧后再锤第二层、第三层……。

为了使波形键得到充分的冷加工硬化，提高抗拉强度，每个部位开始先用凸圆冲头锤击其中心，然后用平底冲头锤击边缘，直至锤紧。但要注意不可锤得过紧，以免将裂纹再撑开，一般以每层波形键锤低 0.5mm 为宜。

b　强密扣合法

对有密封要求的修复件，如高压气缸和高压容器等防泄漏零件，应采用强密扣合法进行修复。这种方法是先用强固扣合法将产生裂纹或折断面的零件连接成一个牢固的整体，然后按一定的顺序在断裂线的全长上加工出缀缝栓孔。注意应使相邻的两缀缝件相割，即后一个缀缝栓孔应略切入上一个已装好的波形键或缀缝栓。以保证裂纹全部由缀缝栓填充，以形成一条密封的金属隔离带，起到防泄漏作用，如图 4-11 所示。

对于承受较低压力的断裂件，采用螺栓形缀缝栓，其直径可参照波形键凸缘尺寸 d 选取为 M3～M8，旋入深度为波形槽深度。旋入前将螺栓涂以环氧树脂或无机胶粘剂，逐件旋入并拧紧，之后将凸出部分铲掉打平。

对于承受较高压力，密封性要求较高的机件，采用圆柱形缀缝栓，其直径参照凸缘尺寸 d 选取为 3～8mm，其厚度为波形键厚度。与机件的连接和波形键相同，分片装入，逐片锤紧。

缀缝栓直径和个数选取时要考虑两波形键之间的距离，以保证缀缝栓能密布于裂纹全长上，且各缀缝栓之间要彼此重叠 0.5～1.5mm。

缀缝栓的材料与波形键相同。对要求不高的工件可用标准螺钉、低碳钢、纯铜等代替。

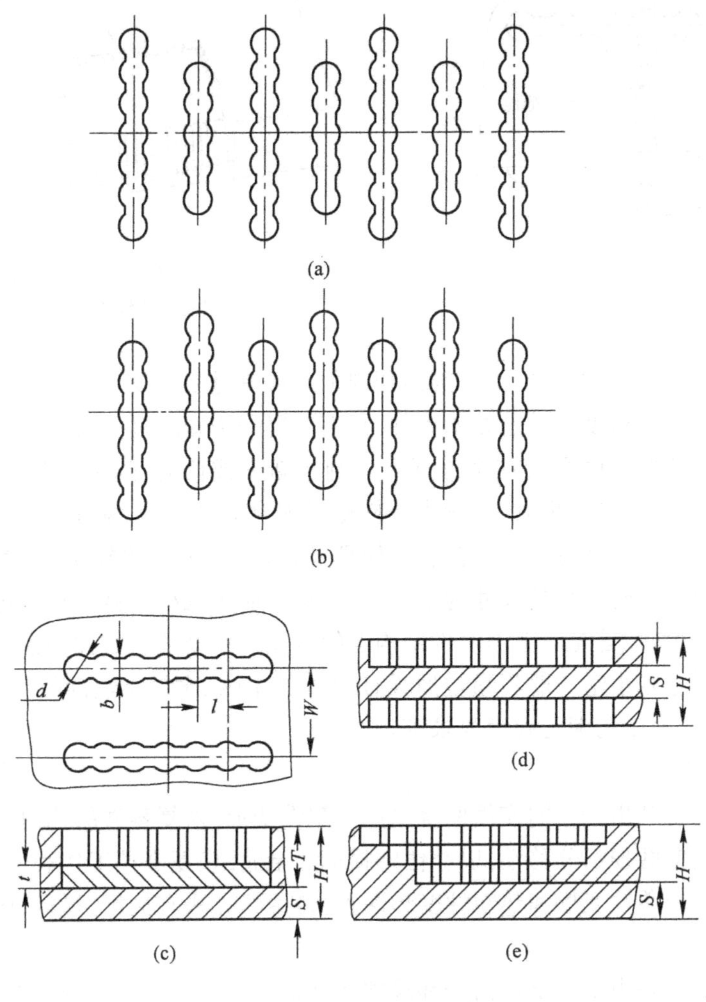

图 4-10　波形槽布置形式

c　加强扣合法

对承受高载荷的机件，只采用波形键扣合而其修复质量得不到保证时，需采用加强扣合法。其方法是：在垂直于裂纹或折断面的修复区上加工出一定形状的空穴，然后将形状尺寸与之相同的加强件嵌入其中。在机件与加强件的结合线上拧入缀缝栓，使加强件与机件得以牢固连接，以使载荷分布到更大的面积上。此法适用于承受高载荷且壁厚大于 40mm 的机件。缀缝栓中心布置在结合线上，使缀缝栓一半嵌入加强件，另一半嵌入机件，相邻两缀缝栓彼此重叠 0.5～1.5mm，如图 4-12 所示。

缀缝栓材料与波形键相同。加强块形状可根据载荷性质、大小、方向设计成楔形、十字形、X 形、长方形等。

d　热扣合法

利用金属热胀冷缩的原理，将一定形状的扣合件经加热后扣入已在机件裂纹处加工好的形状尺寸与扣合件相同的凹槽中，扣合件冷却后收缩将裂纹箍紧，从而达到修复的目的。

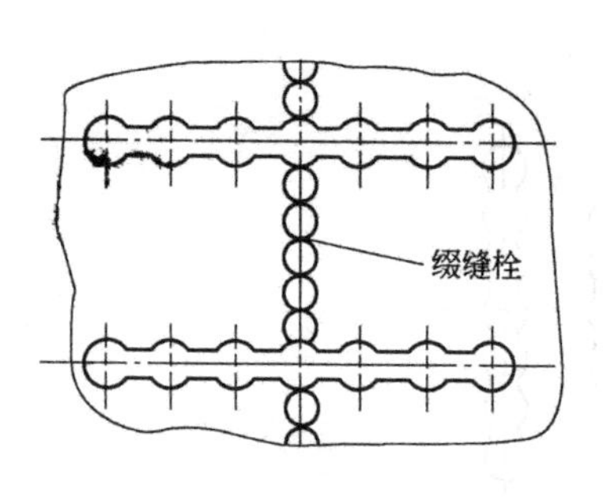

图 4-11　强密扣合法

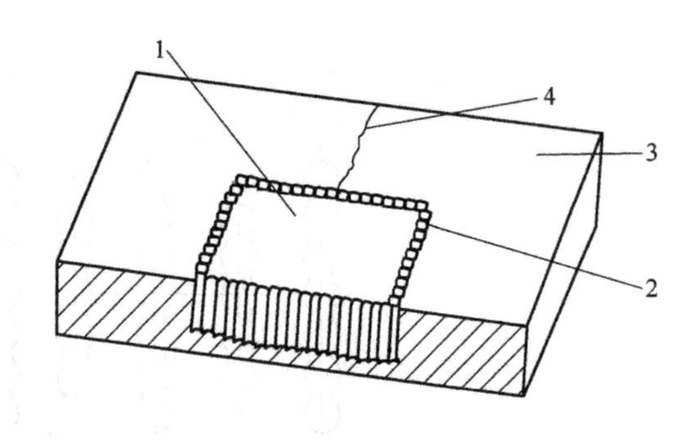

图 4-12　加强扣合法

1—加强件;2—缀缝栓;3—机件;4—裂纹

E　修理尺寸法

修理时不考虑原来的设计尺寸,采用切削加工或其他加工方法恢复失效零件的形状精度、位置精度、表面粗糙度和其他技术条件,从而获得一个新的尺寸,这个尺寸即称为修理尺寸。而与此相配合的零件则按这个修理尺寸制作新件或修复,这种方法称为修理尺寸法。如当丝杠、螺母传动机构磨损后,将造成丝杠螺母配合间隙增大,影响传动精度。为恢复其精度,可采取修丝杠、换螺母的方法修复。修理丝杠时,可车深丝杠螺纹,减小外径,使螺纹深度达到标准值。此时丝杠的尺寸为修理尺寸,螺母应按丝杠的修理尺寸重新制作。

确定修理尺寸时,首先应考虑零件结构上的可能性和修理后零件的强度、刚度是否满足需要。如轴的尺寸减小量一般不超过原设计尺寸的 10%,轴上键槽可扩大一级;对于淬硬的轴颈,应考虑修理后能满足硬度要求等。

F　塑性变形法

塑性变形法是利用外力的作用使金属产生塑性变形,恢复零件的几何形状,或使零件非工作部分的金属向磨损部分移动,以补偿磨损掉的金属,恢复零件工作表面原来的尺寸精度和形状精度。分冷塑性变形和热塑性变形两种,常用的方法有镦粗、扩径、压挤、延伸、滚压、校正等。

塑性变形法主要用于修复对内外部尺寸无严格要求的零件或整修零件的形状等。

4.2.2　焊接修复

对失效的零件应用焊接的方法进行修复称之为焊接修复,它是金属压力加工机械设备修理中常见和不可缺少的工艺手段之一。焊接工艺具有较广的适应性,能用以修复多种材料和多种缺陷的零件,如常用金属材料制成的大部分零件的磨损、破损、断裂、裂纹、凹坑等,且不受工件尺寸、形状和工作场地的限制。同时,修复的产品具有很高的结合强度,并有设备简单,生产率高和成本低等优点。它的主要缺点是由于焊接温度很高而引起金属组织的变化和产生热应力以及容易出现焊接裂纹和气孔等。

根据提供的热源不同焊接分为电弧焊、气焊等;根据焊接工艺的不同分为焊补、堆焊、钎焊等。

4.2.2.1　焊补

A　铸铁件的焊补

铸铁零件多数为重要的基础件。由于铸铁件大多体积大、结构复杂、制造周期长,有较高精度要求，一般无备件，一旦损坏很难更换，所以，焊接是铸件修复的主要方法之一。由于铸铁焊接性较差，在焊接过程中可能产生热裂纹、气孔、白口组织及变形等缺陷。对铸铁件进行焊补时，应采取一些必要的技术措施保证焊接质量，如选择性能好的铸铁焊条、做好焊前准备工作（如清洗、预热等）、焊后要缓冷等。

铸铁件的焊补，主要应用于裂纹、破断、磨损、气孔、熔渣杂质等缺陷的修复。焊补的铸件主要是灰铸铁，白口铸铁则很少应用。

B　有色金属件的焊补

金属压力加工机械设备中常用的有色金属有铜及铜合金、铝及铝合金等。因它们的导热性好、线胀系数大、熔点低、高温状态下脆性较大及强度低，很容易氧化，所以可焊性差，焊补比较复杂和困难。

a　铜及铜合金件的焊补

在焊补过程中，铜易氧化，生成氧化亚铜，使焊缝的塑性降低，促使产生裂纹；其导热性好，比钢大5～8倍，焊补时必须用高而集中的热源；热胀冷缩量大，焊件易变形，内应力增大；合金元素的氧化、蒸发和烧损可改变合金成分，引起焊缝力学性能降低，产生热裂纹、气孔、夹渣；铜在液态时能熔解大量氢气，冷却时过剩的氢气来不及析出，而在焊缝熔合区形成气孔，这是铜及铜合金焊补后常见的缺陷之一。

焊补时必须要做好焊前准备，对焊丝和焊件进行表面清理，开60°～90°的V形坡口。施焊时要注意预热，一般温度为300～700℃，注意焊补速度，遵守焊补规范并锤击焊缝；气焊时选择合适的火焰，一般为中性焰；电弧焊则要考虑焊法。焊后要进行热处理。

b　铝及铝合金件的焊补

铝的氧化比铜容易，它生成致密难熔的氧化铝薄膜，熔点很高，焊补时很难熔化，阻碍基体金属的熔合，易造成焊缝金属夹渣，降低力学性能及耐蚀性；铝的吸气性大，液态铝能熔解大量氢气，快速冷却及凝固时，氢气来不及析出，易产生气孔；铝的导热性好，需要高而集中的热源；热胀冷缩严重，易产生变形；由于铝在固液态转变时，无明显的颜色变化，焊补时不易根据颜色变化来判断熔池的温度；铝合金在高温下强度很低，焊补时易引起塌落和焊穿。

C　钢件的焊补

对钢件进行焊补主要是为修复裂纹和补偿磨损尺寸。由于钢的种类繁多，所含各种元素在焊补时都会产生一定的影响，因此可焊性差别很大，其中以碳含量的变化最为显著。低碳钢和低碳合金钢在焊补时发生淬硬的倾向较小，有良好的焊接性；随着碳含量的增加，焊接性降低；高碳钢和高碳合金钢在焊补后因温度降低，易发生淬硬倾向，并由于焊区氢气的渗入，使马氏体脆化，易形成裂纹。焊补前的热处理状态对焊补质量也有影响，含碳或合金元素很高的材料都需经热处理后才能使用，损坏后如不经退火就直接焊补比较困难，易产生裂纹。

4.2.2.2　堆焊

堆焊是焊接工艺方法的一种特殊应用。它的目的不是为了连接机件，而是借用焊接手段改变金属材料厚度和表面的材质，即在零件上堆敷一层或几层所希望性能的材料。这些材料可以是合金，也可以是金属陶瓷。如普通碳钢零件，通过堆焊一层合金，可使其性能得到明显改善或提高。在修复零件的过程中，许多表面缺陷都可以通过堆焊消除。

A　堆焊的主要工艺特点

堆焊层金属与基体金属有很好的结合强度，堆焊层金属具有很好的耐磨性和耐蚀性；堆焊形状复杂的零件时，对基体金属的热影响较小，可防止焊件变形和产生其他缺陷，可以快速得到大厚度的堆焊层，生产率高。

B　堆焊方法及原理

堆焊分手工堆焊和自动堆焊，自动堆焊又有埋弧自动堆焊、振动电弧堆焊、气体保护堆焊、电渣堆焊等多种形式，其中埋弧自动堆焊应用最广。

手工堆焊是利用电弧或氧-乙炔火焰产生的热量熔化基体金属和焊条，采用手工操作进行堆焊的方法。它适用于工件数量少，没有其他堆焊设备的条件下，或工件外形不规则、不利于机械化、自动化堆焊的场合。这种方法不需要特殊设备，工艺简单，应用普遍，但合金元素烧损很多，劳动强度大，生产率低。

自动堆焊与手工堆焊的主要区别是引燃电弧、焊丝送进、焊炬和工件的相对移动等全部由机械自动进行，克服了手工堆焊生产率低、劳动强度大等主要缺点。

埋弧自动堆焊又称焊剂层下自动堆焊，其焊剂对电弧空间有可靠的保护作用，可以减少空气对焊层的不良影响。熔渣的保温作用使熔池内的冶金作用比较完全，因而焊层的化学成分和性能比较均匀，焊层表面也光洁平直，焊层与基体金属结合强度高，能根据需要选用不同焊丝和焊剂以获得希望的堆焊层。适于堆焊修补面较大、形状不复杂的工件。

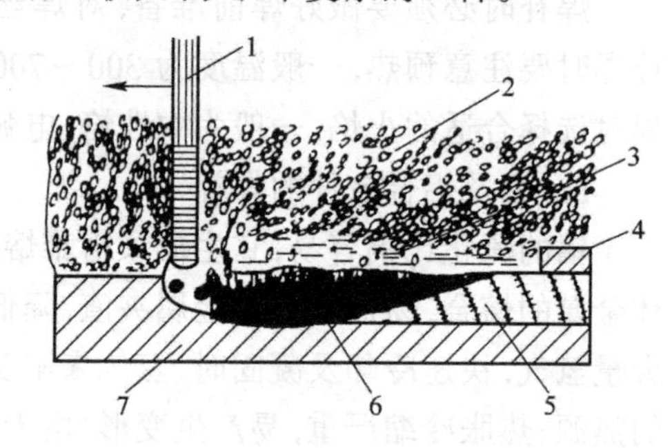

图 4-13　埋弧自动堆焊原理图

1—焊丝；2—焊剂；3—焊渣；4—焊壳；5—凝固焊层金属；6—熔化金属；7—基体

埋弧自动堆焊原理如图 4-13 所示。电弧在焊剂下形成。由于电弧的高温放热，熔化的金属与焊剂蒸发形成金属蒸气与焊剂蒸气，在焊剂层下造成一密闭的空腔，电弧就在此空腔内燃烧。空腔的上面覆盖着熔化的焊剂层，隔绝了大气对焊缝的影响。由于气体的热膨胀作用，空腔内的蒸气压略大于大气压力。此压力与电弧的吹力共同把熔化金属挤向后方，加大了基体金属的熔深。与金属一同挤向熔池较冷部分的熔渣相对密度较小，在流动过程中渐渐与金属分离而上浮，最后浮于金属熔池的上部。其熔点较低，凝固较晚，故减慢了焊缝金属的冷却速度，使液态时间延长，有利于熔渣、金属及气体之间的反应，可更好地清除熔池中的非金属质点、熔渣和气体，可以得到化学成分相近的金属焊层。

C　堆焊工艺

一般堆焊工艺是：工件的准备——工件预热——堆焊——冷却与消除内应力——表面加工。下面以轧辊堆焊为例进行简单介绍。

轧制过程中的轧辊是在复杂的应力状态下工作的。各个部位承受着不同的交变应力的作用。这些应力包括残余应力、轧辊表面的接触应力、轧辊横向压缩引起的应力、热应力以及弯矩、扭矩作用所引起的应力等。轧制过程中产生的辊面缺陷主要有不均匀磨损、裂纹、掉皮、压痕、凹坑等，这些缺陷会直接影响到产品质量、增加辊耗。当缺陷程度轻微时，经过磨削后即可再用，当缺陷程度严重如裂纹较深、掉皮严重时，经车削再磨削后如果其工作直径能满足使用要求也可再用。当其工作直径过小时，只能报废。轧辊报废的原因还有轧制力过大或制造工艺不完善造成的断辊，疲劳裂纹引起的断辊，扭矩过大损坏辊颈等。目前，国内每年轧辊消耗量极大，据统计国内生产1t钢的轧辊消耗为7.5kg，而国外的轧辊消耗为1.8kg/t。降低轧辊消耗的途径除合理使用轧辊外，就是采用堆焊方法修复报废的轧辊，可节约大量资金，降低生产总成本。

a 轧辊的准备

轧辊堆焊前必须用车削加工除去其表面的全部缺陷，保证有一个致密的金属表面，采用超声波探伤检查。对大型旧轧辊堆焊前，要进行550～650℃退火以消除其疲劳应力。

b 轧辊预热

由于轧辊的材质和表面堆焊用的材料均是含碳量和合金元素比较高的材料，加之轧辊直径比较大，为了预防裂纹和气孔，并改善开始堆焊时焊层与母材的熔合，减少焊不透的缺陷，必须在堆焊前对轧辊预热。预热温度应在M_s点（马氏体开始转变温度）以上。因为堆焊轧辊表面时，第一层焊完后，温度下降到M_s点以下，就变成马氏体组织。再堆焊第二层时，焊接热量就会加热已堆焊好的第一层金属，使其回火软化。所以从开始堆焊到堆焊完毕，层间温度不得低于预热温度的50℃。

c 堆焊

对于辊芯含碳量高的轧辊堆焊，必须采用过渡层材料，这是为了避免从辊芯向堆焊金属过渡层形成裂纹。焊接参数在施焊中不要随意变动，焊接时要防止焊剂的流失，要确保焊剂的有效供应。

d 冷却与消除内应力

堆焊完后，最好把轧辊均匀加热到焊前的预热温度。如果轧辊表面比内部冷得快，会引起收缩而造成应力集中，形成表面裂纹。因此，需要缓慢地冷却。热处理规范根据不同堆焊材质制定。焊后最好立即进行150～200℃的回火处理，可减少应力，避免裂纹。然后粗磨，再经磁力探伤检查。

e 表面加工

表面硬度不高时可用硬质合金刀具车削，硬度高则用磨削加工，合格后送精磨。

f 焊丝的选择

焊丝是直接影响堆焊层金属质量的一个最主要因素。堆焊的目的不仅是修复轧辊尺寸，更重要的是提高其耐热耐磨性能，故要选择优于母材材质的焊丝。焊丝材料有：

低合金高强度钢。牌号3CrMnSi，其堆焊金属硬度不高，只有HRC35～40，只能起恢复孔型作用，不能提高轧辊的使用寿命，但价钱便宜。

热作模具钢。牌号3Cr2W8V，其堆焊和消除应力退火后硬度可达HRC40～50，需用硬质合金刀具切削，其寿命比原轧辊可提高1～5倍。用于堆焊初轧机、型钢轧机、管带轧机的轧辊。

马氏体不锈钢。牌号CrB、2CrB、3CrB，其堆焊硬度HRC45～50。用于堆焊开坯轧辊、型钢轧辊。

高合金高碳工具钢。瑞典牌号Tobrod15.82（80Cr4Mo8W2VMn2Si）。这种焊丝由于含碳和合金元素较高，容易出现裂纹，要求有高的预热温度和层间温度。堆焊后硬度高达HRC50～60，用于精轧机成品轧机工作辊。

g 焊剂的选择

焊剂的作用是使熔融金属的熔池与空气隔开，并使熔融焊剂的液态金属在电弧热的作用下，起化学作用调节成分。常用的有：熔炼焊剂和非熔炼焊剂。

熔炼焊剂。又分为酸性熔炼焊剂和碱性熔炼焊剂，酸性熔炼焊剂工艺性能好，价格便宜，但氧化性强，使焊丝中的C、Cr元素大量烧损，而Si、Mn元素大量过渡到堆焊金属中。碱性熔炼焊剂，氧化性弱，对堆焊金属成分影响不大，但易吸潮，使用时先要焙烤，工程中常用碱性熔炼焊剂。

非熔炼焊剂。常用的是陶质焊剂，它是由各种原料的粉末用水玻璃粘结而成的小颗粒，其中可以加入所需要的任何物质，陶质焊剂与熔炼焊剂相比，其优点是陶质焊剂堆焊的焊缝成形美观、平整，质量好，热脱渣性好(温度达500℃时仍能自动脱渣，渣壳成形)，而熔炼焊剂是做不到的。其次，采用熔炼焊剂，金属化学成分中的C、Cr、V等有效元素大量烧损，而P、S等有害元素都有所增加。因而降低了堆焊金属的耐磨性能，提高了焊缝金属的裂纹倾向。采用陶质焊剂，不但可以减少易烧损的有用元素，而且还可以过渡来一些有用的元素。另外，通过回火硬度和高温硬度比较，可以看出同样的焊丝采用陶质焊剂时硬度都大大提高。特别是3Cr2W8最为明显。陶质焊剂与熔炼焊剂的回火硬度和高温硬度相比见图4-14与图4-15，图中的实线代表陶质焊剂，虚线代表熔炼焊剂。从图中可以看出，采用陶质焊剂后，堆焊金属的硬度性能大幅度提高，从而提高了轧辊的耐磨能力。

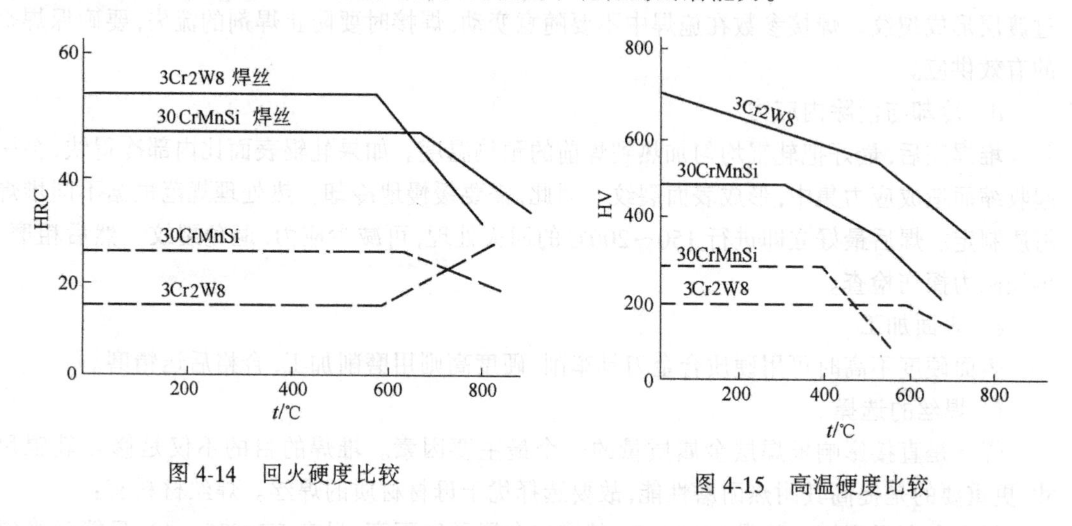

图4-14 回火硬度比较

图4-15 高温硬度比较

4.2.2.3 钎焊

钎焊就是采用比基体金属熔点低的金属材料作钎料，将焊件和钎料加热到高于钎料熔点、低于基体金属熔化温度，利用液态钎料润湿基体金属，填充接头间隙并与基体金属相互扩散实现连接的一种焊接方法。

钎焊根据钎料熔化温度的不同分为两类：软钎焊是用熔点低于450℃的钎料进行的钎焊，也称低温钎焊，常用的钎料是锡铅焊料；硬钎焊是用熔点高于450℃的钎料进行的钎焊，常用的钎料有铜锌、铜磷、银基焊料、铝基焊料等。

钎焊具有温度低，对焊接件组织和力学性能影响小，接头光滑平整，工艺简单，操作方便等优点。但是又有接头强度低，熔剂有腐蚀作用等缺点。

钎焊适用于对强度要求不高的零件产生裂纹或断裂的修复，尤其适用于低速运动零件的研伤、划伤等局部缺陷的修复。

4.2.3 热喷涂(熔)修复法

4.2.3.1 概述

热喷涂是利用热源将喷涂材料加热至熔融状态,通过气流吹动使其雾化并高速喷射到零件表面,以形成喷涂层的表面加工技术。喷涂层与基体之间,以及喷涂层中颗粒之间主要是通过镶嵌、咬合、填塞等机械形式连接,其次是微区冶金结合以及化学键结合。在自熔性合金粉末,尤其是放热性自粘结复合粉末问世以后,出现了喷涂层与基体之间以及喷涂层颗粒之间的微区冶金结合的组织,使结合强度明显提高。

喷涂材料需要热源加热,喷涂层与零件基材之间主要是机械结合,这是热喷涂技术最基本的特征。常用的热喷涂方法有:火焰粉末喷涂、等离子粉末喷涂、爆炸喷涂、电弧喷涂、高频喷涂等。

热喷涂技术取材范围广,几乎所有的金属、合金、陶瓷都可以作为喷涂材料,塑料、尼龙等有机材料也可以作为喷涂材料;可用于各种基体,金属、陶瓷器具、玻璃、石膏、木材、布、纸等几乎所有固体材料都可以进行喷涂;可使基体保持较低温度,一般温度可控制在30~200℃之间,从而保证基体不变形、不弱化;工效高,同样厚度的膜层,时间要比电镀短得多;被喷涂工件的大小一般不受限制;涂层厚度较易控制,薄者可为几十微米,厚者可为几毫米。

4.2.3.2 热喷涂工艺

热喷涂的基本工艺流程包括:表面净化、表面预加工、表面粗化、喷涂结合底层、喷涂工作层、喷后机械加工、喷后质量检查等。

4.2.4 电镀修复法

电镀修复法是用电化学方法在镀件表面上沉积所需形态的金属覆盖层,从而修复零件的尺寸精度或改善零件表面性能。目前常用的电镀方法有镀铬、低温镀铁和电刷镀技术等,电刷镀技术在设备维修中得到广泛应用。

4.2.4.1 镀铬

镀铬是用电解法修复零件的最有效方法之一。它不仅可修复磨损表面的尺寸,而且能改善零件的表面性能,特别是提高表面耐磨性。其特点是:镀铬层的化学稳定性好,摩擦系数小,硬度高,有较好的耐磨性;镀层与基体金属结合强度高,甚至高于它自身晶格间的结合强度;镀铬层有较好的耐热性,能在较高温度下工作;抗腐蚀能力强,铬层与有机酸、硫、硫化物、稀硫酸、硝酸、碳酸盐或碱等均不起作用。但镀铬层性脆,不宜承受分布不均匀的载荷,不能抗冲击,当镀层厚度超过0.5mm时,结合强度和疲劳强度降低,不宜修复磨损量较大的零件;沉积效率低,润滑性能不好,工艺较复杂,成本高,一般不重要的零件不宜采用。

一般镀铬工艺是:

(1)镀前准备。进行机械加工;绝缘处理,采用护屏;脱脂和除去氧化皮;进行刻蚀处理。

(2)电镀。装挂具吊入镀槽进行电镀,根据镀铬层要求选定镀铬规范,按时间控制镀层厚度。

(3)镀后加工及处理。镀后首先检查镀层质量,测量镀后尺寸。不合格时,用酸洗或反极退镀,重新电镀。通常镀后要进行磨削加工。镀层薄时,可直接镀到尺寸要求。对镀层厚度超过 0.1mm 的重要零件应进行热处理,以提高镀层韧性和结合强度。

镀铬的一般工艺虽得到了广泛应用,但因电流效率低、沉积速度慢、工作稳定性差、生产周期长、经常分析和校正电解液等缺点,所以产生了许多新的镀铬工艺,如快速镀铬、无槽镀铬、喷流镀铬、三价铬镀铬、快速自调镀铬等。

4.2.4.2 镀铁

镀铁又称镀钢。按电解液的温度不同分为高温镀铁和低温镀铁。当电解液的温度在 90~100℃,所采用的电源为直流电源时,称为高温镀铁。这种方法获得的镀层硬度不高,且与基体结合不可靠。当电解液的温度在 40~50℃,所采用的电源为不对称交流-直流电源时,称为低温镀铁。这种方法获得的镀层力学性能较好,工艺简单,操作方便,在修复和强化机械零件方面可取代高温镀铁,并已得到广泛应用。

镀铁工艺为:

(1)镀前预处理。镀前首先对工件进行脱脂除锈,之后再进行阳极刻蚀。阳极刻蚀是工件放入 25~30℃的 H_2SO_4 电解液中,以工件为阳极、铅板为阴极,通以直流电,使工件表面的氧化膜层去除,粗化表面以提高镀层的结合力。

(2)侵蚀。把经过预处理的工件放入镀铁液中,先不通电,静放 0.5~5min 使工件预热,溶解掉钝化膜。

(3)电镀。按镀铁工艺规范立刻进行起镀和过渡镀,然后直流镀。

(4)镀后处理。包括清水冲洗、在碱液里中和、除氢处理、冲洗、拆挂具、清除绝缘涂料和机械加工等。

4.2.4.3 电刷镀

电刷镀技术是电镀技术的新发展,它的显著特点是设备轻便、工艺灵活、沉积速度快、镀层种类多、镀层结合强度高、适应范围广、对环境污染小、省水省电等,是机械零件修复和强化的有力手段,尤其适用于大型机械零件的不解体现场修理或野外抢修。

电刷镀的基本原理如图 4-16 所示,电刷镀技术采用一专用的直流电源设备,电源的正极接镀笔,作为电刷镀时的阳极,电源的负极接工件,作为电刷镀时的阴极。镀笔通常采用高纯细石墨块作阳极材料,石墨块外面包裹上棉花和耐磨的涤棉套。电刷镀时使蘸满镀液的镀笔以一定的相对运动速度在工件表面上移动,并保持适当的压力。在镀笔与工件接触的部位,镀液中的金属离子在电场力的作用下扩散到工件表面,在工件表面的金属离子获得电子被还原成金属原子,这些金属原子在工件表面沉积结晶,形成镀层。随着电刷镀时间的增长,镀层逐渐增厚。

电刷镀技术的整个工艺过程包括镀前表面预加工、脱脂除锈、电净处理、活化处理、镀底层、镀工作层和镀后防锈处理等。

(1)表面预加工。去除表面上的毛刺、疲劳层,修整平面、圆柱面、圆锥面达到精度要求,表面粗糙度值 $R_a<2.5\mu m$。对深的划伤和腐蚀斑坑要用锉刀、磨条、油石等修整露出基体金属。

(2)清洗、脱脂、防锈。锈蚀严重的可用喷砂、砂布打磨,油污用汽油、丙酮或水基清洗剂清洗。

(3)电净处理。大多数金属都需用电净液对工件表面进行电净处理,以进一步除去微观上的油污。被镀表面的相邻部位也要认真清洗。

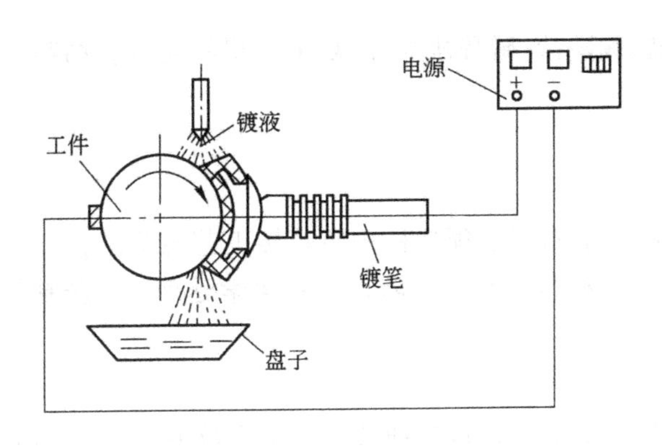

图 4-16　电刷镀的基本原理

(4)活化处理。活化处理用来除去工件表面的氧化膜、钝化膜或析出的碳元素微粒黑膜。

(5)镀底层。为了提高工作镀层与基体金属的结合强度,工件表面经仔细电净处理、活化处理后,需先用特殊镍、碱铜或低氢脆性镉镀液预镀一薄层底层,其中特殊镍作底层,适用于不锈钢,铬、镍材料和高熔点金属;碱铜作底层,适用于难镀的金属如铝、锌或铸铁等;低氢脆性镉作底层,适用于对氢特别敏感的超高强度钢。

(6)镀工作层。根据工件的使用要求,选择合适的金属镀液刷镀工作层。为了保证镀层质量,合理地进行镀层设计很有必要。由于每种镀液的安全厚度不大,当镀层较厚时,往往选用两种或两种以上镀液,分层交替刷镀,得到复合镀层。这样既可迅速增补尺寸,又可减少镀层内应力,也保证了镀层的质量。

(7)镀后清洗。用自来水彻底清洗冲刷已镀表面和邻近部位,用压缩空气吹干或用理发吹风机吹干,并涂上防锈油或防锈液。

4.2.5 胶接修复法

4.2.5.1 概述

胶接就是通过胶粘剂将两个或两个以上同质或不同质的物体连接在一起。胶接是通过胶粘剂与被胶接物体表面之间物理的或化学的作用而实现的。由于实用可靠,已经逐步取代了传统的机械连接方法。

A　胶接工艺的特点

a　优点

胶接力较强,可胶接各种金属或非金属材料,目前钢铁的最高胶接强度可达 75MPa;胶接中无需高温,不会有变形、退火和氧化的问题;工艺简便,成本低,修理迅速,适于现场施工;粘缝有良好的化学稳定性和绝缘性,不产生腐蚀。

b　缺点

不耐高温,有机胶粘剂一般只能在 150℃ 下长期工作,无机胶粘剂可在 700℃ 下工作;抗冲击性能差;长期与空气、水和光接触,胶层容易老化变质。

B　胶粘剂的分类及常用胶粘剂

胶粘剂的分类方法很多,按基本成分可分为有机类胶粘剂和无机类胶粘剂。有机类胶粘剂分为天然胶和合成胶。天然胶有动物胶、植物胶;合成胶有树脂型、橡胶型和混合型。修复中常用的合成胶是环氧树脂、酚醛树脂、丙烯酸树脂、聚氨酯、有机硅树脂和橡胶胶粘剂。无机胶有硅酸盐、硼酸盐、磷酸盐等,修复中使用的无机胶粘剂主要是磷酸—氧化铜胶粘剂。

4.2.5.2 胶接

A 胶接工艺

为了保证胶接质量,胶接时必须严格按照胶接工艺规范进行。一般的胶粘接工艺流程是:零件的清洗检查——机械处理——除油——化学处理——胶粘剂调制——胶接——固化——检查。

a 清洗检查

将待修复的零件用柴油、汽油或煤油洗净并检查破损部位,作好标记。

b 机械处理

用钢丝刷或砂纸清除铁锈,直至露出金属光泽。

c 除油

当胶接表面有油时,一方面影响胶粘剂对胶接件的浸润,另一方面油层内聚强度极低,零件受力时,整个胶接接头就会遭受破坏。一般常用丙酮、酒精、乙醚等除油。

d 化学处理

对于要求结合强度较高的金属零件应进行化学处理,使之能显露出纯净的金属表面或在表面形成极性化合物,如酸蚀处理或表面氧化处理。由酸蚀处理得到的纯净表面可以直接与胶粘剂接触。各种胶接作用力都可能提高,而由表面氧化处理形成的高极性氧化物,则可能增强化学键力和静电引力,从而达到提高胶接强合的目的。

e 胶粘剂的调制

市场上买来的胶粘剂,应按技术条件或产品说明书使用。自行配制的胶黏剂,应按规定的比例和顺序要求加入。特别是使用快速固化剂时,固化剂应在最后加入。各种成分加入后必须搅拌均匀。

调制胶粘剂的容器及搅拌工具要有很高的化学稳定性,常用容器为陶瓷制品,搅拌工具常用玻璃棒或竹片。应在临用前调配,一次调配量不宜过多,操作要迅速,涂胶要快,以防过早固化。

f 胶接

首先对相互胶接的表面涂抹胶粘剂,涂层要完满、均匀,厚度以 0.1~0.2mm 为宜。为了提高胶粘剂与表面的结合强度,可将工件进行适当加热。

涂好胶粘剂后,胶合时间根据胶粘剂的种类不同而有所不同。对于快干的胶粘剂,应尽快进行胶合和固定;对含有较多溶剂和稀释剂的,宜放置一段时间,使溶剂基本挥发完再进行胶合。

g 固化

在胶接工艺中固化是决定胶接质量的重要环节。固化在一定压力、温度、时间等条件下进行。各种胶粘剂都有不同要求。固化时,应根据产品使用说明或经验确定。固化后需要机械加工时,吃刀量不宜太大,速度不可太高。此外,不要冲击和敲打刚胶接好的零件。

h 检查

查看胶层表面有无翘起和剥离的现象,有无气孔和夹空,若有就不合格。用苯、丙酮等溶剂溶在胶层表面上,检查固化情况,浸泡 1~2min,无溶解粘手现象,则表明完全固化,不允许作破坏性(如锤击、摔打、刮削和剥皮等)试验。

B 胶接接头的形式

胶接接头设计的基本出发点是要确保接头的强度,接头的基本形式及改进形式如图 4-17 所示,显然,改进后交接强度大大提高。

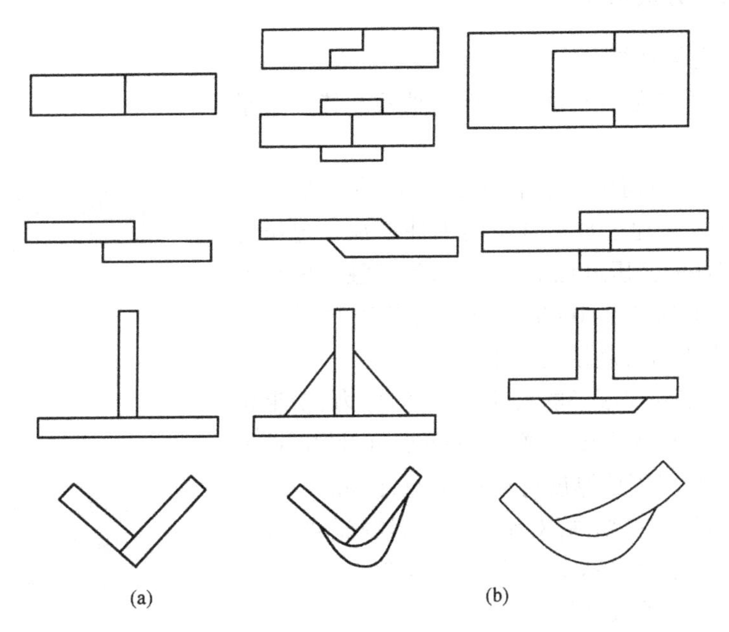

图 4-17 胶接接头的基本形式和改进形式

(a)基本形式;(b)改进形式

C 裂纹胶接修复实例

裂纹常见于铸铁件中。用胶接方法进行修复时,先钻止裂孔和开坡口,再用丙酮或香蕉水等进行去脂处理,必要时还要进行活化处理,胶粘剂一般根据工件的工作温度选用,在常温下工作的工件可采用有机胶粘剂,在高温下工作的工件宜采用无机胶粘剂。胶接时尽可能将工件加热到 100℃ 左右,然后灌注调好的胶粘剂,使胶粘剂填满坡口并略高出工件表面,如图 4-18(a)所示。为了提高裂纹的胶接强度,可在裂纹表面加粘一层或数层玻璃布,如图 4-18(b)所示。

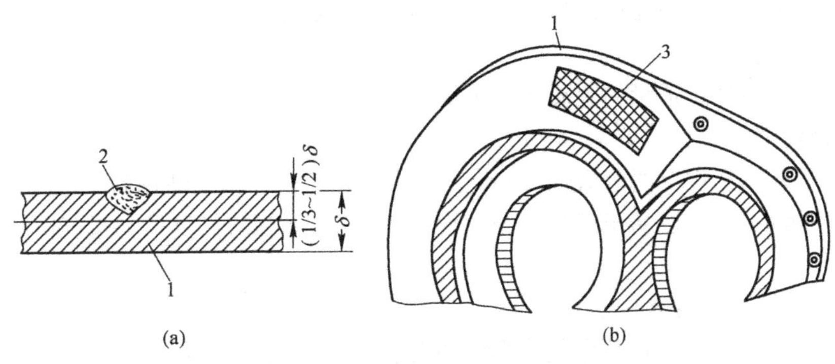

图 4-18 裂纹的胶接

(a)裂纹的断面;(b)加盖玻璃布

1—机体;2—填满胶粘剂的坡口;3—加盖玻璃布

当裂纹处需承受较大载荷时，可采用加强措施。在裂纹两侧各钻一螺丝孔，随后在两孔之间开一沟槽，在两螺孔内拧入螺丝，并用气焊加热至红热状态，再用手锤将螺丝打埋在槽内，用气焊将螺丝相接处焊合，形成一个完整的螺丝码，起到加强作用。

4.2.6 其他修复方法简介

4.2.6.1 电接触焊

用电接触焊可修复各种轴类零件的轴颈。其工作原理如图4-19所示。

在旋转零件4和铜质滚子电极2之间，供给金属粉末3。并且滚子又可通过加力缸1向零件施加一定作用力，在滚子和零件的挤压过程中，由于局部接触部位有很大的电阻，使粉末加热至1000～1300℃，粉末粒子之间以及粉末与零件表面可烧结成一体。

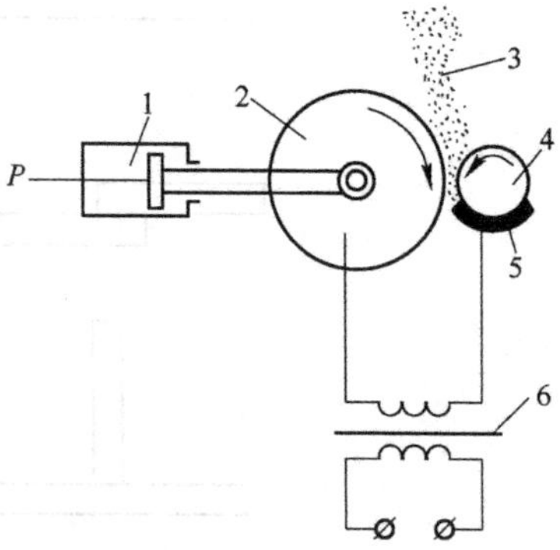

焊层质量与零件和滚子的尺寸、滚子的压力、粉末化学成分以及零件圆周速度有关。当修复直径为30～100mm的零件时，修复层厚度可达0.3～1.5mm。

这种修复方法生产率高，对基体的热影响深度小，焊层耐磨性好，缺点是焊层厚度有限，设备复杂。

图4-19 电接触焊原理图
1—加力缸；2—滚子；3—金属粉末；
4—零件；5—焊层；6—变压器

4.2.6.2 电脉冲接触焊

电脉冲接触焊与电接触焊不同的是向零件与滚子之间供送钢带，并用短脉冲电流使之焊在磨损的零件表面。电脉冲瞬间电流达15～18kA，时间0.010～0.001s，钢带以点焊形式焊在零件表面。

为了提高焊接钢带的硬度和耐磨性，焊后用水冷却。用这种方法焊接的高碳钢带硬度达HRC60～65。用硬质合金钢带可以成倍地提高零件的耐磨性。该方法可以修复各种轴的轴颈，壳体的轴承座孔。只是钢带厚度有一定限制，设备比较复杂。

4.2.6.3 铝热焊

铝热焊是利用铝和氧化铁的氧化还原反应所放出的热来熔化金属，使金属间连接或堆焊具有耐磨性。

目前普遍用于铁轨的连接，也可用于断轴和各种支架的连接等。

4.2.6.4 复合电镀

在电镀溶液中加入适量的金属或非金属化合物的细颗粒，并使之与镀层一起均匀地沉积，称为复合电镀。

复合电镀层具有优良的耐磨性，因此应用很广泛。加有减摩性微粒的复合层具有良好的减摩性，摩擦系数低，已用于修复和强化设备零件上。例如，修复发动机气门、活塞等零件的磨损表面。

4.2.6.5 爆炸法粉末涂层

爆炸法粉末涂层是利用可燃气体爆炸的能量。金属的或金属化的粉末借助氧、乙炔混合气爆炸得到800～900m/s的高速而涂到零件表面上。用氮气流将粉末送入专用容器，并在其内形成可燃气体与粉末的混合而引起爆炸，使粉末颗粒与母材以微型焊接方式牢固结合在一起。

在爆炸时待涂零件作直线或旋转运动。粉末材料有:碳化钨、碳化钛、氧化铝、氧化铬;金属粉有:铬、钴、钛、钨。每次爆炸时间持续约0.23s,可形成0.007mm厚的涂层。多次重覆涂层具有很高的硬度和耐磨性。

这种方法最大的优点是被涂零件表面加热温度不高于250℃,适用于直径达1000mm的外圆柱表面和直径大于15mm的内圆柱表面以及形状复杂的平面,特别适用于在高压、高温、磨损及腐蚀介质中工作的零件涂层。

4.2.6.6 强化加工

为了提高被修复零件表面的寿命可进行强化加工。强化加工的方法很多,如:激光强化加工、电火花表面强化、喷丸处理、爆炸波强化等。

A 激光强化

激光强化过程,首先在需要修复的表面预先涂覆合金涂层(通常采用自熔性合金,其熔点远低于基体),激光使其在极短时间内熔融涂层并与基体金属扩散互熔,冷凝后在修复表面形成具有耐磨、耐腐蚀、耐高温的合金涂层。若是在零件表面焊接某种金属或合金,只要用激光将其"烧熔",使它们粘合在一起即可,所用的激光能量密度可适当小些。激光熔化后的强化层较密,厚度0.5~1.5mm,硬度高。

激光强化加工对于那些因耐磨性及疲劳强度而限制其使用寿命的零件,特别是外形复杂的零件或因瓢曲严重而不能使用其他方法强化的零件是很有发展前途的。

激光表面强化具有下列特点:能对被加工表面的磨损处进行局部强化(在深度及面积上);可对难以接触到而光线可达到的零件空腔或深处部位进行强化;在零件足够大的面积上得到"斑点状"强化表面;能在强化表面上得到需要的粗糙度;被加工零件不会因局部热处理而产生变形,可完全不必再进行磨削;由于激光加热是非接触性的,因而易于实现加热自动化。

B 电火花表面强化

电火花表面强化是通过电火花放电的作用把一种导电材料涂敷熔渗到另一种导电材料的表面,从而改变后者表面物理和化学等性能的工艺方法。在机械修理中,电火花加工主要用在硬质合金堆焊后粗加工、强化和修复磨损的零件表面。

电火花加工修复层的厚度可达0.5mm。修复铸铁壳体上的轴承座孔时,阳极用铜质材料。强化磨损轴颈时,阳极为切削工具,用铬铁合金、石墨和TI5K6硬质合金等材料制作。

C 喷丸处理

这种方法对在交变载荷作用下工作的特型零件有效。疲劳强度可提高至原来的1.5倍以上。表层显微硬度略有提高(30%左右),但表面粗糙度基本不变。

D 爆炸波强化

爆炸波强化是利用烈性炸药爆炸时释放的巨大能量来完成的。强化时,爆炸速度高达7000m/s,作用在表面上的压力达1.5×10^4MPa,这种加工可显著提高零件寿命。

爆炸波强化法用于磨损严重的零件。其强化效果是一般强化方法达不到的。

除了以上介绍的零件修复、强化方法,还有很多有前途的零件修复、强化工艺,这里就不一一介绍了。

4.2.7 修复实例

在现有的修复工艺中，任何一种方法都不能完全适应各种材料，不能完全适应同一种材料制成的各种零部件，实际的机械修复往往是多种修复工艺的综合运用。在选择零件修复工艺时要考虑修复工艺对材质的适应情况、各种修复工艺所能达到的修补层厚度、零件修补后的强度、零件的结构对修复工艺的影响、修复的经济性等多种因素。下面以实例进行简要说明。

4.2.7.1 轧机机架窗口磨损的修复

ϕ800mm 可逆式开坯轧机机架（材质为 ZG270-500），在安放下轧辊轴承座部位窗口的两侧面，由于轧辊受到轧件不断的冲击，致使机架窗口与下轴承座接触的两侧面逐渐磨成上大下小的喇叭形，如图 4-20 所示。造成上下轧辊中心线交叉，影响了产品质量，因此必须进行处理。

A 修复方案

将已形成喇叭口部位的两侧面铣平，再镶配钢滑板。用埋头螺钉或粘合法固定，使两钢滑板之间尺寸恢复到设计尺寸 $L(915^{+0.2}_{+0.03})$。

B 修复工艺及措施

(1)安装临时组合机床。为了完成铣削加工任务，组合机床应具有如图 4-21 所示的机构。

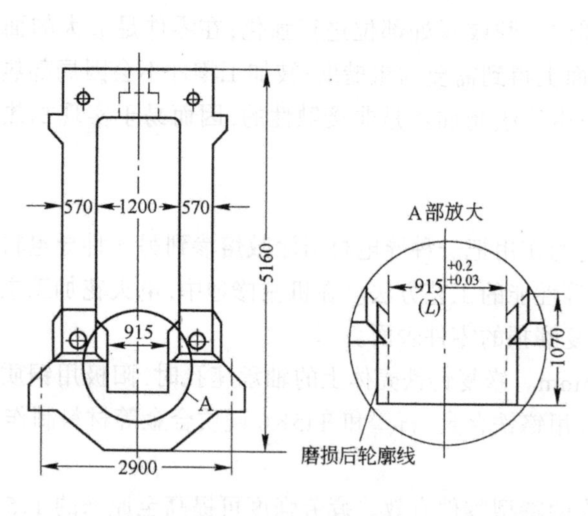

图 4-20 轧机机架磨损部位示意图

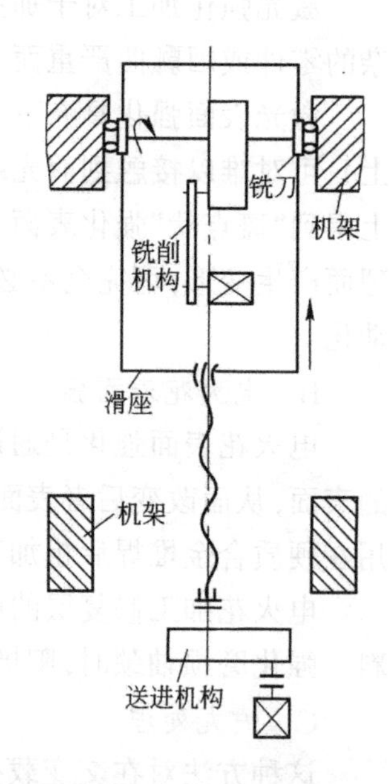

图 4-21 组合机床简图

(2)铣平面。

(3)检查尺寸。用内径千分尺测窗口尺寸及两机架中心线偏差。测量方法如图 4-22 所示。一般应使 $l_1=l_2$，$l_3=l_4$，最好是 $l_1= l_2=l_3=l_4$。用角尺测量铣削面与窗口底面的垂直度。

(4)机架钻孔攻丝。按图样纸在机架上画线定中心，用手电钻钻 ϕ25mm 的孔，然后再攻丝。

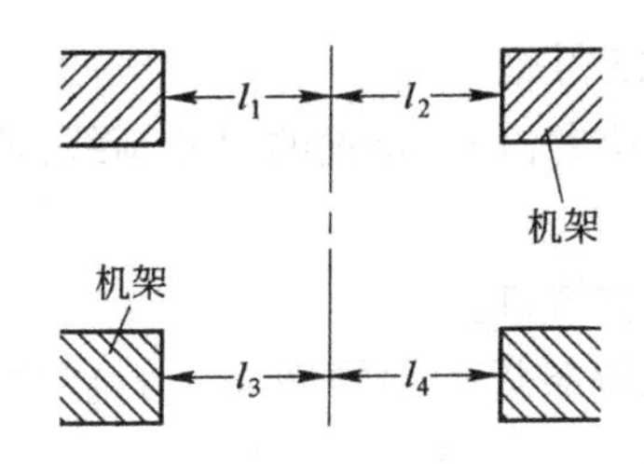

图 4-22　测量方法

(5)滑板配厚度、钻孔并锪沉头。若 $l_1 \neq l_2$ 则两滑板的厚度不能相同。否则轧机机架中心线就不与轧机传动中心线重合。为了防止安装滑板时孔不对机架孔的差错，可先用废图纸在机架上打取孔群实样，然后按实样在滑板上配钻。

(6)安装滑板，拧紧沉头螺钉。

4.2.7.2　1MN 摩擦压力机曲轴前孔严重裂成三瓣的修复

1MN 摩擦压力机曲轴前孔受强烈冲击负荷。材质为 QT450-05，破裂成三瓣，其修复过程如下。

A　修复方案

为了使修复后能承受强烈的冲击载荷，故采取焊接与扣合键相结合的修复方法，如图 4-23 所示。

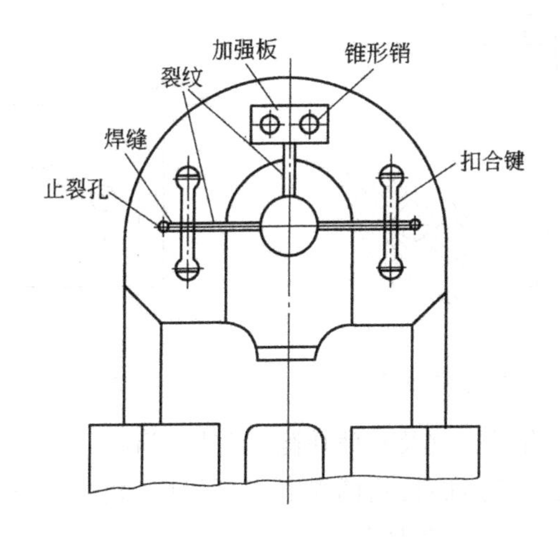

图 4-23　修复方案

扣合键采用热压半圆头式，如图 4-24 所示。由于键和键槽加工容易，使用比较可靠，热压的作用是让键代替焊缝承受很大一部分负荷，并且加强了焊缝，使焊缝不易形成裂纹。

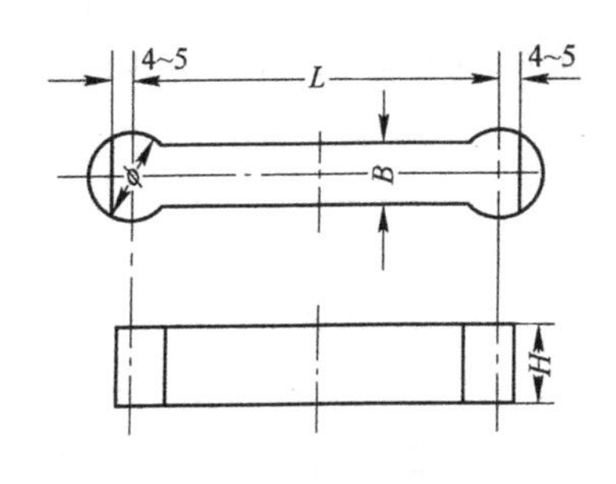

图 4-24　扣合键

B　修复工艺

(1)找出所有裂纹及其端点位置。

(2)钻止裂孔(钻在裂纹尾部)。

(3)根据裂纹处的具体位置，确定键的外形尺寸及端面尺寸，并根据压力机最大负荷验算键的端面尺寸，要求键的强度大于工件镶键处的截面能承受的负荷。选键的材质为45号钢。

(4)在与裂纹垂直的适当位置,按确定键的尺寸画线,使键的两个半圆头对称于裂纹。

(5)加工两个键槽。

(6)开出键槽底面上的裂纹坡口。

(7)用ϕ4mm奥氏体铁铜焊条焊平键槽底面上的裂纹坡口,同时焊平在加工键槽圆孔时遗留下来的钻坑,如图4-25所示。焊完后,将两处的焊缝铲至与键槽底一样平滑。

(8)计算键两半圆头中心距的实际尺寸L。

(9)制造扣合键。

(10)将键加热到850℃,随即放入键槽,用锤打下去。

(11)用ϕ4mm奥氏体铁铜焊条将键焊死在工件上,其余所开坡口处亦焊至与键平齐为止。为消除焊接应力,在熄弧后立即锤击焊缝。

(12)镶加强板。将曲轴前孔正上方的焊缝铲平,用砂轮打光,镶上如图4-26所示的加强板(因该处空间小,不用扣合键)。加强板用锥销打入球墨铸铁内深25～30mm,再把加强板焊在工件上,最后把锥销端头焊在加强板上。

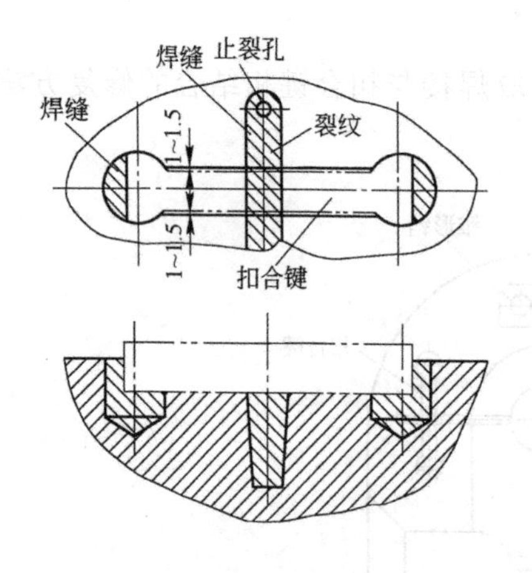

图4-25 加扣合键的焊接修复

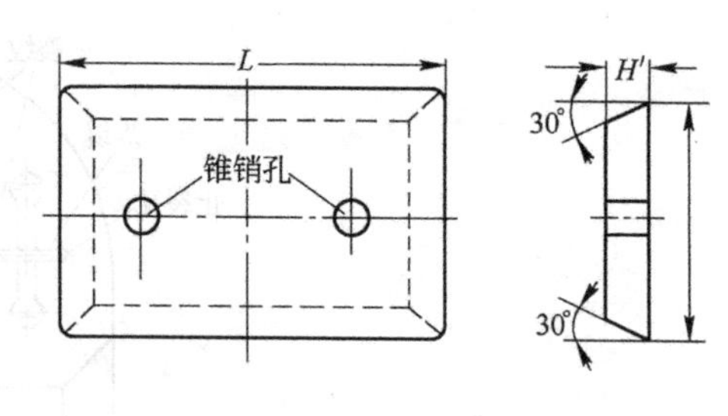

图4-26 加强板

(13)检查所有焊缝有无裂纹及其他缺陷,若没有问题,把曲轴孔放平,用砂轮打磨曲轴孔的焊缝。在接近磨光时,涂红丹,用圆弧面样板研磨,找出凸点,再磨去凸点,直到焊缝加工和原来孔表面一致平滑、尺寸合格为止。

(14)装配试运转。先手动试运转,无问题后逐渐加负荷试运转。当负荷加到超过设计负荷10%时仍无问题,即认为合格。

实训项目

一、基本实训

1. 钳工绞孔

2. 钳工修补键槽、螺纹孔

二、选做实训

1. 简单钢件的焊补

2. 钢件的胶接

思 考 题

4-1 常用机械维护的方法有哪些?

4-2 什么叫机械故障?

4-3 故障诊断的方法有哪些? 应用在什么场合?

4-4 简述金属扣合法的分类及其应用的范围。

4-5 焊接技术在机械设备修理中有何用途? 它们的特点如何?

4-6 简述电刷镀技术的工艺特点、工艺过程及应用范围。

4-7 简述胶接工艺过程,并说明胶接工艺的关键步骤。

4-8 机械修复、强化的新工艺有哪些? 应用在什么工况下?

5 备件管理与零件检测

5.1 备件管理

5.1.1 概述

设备备件管理是指备件的生产、订货、供应、储备的组织与管理，是设备维修的物质基础，是保证设备正常运转的重要因素，是企业管理的重要组成部分。只有及时按质按量地组织好设备的备件供应，才能降低备件消耗，减少产品的成本投入，提高设备的运转率，使企业获得最佳的经济效益。

5.1.1.1 备件的传统分类方法

设备的备件成千上万，种类繁多，而一个备件可以有若干个管理名称和专业名称，专业名称反映备件使用的实质属性，管理名称则反映备件在计划、供应、储备、消耗等过程中外部属性关系。可见对备件进行合理分类是十分必要的。

(1)按专业分类备件可分为机械、电气、仪表三大类。

(2)按备件类别可分为机械零件、配套零件。机械零件指构成某一型号设备的专用机械构件，如齿轮、轴瓦、连杆等；配套零件指标准化的通用于各种设备的由专业厂家生产的零件，如滚动轴承、液压元件、电器元件、密封件等。

(3)按备件来源可分为自制备件、外购备件。自制备件是企业自己设计、测绘、制造的备件；外购备件是企业对外订货采购的备件。

(4)按使用特性可分为常备件、非常备件。常备件指常使用的、设备停工损失大的、价格低的件；非常备件指使用频率低、停工损失小和单价昂贵的件。

(5)按备件的状态可分为新品、旧品、修复品。

(6)按备件的加工特征可分为加工件、非加工件、毛坯件、铸件、锻件、结构件、维修件等。

(7)按使用目的可分为生产备件、操作备件、维修备件、大修件、定修件、储备件等。

(8)按备件是否具有通用性可分为通用件、专业件、共用件、标准件、非标准件、异形件等。

5.1.1.2 备件的属性分类方法

备件的属性分类是以备件的寿命为基础的一种综合性管理分类，它对简化管理，抓住重点，节约资金有较大影响，是与设备维修管理概念相一致的一种分类法。备件的属性分类一般分为：事故件、计划件、常用件、准计划件。

A 事故件

以生产保险为目的，必须库存的零部件，其使用寿命至少在一年以上；在正常操作情况下不会损坏和磨损，一旦发生事故，可构成设备停机并带来生产重大损失；发生事故后零部件修复和再制造需很长时间，供应期半年以上。

B 计划件

可根据更换计划实行计划供应的零部件；与生产、运行大致成比例地产生磨损、消耗或性能劣化的零部件，大致可预测更换期。

C 常用件

属一般可实行常规或定期的库存补充来满足维修、生产需要的零部件；是与生产、运行大致成一定比例产生磨损、消耗或性能劣化的零部件，且更换、报废周期在6个月以内或可修复使用但寿命仍在6个月以内。

D 准计划件

基本上仍可按更换计划实行供应的零部件；在属性上难于划入事故件、计划件、常用件，更换周期难于预测，停产损失较小的零部件。

5.1.2 备件管理工作的内容

备件管理工作的内容大致包括以下几个方面。

5.1.2.1 制定备件的原则

每一种设备都由许多零件组成，每一种零件都有备件。哪些零件应有备件，备件数量多少，应制定备件原则，以满足维修需要，减少库存资金。通常确定备件的原则如下：

(1)各类配套件，如滚动轴承、皮带、链条、皮碗、油封、液压元件、电气元件等。

(2)设备说明书中所列易损件。

(3)传递主要负载而自身又较薄弱的零件，如小齿轮、联轴节等。

(4)经常摩擦而损耗较大的零件，如摩擦片、滑动轴承等。

(5)保持设备主要精度的重要运动零件，如主轴、高精度齿轮等。

(6)受冲击负荷或反复承载的零件，如曲轴等。

(7)制造工序多、工艺复杂、加工困难、生产周期长、需要外单位协作或制作的复杂件。

(8)非操作原因而故障频率高的零件。

(9)在高温高压及有腐蚀性介质环境下工作，易造成变形、腐蚀、破裂、疲劳的零件。

(10)生产流水线上的设备和生产中的关键(重点)设备，应储备更充足的备件。

5.1.2.2 技术管理工作

备件的技术管理工作包括3个方面的内容：

(1)基础资料的收集、积累、整理、统计、汇总。

(2)备件图册的收集、积累、测绘、整理、复制、核对等。

(3)制定储备定额。储备定额是指为保证生产和设备维修，按照经济合理的原则，在收集各类有关资料，并经过计算和实际统计的基础上所制定的备件储备数量、库存资金和储备时间等标准限额。具体在制定过程中要考虑备件的使用寿命、供应周期和消耗量等，如果储备量过高，将过多占压资金；过低又可能延误维修。所以在制定过程中对每种备件都应有储备的最高线与最低线。在备件的整理过程中，要兼顾各个方面，边制定边整理，对所有备件逐个分类，挂签上架，并在备件卡上标明备件名称、型号、定额等。

5.1.2.3 计划管理工作

备件的计划管理工作是指由提出备件订购和制造计划，直至入库为止的这一段时期全部内容，其中包括使用计划、预期使用计划、请购计划、备件外购和自制计划、领用计划等。

由于备件的供应不能仅靠库存来保证，而订购备件一般要经过购前管理期、订购制造期、购货管理期三个阶段，长者可达两年，同时又受购入额度、财力的限制，加之维修要求的不断变化，所以必须有一个能总括这些情况变化的计划来平衡。预期使用计划就是将点检定修制与备件工作结合起来，将使用与储备结合起来的计划。

而备件外购和自制计划的编制依据是备件储备定额和设备修理计划。修理计划可由设备管理人员与维修人员提出，每月一次，报备件库库工，经与库存数及定额核对后定出备件计划。对于外购件，由备件管理人员审核签署后，由有关人员购置，而对于自加工件在低于低线时，由库工提出计划，报管理人员，管理人员将有关的图样等技术资料配齐，同计划一起下达到钳工或车工，在规定时间内完成。

5.1.2.4 质量管理工作

不管是外购件还是自制件，都必须有可靠的质量，才能为维修提供可靠的保证。为了确保备件的质量，应遵循如下原则：

(1)备件的供应应实行定点制造和定点购置的方法，不可轻易变更供应点。

(2)对于结构复杂、加工困难、精度较高的备件应从设备制造厂订购。

(3)容易制造、工艺简易的一般机件，可在本单位加工。

(4)委托其他机械厂加工时，要审核加工单位的设备条件、工艺能力、技术水平等，确保加工质量。

另外，在备件入库前，由专职技术人员负责质量验收，合格后方可与库工一同办理入库手续。

5.1.2.5 备件库管理工作

备件的库房管理指从备件入库到发出这一阶段的库存控制和管理工作。具体工作如下：

(1)备件入库：

1)入库前必须逐件进行验收与核对。入库备件必须符合申请计划和生产计划规定的数量、品种、规格；要查验入库零件的合格证，并做适当的质量抽验；备件入库必须由入库人填写入库单，并经保管员检查。

2)备件入库上架时要做好涂油、防锈保养工作。

3)备件入库要及时登记，挂上标签(或卡片)，并分类存放。

(2)备件保管：

1)入库备件要由库房管理人员保存好、维护好，做到不丢失、不损坏、不变形变质、账目清楚、码放整齐。

2)定期涂油、保管、检查。

3)定期进行盘点，随时向有关人员反映备件动态，包括达到最低储备定额和领用情况，备件处理等方面的情况。

(3)备件发放：

1)发放备件须凭领料票据，对不同的备件，厂内外要拟定相应的领用办法和审批手续。

2)领用备件要办理相应的财务手续。

3)备件发出后要及时登记和消账、减卡。

4)有回收利用价值的备件，要以旧换新，并制定相应的管理办法。

(4)备件处理:

1)由于设备外调、改造、报废或其他客观原因所造成的已不需要的备件要及时按要求加以处理。

2)备件因图样、工艺技术错误或保管不善而造成的备件废品,要查明原因,提出防范措施和处理意见,报主管领导审批。

3)报废或调出备件,必须按要求办理手续。

5.1.2.6 经济管理工作

备件的经济管理工作包括备件库存资金的核定,出入库账目的管理、备件成本的审定、备件消耗统计、备件各项经济指标的统计分析等。每月汇总后定期报告,为企业经济成本核算提供可靠依据。

5.1.2.7 机旁备件的管理

机旁备件是减少日常备件领用业务,提高工作效率的有效手段;是点检组织应急维修的物质基础;是与目前生产维修管理技术水平相适应的必然产物,因此存放机旁备件也是确保设备正常运转及时修复故障的重要措施。

机旁备件的范围一般是该点检专业内最常用的易损易耗的维修资材,循环使用的循环品;损坏几率较高、装机量较多、处于重要地位的事故件;检修工程剩余下来的新品或待修品;不入库的修复件;以及请购时即要求直付现场的备件。故机旁备件品种十分庞杂,但它作为维修的物资铺垫又处于十分重要的地位。因此点检作业长应在管理上进行全面规划。

机旁备件存放的场地一般均较分散,可按各厂、各车间现场情况及不同性质划定专区存放。有些大的修复件或专用事故件应直接存放在机旁,但必须以不影响生产作业道路的畅通和厂容厂貌的整洁为原则。部分长期不用者应送入地区备件库或总备件库存放。对常用的一些零星小件(如密封、软管、接头、三角带等)及精密仪表,电气件应制作专用的货架或箱柜存放。

存放的地址要统一登记。机旁备件定期或不定期逐渐消耗,可用简单的台账进行实物管理,为简化管理,对其中维修备件来说,其日常变动量可不必经常在财务库存账上反映,但在每年清查或年终盘点时,应更正为账物相符。机旁备件总量,像库存总量一样应控制在一定限度以内。

5.2 零件检测

5.2.1 零件检测方法和检测误差

5.2.1.1 检测方法

机械检测方法是指为实现测量所使用的原理及设备,通常可把检测方法分为以下几类。

A 接触测量和非接触测量

接触测量是指测量时,仪器的测头与工件表面直接接触。由于有接触变形的影响,将会给测量结果带来误差。非接触测量是指测量时,仪器的敏感元件与工件表面不直接接触,因而没有接触变形的影响。一般利用声、光、电、热、磁等物理量关系使敏感元件与工件产生联系。

B　绝对测量与相对测量

绝对测量是指能直接从计量器具的读数装置读出被测量整个量值的测量。如用千分尺测量轴的直径等。相对测量又称比较测量。先用标准器具调整计量器具的零位,测量时由仪器的读数装置读出被测量相对于标准器具的偏差,被测量的整个量值等于所示的偏差与标准量的代数和。例如用量块调整比较仪进行相对测量。

C　直接测量与间接测量

直接测量是用预先标定好的测量仪表,对某一未知量直接进行测量,得到测量结果。直接测量的优点是简单而迅速,所以工程上广泛应用。间接测量是对几个与被测物理量有确切函数关系的物理量进行直接测量,然后把所得的数据代入关系式中进行计算,从而求出被测物理量。间接测量方法比较复杂,一般在直接测量很不方便或无法进行时,才采用间接测量。

D　静态测量与动态测量

这两种测量方法是根据被测物理量的性质来划分的。静态测量用于测量那些不随时间变化或变化很缓慢的物理量;动态测量用于测量那些随时间快速变化的物理量。静态与动态是相对的,可以把静态测量看做是动态测量的一种特殊形式。动态测量的误差分析比静态测量要复杂。

E　离线测量与在线测量

离线测量又称被动测量,是在零件加工完成后进行的测量,其作用仅限于发现并剔除废品。在线测量又称主动测量,是在工件加工过程中进行的测量。它可直接用来控制零件的加工过程,决定是否需要继续加工或调整机床,能及时防止废品的产生。

5.2.1.2　检测误差

A　误差的定义

被测物理量所具有的客观存在的量值称为真值,由检测装置测得的结果称为测量值,测量值与真值之差称为绝对误差。绝对误差与被测量的真值之比称为相对误差。

B　误差的来源

测量误差产生的原因可以归纳为5个方面:

(1)基准件误差。如量块和标准线纹尺等长度基准的制造或检定误差,会带入测量值中。一般基准件误差占测量误差的1/5～1/3。

(2)测量装置误差。测量装置的误差包括仪器的原理误差,制造、调整误差,仪器附件及附属工具的误差,被测件与仪器的相互位置的安置误差,接触测量中测力及测力变化引起的误差等。

(3)方法误差。由于测量方法不完善而引起的误差,如经验公式、函数类型选择的近似性引入的误差,尺寸对准方式引起的对准误差,在拟定测量方法时由于知识不足或研究不充分而引起的误差等。

(4)环境误差。环境条件不符合标准而引起的误差,如温度、湿度、气压、振动等。在几何量测量中,温度是主要因素。测量时的标准温度定为20℃,精密工件、刀具和量具的测量需要在计量室中进行。一般车间没有控制温度的条件,应使量仪与工件等温后测量。

(5)人员误差。由于测量者受分辨能力的限制、固有习惯引起的读数误差以及精神因素产生的一时疏忽等引起的误差。

总之,产生测量误差的因素是多种多样的,在分析误差时,应找出产生误差的主要原因,并采取相应的措施,以保证测量精度。

C 误差按特征的分类

根据测量误差的特征,可将误差分为三类:系统误差、随机误差和粗大误差。

a 系统误差

在同一条件下,多次测量同一量值时,绝对值和符号保持不变或在条件改变时按一定规律变化的误差称为系统误差。例如,由于标准量的不准确、仪器刻度的不准确而引起的误差。因为系统误差有规律性,所以应尽可能通过分析和试验的方法加以消除,或通过引入修正值的方法加以修正。

b 随机误差

在相同条件下,多次测量同一量值时,绝对值和符号以不可预定的方式变化的误差称为随机误差。例如,仪表中传动件的间隙和摩擦、连接件的变形等因素引起的误差。

应当指出,在任何一次测量中,系统误差和随机误差一般都是同时存在的。

c 粗大误差

这种误差主要是由于测量人员的粗心大意、操作错误、记录和运算错误或外界条件的突然变化等原因产生的。粗大误差的产生使测量结果有明显的歪曲,凡经证实含有粗大误差的数据应从测量数据中剔除。

D 精度

测量结果与真值接近的程度称为精度。它可分为:精密度。表示测量结果中随机误差的大小程度,即在一定条件下进行多次重复测量时,所得结果彼此之间的符合程度;准确度。反映测量结果中系统误差的大小程度;精确度。反映系统误差与随机误差的综合,即测量结果与真值的一致程度。

5.2.2 零件的几何量误差检测

5.2.2.1 零件的几何量误差

A 概述

任何机械设备都是由许多零件和部件装配而成的,而零件又都是由若干个实际表面所形成的几何实体。因此,零件的几何量误差,对单一表面而言,是决定表面轮廓大小的尺寸误差和表面的形状误差,而零件上各表面之间及各部件和整机上的有关表面之间,还有相互位置误差(如不垂直,不平行,不同轴,不对称等)和相互关联的尺寸误差(如两孔之间的中心距离等)。

B 形位误差及其检测原则

a 形位误差

构成机械零件的几何要素有轴线、平面、圆柱面、曲面等,当对其本身的形状进行测量时,机械零件的几何要素称作被测实际要素。形状误差是被测实际要素对其理想要素的变动量,而理想要素的位置应符合最小条件。如果被测实际要素与其理想要素相比较能完全重合,表明形状误差为零;如果被测实际要素与其理想要素产生了偏离,表明有形状误差,偏离量即表示实际要素对其理想要素的变动量。

构成机械零件的几何要素中,有的要素对其他要素有方位要求,这类有功能关系要求的要素称为关联要素;而用来确定被测要素方位的要素,称为基准要素。理想的基准要素简称基准,关联实际要素对其理想要素的变动量称为位置误差。在位置误差中根据误差的特性可分为定向误差、定位误差和跳动误差。

b 形位误差的检测原则

国家标准中归纳总结并规定了五种形位误差的检测原则。分别是:

(1)与理想要素比较原则。是指将被测要素与理想要素进行比较,从而测出实际要素的误差值,误差值可用直接方法或间接方法得出。理想要素多用模拟法获得,如用刀口刃边或光束模拟理想直线,用精密平板模拟理想平面等。这一原则应用极为广泛。

(2)测量坐标值原则。利用坐标测量仪器如工具显微镜、坐标测量机等,测出被测实际要素有关的一系列坐标值,再对测得的数据进行处理,以求得形位误差值。

(3)测量特征参数原则。通过测量被测实际要素上具有代表性的参数来表征形位误差。如用两点法、三点法测量圆度误差时用此原则。

(4)测量跳动原则。主要是用于测量跳动(包括圆跳动和全跳动)。跳动是按其检测方式来定义的,有独特的特征。它是在被测实际要素绕基准轴线回转过程中,沿给定方向(径向、端面、斜向)测量它对其基准点(或线)的变动量。

(5)控制实效边界原则。该原则用于被测实际要素采用最大实体要求的场合,它是用综合量规模拟实效边界,检测被测实际要素是否超过实效边界,以判断合格与否。

C 测量器具的选择原则

测量零件上的某一个尺寸,可选择不同的测量器具。为了保证被测零件的质量,提高测量精度,应综合考虑测量器具的技术指标和经济指标,具体有如下两点:按被测工件的外形、部位、尺寸的大小及被测参数特性来选择测量器具;按被测工件的公差来选择测量器具。

5.2.2.2 零件尺寸误差的测量

A 轴径的检测

轴径的实际尺寸通常用普通计量器具(如卡尺、千分尺)进行测量。轴的实际尺寸和形状误差的综合结果则用光滑极限量规检验,适合于大批量生产。高精度的轴径常用机械式测微仪、电动式测微仪或光学仪器进行比较测量。

B 孔径的检测

孔的实际尺寸通常用通用量仪(如内径千分尺)测量,孔的实际尺寸和形状误差的综合结果则用光滑极限量规检验,适合于大批量生产。在深孔或精密测量的场合则用内径百分表或卧式测长仪测量。

下面以用内径百分表测量孔径为例讲述孔径的测量方法。

a 内径百分表的结构

内径百分表的结构如图 5-1 所示,可换固定测头 2 根据被测孔选择(仪器配备有一套不同尺寸的可换测头),用螺纹旋入套筒内并借用螺母固定在需要位置。活动测头 1 装在套筒另一端导孔内。活动测头的移动使杠杆 8 绕其固定轴转动,推动传动杆 5 传至百分表 7 的测杆,使百分表指针偏转显示工件偏差值。活动测头两侧的定位护桥 9 起找正直径位置的作用。装上测头后,即与定位护桥连成一个整体,测量时护桥在弹簧 10 的作用下,对称地压靠在被测孔壁上,以保证测头轴线处于被测孔的直径位置上。

b 仪器的使用方法

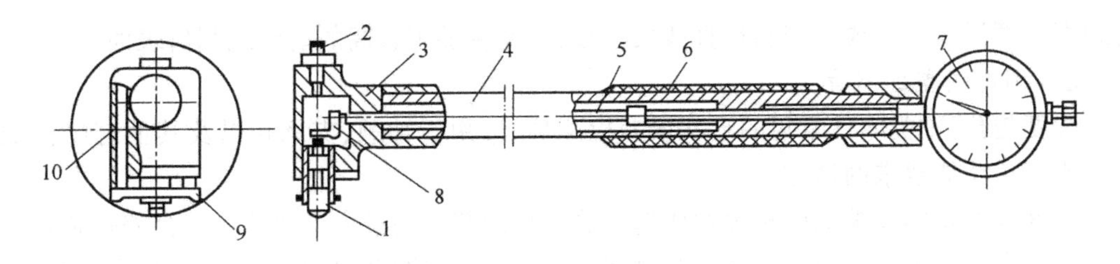

图 5-1　内径百分表结构

1—活动测头；2—可换固定测头；3—量脚；4—手把；5—传动杆；
6—隔热手柄；7—百分表；8—杠杆；9—定位护桥；10—弹簧

(1)表的安装。在测量前先将百分表安到表架上，使百分表测量杆压下，指针转 1～2 圈，这时百分表的测量杆与传动杆接触，经杠杆向下顶压活动测量头。

(2)选测头。根据被测孔径基本尺寸的大小，选择合适的可换固定测头安装到表架上。

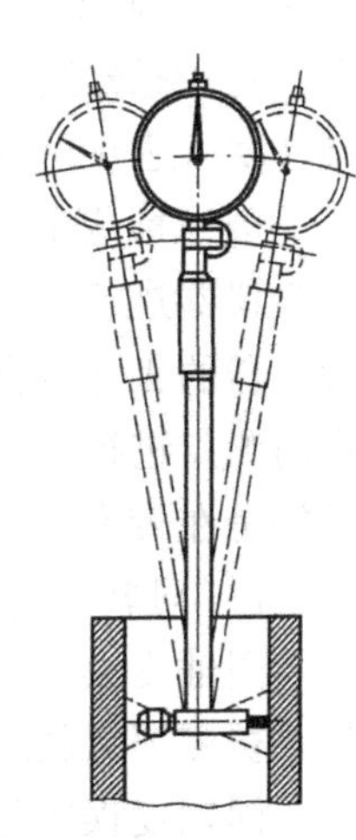

图 5-2　内径百分表测量孔径

(3)调零。利用标准量具(标准环、量块等)调整内径百分表的零点。方法是手拿着隔热手柄，将内径百分表的两侧头放入等于被测孔径基本尺寸的标准量具中，观察百分表指针的左右摆动情况，可在垂直和水平两个方向上摆动内径百分表找最小值，反复摆动几次，并相应地转动表盘，将百分表刻度盘零点调至此最小值位置。

(4)测量。将调整好的内径百分表测量头倾斜地插入被测孔中，沿被测孔的轴线方向测几个截面，每个截面要在相互垂直的两个部位各测一次。测量时轻轻摆动表架，找出示值变化的最小值，此点的示值为被测孔直径的实际偏差，如图 5-2 所示。根据测量结果和被测孔的公差要求，判断被测孔是否合格。

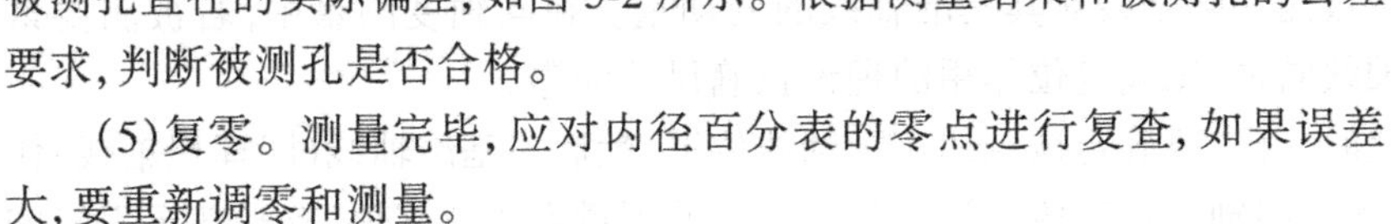

(5)复零。测量完毕，应对内径百分表的零点进行复查，如果误差大，要重新调零和测量。

C　角度的测量

角度是一个重要的几何参数，角度的测量有相对测量、绝对测量和间接测量等多种方法。相对测量是利用定值角度量具与被测角度比较，用涂色法或光隙法估算被测角度的偏差；绝对测量是将被测角度与仪器的标准角度直接比较，从仪器上直接读出被测角度的数值；间接测量的特点是测量与被测角有关的线值尺寸，通过三角函数计算出被测角度值，在生产实际中，这种方法应用很广泛。

D　直线度误差的测量

直线度是应用最广泛的形状误差项目，检测的方法很多。直线度误差是指直线对理想直线的变动量，而理想直线的位置应符合最小条件。因此检测时多用实物或非实物标准当作理想直线，如较短的被测线段用平尺、刀口尺、液面等；较长的线段用光轴、标准导轨、绷紧的钢丝绳等。

在工程实际中常采用两端点连线法或最小二乘中线法近似评定直线度误差。还可以采用分段测量法。分段测量直线度的方法又称节距法、跨距法，是一种间接测量方法，测量被测线段微小角度的变化量，通过测量互相衔接的局部误差，再换算成线值量经过数据处理而得到直线度误差。主要用来测量直线尺寸较长、精度要求较高的研磨或刮研表面。

E 圆度误差的测量

圆度是孔、轴类零件常用的形状误差检测项目，用于轴颈、支承孔以及其他有严格配合要求或使用功能要求的地方。

圆度误差是实际被测圆轮廓对所选定的基准圆圆心的最大半径差。其公差带是在同一正截面上半径差为公差值的两同心圆之间的区域。评定圆度误差的方法，有最小包容区法、最小二乘圆法、最小外接圆法、最大内切圆法四种。最小外接圆法和最大内切圆法评定的圆度误差值，比按最小包容区法评定的结果明显偏大，故较高精度的圆度测量很少应用。

圆度误差的测量通常采用圆度仪测量法、极坐标测量法、直角坐标测量法等。

圆度仪是测量圆度误差的专用高精度仪器。仪器最主要的特点是有一个高精度的旋转轴系，与被测实际圆比较的理想圆，就是由这个轴系产生的。理想圆的半径，就是测量时仪器上的传感器测头与被测实际圆的接触点到旋转轴系的轴线之间的距离。高精度圆度仪的旋转精度可达 $0.05\mu m$ 左右。圆度仪因轴系旋转方式的不同有转轴式、转台式两种结构形式。

极坐标测量法适用于一般精度及较低精度的圆度测量；可用具有精密回转轴系的通用光学仪器进行，如光学分度台、光学分度头等。直角坐标测量法是将被测件放置在有坐标装置仪器的工作台上，调整其轴线与仪器工作台面垂直并基本上同轴，按事先在被测圆周上确定的测点进行测量，得出每个测点的直角坐标值，再评定圆度误差。直角坐标法计算繁琐，最好是在带有计算机的三坐标测量机及其他仪器上测量。

F 同轴度误差的测量

同轴度误差属于定位误差。定位误差是被测实际要素相对于其理想要素的位置变动量。被测要素的理想要素的位置由基准和理论正确尺寸确定。

同轴度误差是指被测实际轴线对其基准轴线的变动量。在同轴度测量中，若被测要素的理想轴线与基准轴线同轴，则起定位作用的理论正确尺寸为零。

测量同轴度误差时，首先要确定被测的实际轴线位置，然后与基准轴线(即理想轴线)作位置上的比较，从而求得同轴度误差值。这种符合定义的测量方法较麻烦，有时甚至不能实现。因此，同轴度误差的测量主要采用测量坐标值和测量特征参数的检测原则。在大量生产条件下，当被测要素按最大实体原则要求时，可用同轴度量规进行检验。

孔的同轴度误差，通常用心轴打表法测量；大型箱体零件孔系的同轴度误差，可以用光轴法测量；小型零件的同轴度误差，可用圆度仪测量；如被测零件的圆度误差较小时，常以径向圆跳动的检测替代同轴度检测。

G 跳动误差的测量

跳动和其他形位项目不同，它在被测件上没有具体的几何特征，而是按测量方式来定义的。跳动误差的测量只限于被测件上的回转表面和回转端面上，如圆柱面、圆锥面、回转曲面和与回转轴心垂直的端面等。测量跳动所用的设备比较简单，可在一些通用检测仪器上测量，操作简便，测量效率高。还可在一定条件下替代其他一些较难测的形位项目的检测，如圆度、圆柱度、同轴度等，故在生产中被广泛应用。

跳动误差是被测表面绕基准轴线回转时，测头与被测面作法向接触时的指示仪表上最大示值与最小示值的差值。跳动误差的测量一般包括径向圆跳动与径向全跳动，端面圆跳动与端面全跳动，斜向圆跳动三种。

H 公制普通螺纹精度的测量

对于公制普通螺纹，主要是保证可旋合性，故国家标准只规定有中径公差，测量时可用螺纹量规综合测量。螺纹量规分为通端螺纹量规和止端螺纹量规。

综合测量时，被检螺纹合格的标志是通端螺纹量规能顺利地与被检螺纹在全长上旋合，而止端螺纹量规不能完全旋合或不能旋入。

测量内螺纹用螺纹塞规，测量外螺纹用螺纹环规。在实际的螺纹测量中，国家标准中规定：操作者在制造螺纹的过程中，应使用新的或磨损较小的通端螺纹量规和磨损较多或接近磨损极限的止端螺纹量规；验收螺纹时，应使用磨损较多或接近磨损极限的通端螺纹量规和新的或磨损较少的止端螺纹量规。

对高精度螺纹的测量，综合测量不能满足测量精度的要求，而要进行单项测量。实际生产中在分析与调整螺纹加工工艺时，也需要采用单项测量。单项测量一般包括中径、螺距、牙型半角测量。

I 表面粗糙度的测量

表面粗糙度的测量方法主要有比较法、光切法、光波干涉法、针触法、激光测量法等。其中比较法是车间常用的方法，把被测零件的表面与粗糙度样板进行比较，从而确定零件表面粗糙度。比较法多凭肉眼观察，一般用于评定中等以下的粗糙度值，也可借助放大镜、显微镜或专用的粗糙度比较显微镜进行比较。

J 圆柱齿轮精度的测量

齿轮误差的测量可分为单项测量和综合测量。单项测量就是对被测齿轮单个误差项目进行测量，它除用于成品测量外，还常用于工艺过程检查，找出产生误差的原因，以便对工艺过程进行调整，或改进加工方法。综合测量就是被测齿轮在接近于使用状态与标准元件相啮合，测量在各单项误差相互作用下的综合误差。它能连续反映整个齿轮各啮合点上的误差，能够比较全面地评定齿轮的精度。

齿轮检测的项目繁多，主要误差项目有：齿距误差、齿圈径向跳动误差、公法线长度变动、基节偏差、齿厚偏差、公法线平均长度偏差等。

5.2.3 无损检测简介

零件无损检测是利用声、光、电、热、磁、射线等与被测零件的相互作用，在不损伤内外部结构和实用性能的情况下，探测、确定零件内部缺陷的位置、大小、形状和种类的方法。

零件无损探伤以经济、安全、可靠而被越来越多地应用到生产实际中。无损检测的常用方法有超声波探伤、射线照相探伤、电磁（涡流）探伤、磁粉探伤等几种。

5.2.3.1 超声波探伤

频率大于20kHz的声波叫超声波。用于无损检测的超声波频率多为1～5MHz。高频超声波的波长短，不易产生绕射，碰到杂质或分界面就会产生明显的反射，而且方向性好，在液体和固体中衰减小，穿透本领大，因此超声波探伤成为无损检测的重要手段。

超声波探伤方法多种多样，最常用的是脉冲反射法。而脉冲反射法根据波形不同又可分为纵波探伤法、横波探伤法以及表面波探伤法。

A 纵波探伤法

测试前，先将探头插入探伤仪的连接插座上。探伤仪面板上有一个荧光屏，通过荧光屏可知工件中是否存在缺陷，以及缺陷的大小和位置。检测时探头放于被测工件上，并在工件上来回移动。探头发出的超声波脉冲，射入被检工件内，如工件中没有缺陷，则超声波传到工件底部时产生反射，在荧光屏上只出现始脉冲和底脉冲。如工件某部位存在缺陷，一部分声脉冲碰到缺陷后立即产生反射，另一部分继续传播到工件底面产生反射，在荧光屏上除出现始脉冲和底脉冲外，还出现缺陷脉冲。通过缺陷脉冲在荧光屏上的位置可确定缺陷在工件中的位置。亦可通过缺陷脉冲幅度的高低来判别缺陷当量的大小。如缺陷面积大，则缺陷脉冲的幅度就高，通过移动探头还可确定缺陷大致长度。

B 横波探伤法

用斜探头进行探伤的方法称横波探伤法。超声波的一个显著特点是：超声波波束中心线与缺陷截面积垂直时，探测灵敏度最高，但如遇到斜向缺陷时，用直探头探测虽然可探测出缺陷存在，但并不能真实反映缺陷大小。如用斜探头探测，则探伤效果更好。因此在实际应用中，应根据不同的缺陷性质、取向，采用不同的探头进行探伤。有些工件的缺陷性质、取向事先不能确定，为了保证探伤质量，应采用几种不同探头进行多次探测。

C 表面波探伤法

表面波探伤主要是检测工件表面附近是否存在缺陷。当超声波的入射角超过一定值后，折射角几乎达到90℃，这时固体表面受到超声波能量引起的交替变化的表面张力作用，质点在介质表面的平衡位置附近作椭圆轨迹振动，这种振动称为表面波。当工件表面存在缺陷时，表面波被反射回探头，可以在荧光屏上显示出来。

超声波探伤主要用于检测板材、管材、锻件、铸件和焊缝等材料中的缺陷（如裂缝、气孔、夹渣、热裂、冷裂、缩孔、未焊透、未熔合等）、测定材料的厚度、检测材料的晶粒、对材料使用寿命评价提供相关技术数据等。超声波探伤因具有检测灵敏度高、速度快、成本低等优点，因而得到普遍的重视，并在生产实践中得到广泛的应用。

超声波探伤不适用于探测奥氏体钢等粗晶材料及形状复杂或表面粗糙的工件。

5.2.3.2 射线照相探伤

射线照相探伤是利用射线对各种物质的穿透能力来检测物质内部缺陷的一种方法。其实质是根据被检零件与内部缺陷介质对射线能量衰减程度的不同，而引起射线透过工件后的强度差异，在感光材料上获得缺陷投影所产生的潜影，经过处理后获得缺陷的图像，从而对照标准来评定零件的内部质量。

射线照相探伤适用于探测体积型缺陷，如气孔、夹渣、缩孔、疏松等。一般能确定缺陷平面投影的位置、大小和种类。如发现焊缝中的未焊透、气孔、夹渣等缺陷；发现铸件中的缩孔、夹渣、气孔、疏松、热裂等缺陷。

射线照相探伤不适用于检测锻件和型材中的缺陷。

5.2.3.3 电磁（涡流）探伤

导体的涡流与被测对象材料的导电、导磁性能有关，如电导率、磁导率，也就和被测对象的温度、硬度、材质、裂纹或其他缺陷等有关。因此可以根据检测到的涡流，得到工件有无缺陷和缺陷尺寸的信息，从而反映出工件的缺陷情况。

电磁（涡流）探伤适用于探测导电材料，如铁磁性或非铁磁性的材料，如石墨制品等。能发现裂纹、折叠、凹坑、夹杂、疏松等表面和近表面缺陷。通常能确定缺陷的位置和相对尺寸，但难以判定缺陷的种类。

电磁(涡流)探伤不适用于探测非导电材料的缺陷。

5.2.3.4 *磁粉探伤*

把铁磁性材料磁化后,利用缺陷部位产生的漏磁场吸附磁粉的现象进行探伤。磁粉探伤是一种较为原始的无损检测方法,适用于探测铁磁性材料的缺陷,包括锻件、焊缝、型材、铸件等,能发现表面和近表面的裂纹、折叠、夹层、夹杂、气孔等缺陷。一般能确定缺陷的位置、大小和形状,但难以确定缺陷的深度。

磁粉探伤不适用于探测非铁磁性材料,如奥氏体钢、铜、铝等的缺陷。

5.2.3.5 *渗透探伤*

渗透探伤是利用液体对材料表面的渗透特性,用黄绿色的荧光渗透液或红色的着色渗透液,对材料表面的缺陷进行良好的渗透。当显像液涂洒在工件表面上时,残留在缺陷内的渗透液又会被吸出来,形成放大的缺陷图像痕迹,从而用肉眼检查出工件表面的开口缺陷。渗透探伤与其他无损检测方法相比,具有设备和探伤材料简单的优点。在机械修理中,用这种方法检测零件表面裂纹由来已久,至今仍不失为一种通用的方法。

渗透探伤适用于探测金属材料和致密性非金属材料的缺陷。能发现表面开口的裂纹、折叠、疏松、针孔等。通常能确定缺陷的位置、大小和形状,但难以确定缺陷的深度。

渗透探伤不适用于探测疏松的多孔性材料的缺陷。

无损检测的应用比较广泛,可用于测定表面层的厚度、进行质量评定和寿命评定、材料和机器的定量检测、组合件内部结构和组成情况的检查等多个方面。

实训项目

一、基本实训

1. 用普通计量器具、仪器测量轴、孔的直径
2. 公制普通螺纹精度的测量

二、选做实训

1. 直线度误差测量
2. 表面粗糙度的测量

思考题

5-1 为什么说设备的备件管理是企业管理的重要组成部分?

5-2 备件管理工作的内容大致包括哪几个方面?

5-3 机械零件常用的检测方法有几种,各有何特点?

5-4 什么叫检测误差,测量误差的主要来源有哪些?

5-5 测量孔径时,为什么要在轴线方向上测量几个截面,且每个截面还要在相互垂直的两个部位上各测一次?

5-6 无损探伤的方法有几种,各有何特点?适用什么场合?

参 考 文 献

1 胡邦喜．设备润滑基础(第2版)．北京:冶金工业出版社,2002
2 设备润滑基础编写组．设备润滑基础．北京:冶金工业出版社,1987
3 杨祖孝．机械维护修理与安装．北京:冶金工业出版社,2000
4 姜秀华．机械设备修理工艺．北京:机械工业出版社,2002
5 李新和．机械设备维护工程学．北京:机械工业出版社,1999
6 陈冠国．机械设备维护．北京:机械工业出版社,1999
7 谷士强．冶金机械安装与维护．北京:冶金工业出版社,2002
8 谷士强,郑重一．冶金机械维护检修与安装．北京:冶金工业出版社,1981
9 (苏)H.B. 莫洛德克 .A.C. 津金．机械零件的修复．冶金工业部冶金设备研究院译．北京:冶金工业出版社,1994
10 陈瑞阳,毛智勇．机械工程检测技术．北京:高等教育出版社,2002
11 蔺文友．冶金机械安装基础知识问答．北京:冶金工业出版社,1997
12 赵兴仁,黄学锋,何思源．机械设备安装工艺学．重庆:科学技术文献出版社重庆分社,1985
13 姚若浩．金属压力加工中的摩擦与润滑．北京:冶金工业出版社,1990
14 丁树模．液压传动．北京:机械工业出版社,2001
15 (日)松永正久,津谷裕子．固体润滑手册．范煜等译．北京:冶金工业出版社,1986
16 中国农业大学设备工程系．机械维修工程与技术．北京:中国农业科技出版社,1997

冶金工业出版社部分图书推荐